U0169079

THE CHEMICAL AGE

化学改变世界

How Chemists Fought Famine and Disease, Killed Millions, and Changed Our Relationship with the Earth

Frank A. Von Hippel

[美] 弗兰克·A.冯·希佩尔

著

胡婷婷

译

重庆出版集团 重庆出版社

版贸核渝字（2021）第 019 号

图书在版编目（CIP）数据

化学改变世界 /（美）弗兰克·A. 冯·希佩尔著；胡婷婷译．—重庆：重庆出版社，2023.2(2024.8 重印)
ISBN 978-7-229-17075-2

Ⅰ．①化… Ⅱ．①弗… ②胡… Ⅲ．①化学—普及读物 Ⅳ．① O6-49

中国版本图书馆 CIP 数据核字（2022）第 155612 号

化学改变世界
HUAXUE GAIBIAN SHIJIE
[美] 弗兰克·A. 冯·希佩尔 著　　胡婷婷 译

责任编辑：李　子　彭昭智
翻译统筹：吴文智
责任校对：刘小燕
封面设计：L&C Studio
版式设计：侯　建

重庆出版集团
重庆出版社　出版
重庆市南岸区南滨路 162 号 1 幢　邮政编码：400061　http://www.cqph.com
重庆天旭印务有限责任公司印刷
重庆出版集团图书发行有限公司发行
E—MAIL:fxchu@cqph.com　邮购电话：023—61520646
全国新华书店经销

开本：890mm×1240 mm　1/32　印张：8.875　字数：300 千
2023 年 2 月第 1 版　2024 年 8 月第 2 次印刷
ISBN 978-7-229-17075-2
定价：69.80 元

如有印装质量问题，请向本集团图书发行有限公司调换：023—61520678

目录

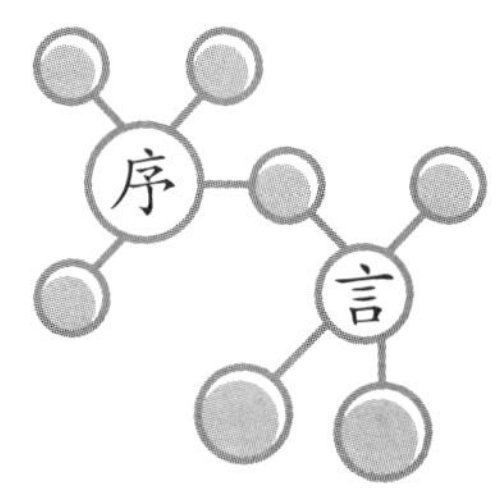

序言

献给凯西和孩子们

1921年，才华横溢的发明家小托马斯·米基利发现，在汽油中添加四乙基铅可消除汽车内燃机爆震，并能显著提高内燃机性能。然而，在这一过程，铅氧化物在发动机中发生沉积，损坏火花塞和排气门。为了解决这一问题，米基利及其团队在实验中采用氯和溴的化合物作为清除剂，这些化合物在燃烧过程中与铅结合形成废气排出。1925年，他们选中二溴乙烯作为理想的清除剂。米基利迅速找到一种适宜的方法从海洋中提取溴，以确保这种清除剂能够大量生产。最终，生产出来的燃料被研究小组冠名为“乙基汽油”，而作为一种营销策略，他们将其染成了红色。

在开发乙基汽油的过程中，米基利发生了铅中毒。于是他中断了研究，休整一段时间后康复。而与此同时，三个生产厂家的工人中，有人中毒身亡，有人患上了精神疾病。然而，标准石油公司和杜邦公司依旧大规模生产这种燃料，在此后的50年中，司机们注入汽车中的含铅汽油高达25万亿升。排气管释放尾气而产生的铅污染在全球范围内引发了严重后果，例如，儿童接触后，智力水平下降且无好转的可能，行为冲动并多伴随有攻击性行为。显然，空气中的铅污染对神经系统产生了影响，因此科学家将青少年的犯罪率、暴力犯罪率以及未婚怀孕率的上升归咎于铅污染，因为这些年轻人自小便暴露于这样的环境中。

米基利的另一项化学发明，其过程几乎如出一辙。20 世纪 20 年代，制冷剂有毒性且易燃易爆。米基利及团队成员尝试合成各种化合物，以找到一种易挥发、化学性质稳定且无毒性的替代品。1930 年，他们仅仅用了三天时间就发现，可使氟与碳氢化合物结合，制成二氯二氟甲烷，这是首个氯氟烃产品，也称 CFC。通用汽车公司和杜邦公司将这种化合物投入市场，取名“氟利昂”。为了证明氟利昂安全可靠，米基利当着观众的面吸了一大口氟利昂，然后用力将其呼出，吹灭了一根蜡烛。

事实证明，氟利昂和后来的各种氯氟烃产品（CFCs）虽然取代了以前的制冷剂，可结果却不无遗憾，因为它们破坏了平流层中的臭氧层，而臭氧层可以保护地球上的生命免受紫外线辐射的影响。1974 年，在米基利首次生产出氟利昂近半个世纪之后，马里奥·莫利纳和弗兰克·舍伍德·罗兰发现了氯氟烃带来的全球性威胁。二人为了保护地球而进行了不懈的努力，因此获得了 1995 年诺贝尔化学奖。在莫利纳和罗兰发现氯氟烃破坏臭氧层之后一年，另一位科学家也证明了氯氟烃是威力强大的温室气体，可导致全球变暖。

环境历史学家 J.R. 麦克尼尔宣称，米基利是“地球历史上对大气产生最大影响的个体生物”。本着让世界越来越好的愿望，米基利致力于发明创造，但得出的产品却导致了无数儿童遭受神经损伤的痛苦，甚至导致地球越来越不适合人类居住。可惜，他在有生之年未能看到自己的发明带来的消极影响。1940 年，脊髓灰质炎夺去了他的行动能力。身为发明家，他为自己设计了一种装置，方便上下床。1944

年 11 月 2 日，55 岁的米基利被装置中的绳索缠住，窒息而死。

小托马斯·米基利的故事只是化学家和化学工程师漫长历史的一小部分。当人类遇到棘手的问题时，他们总会研制出一系列令人叹为观止的产品并投入使用，然而，这些努力往往导致了严重而令人意外的后果。这本书记录的正是这段历史以及在历史上努力使用化学方法防止饥荒、抗击传染病、对付敌军的科学家们。在这些科学家中，有些人怀着单纯的意图开始研究，最终却堕入了黑暗的深渊。这样的案例不胜枚举：用于预防饥荒和瘟疫的化学药品却被用于作恶；相反，最初用于作恶的化学药品后来也被用于行善。

这本书也记述了人类的愚蠢、偏见、奴役以及屠杀，记述了种族的离散以及自然的破坏，还记述了科学家们如何不遗余力地意图建立一个远离饥饿与疾病的世界以及他们为此所付出的努力。书中的科学家们彼此竞争，都希望成为发现问题的第一人，但他们偶尔也会意识到，与身边正在发生的战争相比，个人之间的竞争实在是无关紧要。书中的故事错综复杂：化学物质如何将饥荒、瘟疫和战争联系在一起？人类与害虫的艰难共存以及持续不断的灭虫斗争如何塑造了历史？我们与杀虫剂的关系如何推动人类最终进入生态意识高涨的新时代？

本书所述内容，其时间跨度为 1845—1964 年，偶尔也会在漫谈中向后延伸至今或向前回溯至公元前 2700 年；在历史跨度上，以爱尔兰的马铃薯饥荒为起点，以蕾切尔·卡森出版《寂静的春天》引发的风暴为终点。本书以一场悲剧开篇，这场悲剧促使科学家挺身而出担当起迫在眉睫的使命——寻找化学物质防止饥荒；而后追溯历史，回顾了几个世纪以来人类被流行病击溃的惨状；随后人们找到了疾病的病原体，并发现动物是其传播的媒介，这为早日结束痛苦提供了方法——杀虫剂被研制出来消灭动物媒介。然而不可避免的是，科学家们同样发现这些化学物质中的许多种可以充当武器应用于现代战争中。现代战争往往是跨越国界的，一波又一波的混乱席卷了全世界。杀虫剂和化学武器可以互相转化，其复杂关系经久不变，由此，化工企业在其中积累了大笔财富和权力。而战争中化学品的频繁使用，也使人们在和平时期也急于利用化学手段来对付害虫。一直以来，化学领域的发现让世界变得日新月异：饥饿和疾病龟缩到局部区域，交战各方能够越来越轻易地获得化学武器，持久性污染物甚至蔓延到地球上最偏远的栖息地。最后，人类社会终于认识到杀虫剂会蚕食人类健康，破坏生态平衡，甚至会给人类带来灾难，导致物种灭绝。

哪些科学家用化学手段来对抗害虫、对付军队呢？ 19 世纪到 20 世纪，帝国主义野心膨胀，在这一历史背景下，合成新化学物质所必需的科学技术逐渐发展起来。国家与国家之间不断爆发冲突的时候，科学家们格外受人追捧，红极一时，因此他们甘愿冒着非凡的风险踏上征途，追寻惊人的发现。这些新发现的化学物质威胁着人类的健康和环境安全——这一结论有时是从精心策划的人体实验中得到的，有时则是由敏锐的观察者偶然发现的。

这些观察者中最重要的人物便是蕾切尔·卡森。她不遗余力地提醒全世界注意化学物质带来的风险，这不仅揭开了环保运动的序幕，而且揭示了一个事实：人类健康在很大程度上依赖于正常运转的生态系统。她的作品鼓励人们从整体上思考人类在自然界中的位置。这些思想深刻地影响着我们的未来，却都起源于杀虫剂的故事。从根本上说，这本书记录了这些思想诞生的过程。长久以来，人类与致命的化学物质保持着复杂的关系，而这正是这些思想诞生的背景。本书讲述了一群人的故事，是他们将人类世界拖进了化学时代，不论好坏。

第一部分　饥荒

·1·

马铃薯晚疫病

（1586—1883 年）

> 我曾探访过北美印第安保留地，曾经尊贵的印第安原住民如今只留下荒芜的遗迹；我也曾深入“黑人区”，非洲黑奴仍遭受着种种打压与奴役。而蜗居洞穴的爱尔兰艾里斯地区居民，其不幸遭遇则是我所目睹过的最深切的痛苦，最残酷的折磨。
>
> ——詹姆斯·H. 图克，1847 年秋

马铃薯是世界第四大粮食作物，在某些国家是主要的食物来源。但马铃薯易受虫害，曾一度引发严重的饥荒。马铃薯与虫害的故事展现了商业的全球化发展，饥荒与疾病的暴发，以及人们为了对抗植物病原体和害虫而坚持不懈寻找化学制剂的努力。这些化学制剂便是杀虫剂，可消灭啃食马铃薯并传播疾病的虫害。人类与饥饿和疾病的斗争长达一个世纪，成效显著，而杀虫剂功不可没，但它也是导致现代战争和环境破坏的重要因素。要追溯杀虫剂的历史，不妨以马铃薯及其引发的爱尔兰大饥荒为原点，听我把这些往事一一道来。

马铃薯的种植始于八千多年前的安第斯山脉。当地人开发出了上千个马铃薯品种。一些安第斯农民可在一块土地上同时种植 200 多个品种。16 世纪，马铃薯被探险家从印加帝国带到西班牙，后至美国佛罗里达，再由此地被殖民者带到了弗吉尼亚。一番漫游后，马铃薯最终从弗吉尼亚重返欧洲。1586 年，英国探险家沃尔特·雷利爵士的同伴托马斯·赫里奥特爵士将马铃薯运到了英国。几年后，著名的植物学家加斯帕德·鲍欣给它起了个学名 Solanum tuberosum。Solanum（茄属植物）源自拉丁语，意为“舒缓”或“镇静”，然而，这种块茎植物的未来却充满了跌宕起伏。

欧洲最早种植马铃薯的地区是爱尔兰的科克郡一带，随后欧洲大陆的农场也纷纷仿效。马铃薯因与含毒的颠茄同属茄科而名誉蒙尘，被认为是麻风病和其他疾病的罪魁祸首。经过人们艰苦卓绝的努力，马铃薯的接受之路被逐渐拓宽，但仍旧关卡重重。虽然沃尔特·雷利爵士设法说服女王伊丽莎白一世允许马铃薯登上皇家餐桌的大雅之堂，但它始终不受待见。在 1906 年出版的有关马铃薯历史的书中，作者写道：“客人囿于礼节，不得拒绝品尝新菜，但显而易见，他们非常排斥，而且不遗余力地散布这种块茎植物有毒的流言飞语。”尽管马铃薯早已在爱尔兰顺利扎根，但直到 1663 年，英国皇家学会才鉴于其在饥荒中发挥的重要作用，开始提倡对其的普遍种植。

在法国，经过出身行伍、德高望重的药剂师安托万·奥古斯丁·帕门捷不遗余力的推广，马铃薯的种植才最终合法化。帕门捷在普鲁士战俘营中曾以马铃薯为食。回国后，他说服巴黎医学院于 1772 年宣布马铃薯可以安全食用，但公众并不买账。帕门捷不得不采用小伎俩哄得人们相信。他得到国王路易十六的允许，派兵守卫自己的马铃薯地，百姓对此很是好奇。他告诉士兵们对于想尝试马铃薯的人，士兵可以接收他们的贿赂，夜晚撤军方便大家偷食。

帕门捷还用自己收获的马铃薯制作美食，当时的权贵名人，如本杰明·富兰克林等人，受邀品尝并赞不绝口。路易十六将马铃薯花别在扣眼中作饰品，并下令大规模种植，极大推动了这种块茎植物的大众接受度。截至1813年，法国中央农业学会已收集到一百多个在本国种植的马铃薯品种。马铃薯在法语中被称为pomme de terre，即“大地之果”。

在爱尔兰，马铃薯尤为重要，因为不适宜其他农作物生长的土地都可用于种植马铃薯。为了掠夺土地养牛供应英国市场，英国地主将爱尔兰农民从良田上驱逐出去。种植在荒地、沼泽甚至半山腰的马铃薯，以其充足的产量和丰富的营养保证了爱尔兰人口的爆发式增长。1779年至1841年间，爱尔兰人口增长了172%，达到800万人，成为欧洲人口最稠密的地区，其耕地人口密度甚至超过了19世纪中叶的中国。

爱尔兰岛人多地少，占人口95%的农民几乎完全依靠土地中密集播种的马铃薯为生，由此埋下了一个特殊的隐患。由于人口增长过快，贫穷的爱尔兰家庭要想以小块土地养家糊口，马铃薯便成为唯一可以果腹的食物。马铃薯带来自给自足，但对其长久而过度的依赖也形成了危机。在有关爱尔兰马铃薯大饥荒的历史著作中，塞西尔·伍德姆-史密斯曾如此评论爱尔兰社会：“社会的宏观结构及微观结构，过高的人口密度，极低的生活水平，昂贵的地租，土地资源的激烈争夺，这一切都源于马铃薯。”

作为最早走向全球的物种之一，马铃薯在1845年成为真菌腐烂的目标，由此引发了有史以来最严重的饥荒。几乎在一夜之间，爱尔兰农民的主食便腐烂成有毒的糊状物。一位爱尔兰人曾如此记述：“一个民族的所有粮食，还未成熟就全部腐烂——这在历史上是绝无仅有的。”

英国官方对爱尔兰的情况漠不关心，加之歧视性政策已持续了几个世纪，1845 年爱尔兰发生马铃薯晚疫病时，一场剧烈的风暴应运而生。爱尔兰天主教与英格兰新教之间的差异是歧视的焦点。直至 1829 年颁布《天主教解放法案》，爱尔兰天主教徒才获得了进入议会的权利；此前一直遵循的 1695 年刑法“旨在通过一系列残忍的法令摧毁爱尔兰的天主教”。天主教徒被禁止在军队服役、从事公共事务、投票、担任政治职务、购买土地，甚至接受教育。根据法律条款，天主教徒死亡后，全部财产将被“分割”，土地将被分给所有的儿子，长子如改信新教，则可继承所有遗产。

即便《天主教解放法案》在 1829 年得以通过，大多数爱尔兰人的生活依然毫无起色。佃农们用燕麦、小麦和大麦等作物缴付地租，几乎完全依靠土豆维持生活。爱尔兰的社会结构阻碍了工业的发展和生产力的提高。即使佃农的土地增产，增产部分也属于地主，甚至可能成为地租提高的理由，因此产业发展所需的经济动力并不存在。地主随意驱逐佃农，无论他们是否能够足额缴租，而这正是爱尔兰人的不安全感及怨恨情绪的深刻根源。根据当时一位著名经济学家的说法，欠租，又称“夺命飓风”，使下层阶级始终处于“焦虑恐惧的状态”，成为“压迫的主要方式之一”。要驱逐一个家庭，便要摧毁他们的房屋，将他们从废墟中赶出去，从藏身的沟渠和地洞中赶出去。在英国法律面前，爱尔兰佃农如同害虫。保守党的上议院大臣克莱尔伯爵在谈到地主时说“掠夺土地是他们的共同伎俩”。

爱尔兰多次出现部分地区马铃薯歉收的情况，尤其是 1728、1739、1740、1770、1800、1807、1821、1822、1830—1837、1839、1841 及 1844 年，人们食用了大部分储备种子，导致大范围的饥荒与减产。但与 1845 年 8 月至 9 月席卷爱尔兰乡村的马铃薯晚疫病相比，这些歉收就显得微不足道了。这场晚疫病首先袭击了怀特岛。

马铃薯晚疫病可能起源于墨西哥，几世纪前向南传播至安第斯山脉。1841—1842 年间，可能从南美洲传到美国的大西洋北部沿岸，并于 1843 年在费城及纽约附近的沿海各州首先暴发。1843—1844 年，疫病又从美国或南美洲或两者兼有，横渡大洋来到了欧洲。

疫病最先可能是随着进口马铃薯传播到比利时的，这些进口马铃薯是为了取代那些受病毒感染以及受干腐病（由真菌镰刀菌引起）影响的马铃薯；另一种可能的传播渠道是 19 世纪 30 年代开始的鸟粪肥料生意。商船将马铃薯从一个半球快速运送到另一个半球，疫病也随之在大西洋上往来穿梭。商船提速或许是造成这种状况的关键因素：从 1838 年即爱尔兰发生饥荒的 7 年前，蒸汽动力轮船开始定期横渡大西洋。商人用来保存马铃薯的冰块也进一步确保了疫病能在横渡大西洋的旅途中“存活”下来。

疫病可能是通过快速帆船或蒸汽船从巴尔的摩、费城或纽约——北美疫情暴发的中心——抵达爱尔兰的。饥荒随之而来，这些城市又成为饱受饥饿与斑疹伤寒折磨的爱尔兰人逃亡的避难所。但美国城市的居民不同于爱尔兰，并不依赖马铃薯为生。当时爱尔兰的三十二郡则仿佛被一根长长的钢丝绳捆在一起，当疫病“剪断”钢丝绳时，整个国家便分崩离析。即使已经策划好应对方案，顺利执行尚且不易，何况政府非但没有采取措施控制饥荒的时间与范围，与之相反的是，饥荒发生前甚至发生时政府的所作所为，更是使危机进一步蔓延，使局势愈发恶化。1845 年，约有一半马铃薯歉收；1846 年，灾情一发不可收拾，人们成批死去。

几乎是一夜之间，马铃薯晚疫病就席卷了整个乡村。1846 年 7 月 27 日，一位牧师记录自己的爱尔兰之旅时写道：马铃薯“花期正旺，应该是个丰收的年份”。只一周后，返程途中路过同样的地方，却发现“遍地都是腐烂的植物，触目惊心。绝望的农民随处可见，坐在腐烂菜园的篱笆上，绞着双手，痛苦地哀号。这场灾难令他们颗粒无收”。经历了1845年的饥荒，人们渴望的丰收“在短短几天内就烟消云散”，只剩下令人作呕的腐败气息。

连续两届英国政府，无论是托利党还是辉格党政府，都未能救爱尔兰于水火之中。英国领导人认为，迅速而有效的援助会干扰自由贸易，从而恶化爱尔兰局面，并影响英帝国的经济发展。远在英国本土的“缺席地主”继续驱逐饥饿的爱尔兰佃农以掠夺土地，英国政府也不加干涉。由此，灾难的火种形成燎原之势，一百多万人不堪饥饿与疾病四处流亡。

许多爱尔兰人希望能移民到英格兰、苏格兰、威尔士、英属北美（加拿大）和美国，以逃离饥荒或“饥荒热”——斑疹伤寒和回归热。货船载着绝望的爱尔兰人漂洋过海，靠岸时，四分之一、二分之一甚至更多的乘客死于饥饿和传染病。“船上的惨状，”研究英国“艾琳女王号”的学者写道，“连非洲海岸边运送奴隶的船只都不及一二”。在利物浦、格拉斯哥、魁北克、蒙特利尔、波士顿、费城及纽约的港口登陆后，爱尔兰移民窝在新建的爱尔兰贫民窟地窖内，斑疹伤寒开始在他们中间传播。他们被视作高烧的罪魁祸首，人们对其避之唯恐不及，也因为肮脏而受人歧视。

在饥荒与疾病的夹击下，爱尔兰摇摇欲坠。饥荒之时，又有斑疹伤寒和回归热横行肆虐，这一切摧毁了所有的村庄，救治灾民的医生、护士和牧师也很快被感染。疾病通过虱子在人与人之间传播，但当时的人们对此一无所知。饥饿的农民生活在肮脏的环境中，连一件换洗衣服都没有，虱子由此滋生。饥荒及随之而来的疾病“突然之间引爆了累积了几个世纪的罪恶”。饥荒结束时，一百多万爱尔兰人丧生，另有一百多万人移民海外。1902年，在一本关于饥荒的传记中，作者写道：“要么去美国，要么去地狱，这个国家的所有人似乎只有这两种结局。”

贸易全球化不仅为爱尔兰带来了马铃薯，也带来了晚疫病。英国人在爱尔兰推行佃农制度，使农民无法对农作物进行精挑细选；在租种的小块土地上只有种植马铃薯才能养活一大家子人。不幸的是，如果没有土地所有权或稳定的租约，财富根本无法世代积累。但最致命的一击来自于摧毁一切希望的马铃薯晚疫病。疫病导致饥荒，饥荒催生疾病。

1845 年是个暗无天日的年份。无论是马铃薯晚疫病病还是由饥荒引起的传染病都无法解释缘由，也无法用化学药品防治。人们相信微生物和植物病原体能够自发产生，对昆虫传播疾病一无所知，因此当年的科学家及医生历经各种坎坷，努力寻找解决办法。对爱尔兰人而言，这些解决方法已是马后炮，纵然如此，科学的曙光就在眼前——科研领域即将取得重大突破。

水霉菌
（*1861* 年）

> 1845 年秋，晚疫病刚刚出现时，罗伯特·皮尔爵士派凯恩、林德利和普莱费尔等教授前去调查并提出最佳防治方法。结果，人类的知识和能力完全无法应对这一恶作剧式的困局。科学与经验所支持的每一种治疗方案都有据可循，但无论采用哪种方案，马铃薯都会同样腐烂。
>
> ——查尔斯·特雷维扬，饥荒时期英国财政部部长，1848 年 1 月

在英国，晚疫病摧毁了所有的马铃薯品种，人们心急火燎，竭力避免另一场大规模饥荒。既然无法阻止晚疫病，种植者便努力培育

新品种，“这些新品种应具有抗病菌的先天活力”。威廉·帕特森在19世纪50年代末开发出一种抗病品种，名为“帕特森的维多利亚”，这是一种“优良品种”，“对病菌有免疫力”。他在1869年的一份报告中写道：“我认为，马铃薯晚疫病根本没有直接的防治方法，它完全由植物体所受的大气作用导致，至少或多或少地受其影响。”

不幸的是，帕特森开发的品种同马铃薯的其他品种一样，在晚疫病面前丧失了“先天活力”，完全不具备免疫力。除了“帕特森的维多利亚”，还有“尼科尔的冠军”（19世纪70年代初）、“萨顿的万能王”（1876年）等多种马铃薯的抗病品种，它们优异的抗病表现可持续一二十年。因此，1879年发生马铃薯病害之后，凯斯卡特勋爵宣称“培植新品种对国家具有重要意义”。这一提法一呼百应，许多新品种，如“芬德利的布鲁斯”“高端物种”以及“英国女王”，开始在英伦大地上蓬勃生长。

1902—1904年是“马铃薯热潮”期，投机者把抗病品种炒到了天价，部分块茎的价格甚至堪比黄金。根据当代美国学者的测算，新品种售价极高，每磅块茎高达500甚至800美元，每株嫩芽20美元。曾有马铃薯商声称自己出售了一个块茎中的一千株芽，一个土豆便赚了大约一万五千美元。有评论家写道：“当时公众对新品种的需求大到无法满足，而许多新品种不过是换了新名字的老品种，一投入市场便被种植者以惊人的价格抢购一空。”1911年，一位农民如此记录：“我高高兴兴花了37.4美元买到的一些新品种，恐怕不值7便士。”一位研究爱尔兰马铃薯抗病性的教授得出结论：“当时已经上市或即将上市的马铃薯品种，无一能被证明具有抗病性。”由于抗病品种也未能挺过晚疫病，于是急需一种不同的方法来保护马铃薯作物，而首要的任务便是找到晚疫病的原因。

各种理论比比皆是。有人认为，爱尔兰上空的白色蒸汽——一种散发着类似船底污水的“硫黄臭气”的“干雾”，内含一种使马铃薯患病的液体。另一些人将晚疫病归因于“空气中飘散的微小昆虫”或“类似霍乱的流行病,来源于空气中散播的瘟疫或者某种特殊毒药”。一位著名的内科医生甚至将其归咎于“电力作用”。他在1845年秋天写道：“刚过去的秋季，云层中电荷过多，由于极少或根本没有打雷，大气中过多的电荷无法消除。秋季，空气潮湿且天气多变，这种多余的电物质被湿润而肥厚的马铃薯尖叶所吸收。”电学理论衍生出各种各样的说法，例如新发明的机车产生烟雾和蒸汽，从而带来静电。地球本身也可能是元凶之一，因为地底深处的“盲火山”有“灰烬蒸汽”升起。晚疫病也可能（极可能）由进口的鸟粪肥料引起的，又或者，由于降水过多而导致了“湿腐”。一位颇有名气的研究人员写到“多种不利因素”，例如“微弱的光线”“寒冷、不利的天气”以及连绵不断的雨水，共同“造成了这场灾难”。另一位研究人员写道，“这种流行病的成因多年未被破解，可见其成因之复杂，它取决于多种条件的综合作用，而这些条件又并非常常同时具备，例如‘气候的显著变化’和‘发生化学作用时光线不足’”。而大多数观点认为马铃薯病害是在植物组织中自发产生的，因此不可避免。

1847年，马铃薯栽培专家约翰·汤利对业已提出的所有病因进行了评论。针对疫病可能来自于未知的大气影响这种说法，他写道：“要证明这是由月光或仙女带来的，反倒是一件容易的事。”汤利指出，疫病的突然出现表明它与人类跨越国界时所携带的致病因子相关。找到具有破坏性的因子对寻找治疗方法至关重要。他写道：“人们最喜欢使用烟灰、盐、石灰和埃普索姆盐，甚至认为烟、热水、碳酸、微量的铜和砷盐，甚至成群的鸭子也能奏效。如果这些方式有可能缓解疫病，不妨一试。毋须讳言，我绝不相信它们能解决问题。”

几乎在同一个时代，有人发现了晚疫病的原因，其中最有代表性的是比利时教授查尔斯·莫伦和英国牧师 M.J. 伯克利。伯克利是真菌研究界的权威，他研究了一万多种真菌，并对其中的数百种进行了首次描述，包括 1936 年查尔斯·达尔文在英国皇家海军“贝格尔号”上收集的每一种真菌标本。伯克利在谈到马铃薯疫病时写道：“很可能它已经不声不响地存在了一段时间，但持大气影响学说的人认为它一年前刚刚出现，这绝对不可能。”伯克利指出，“众所周知，这种病在波哥大的雨季很常见，而那里的印第安人几乎完全依靠土豆为生……仅这一点就证实了莫伦博士的观点，即这种疫病和其他蔬菜疫病一样，也起源于美国”。

1845 年夏天，伯克利在患病植物上观察到一种微小的真菌，第二年冬天宣布它为晚疫病的致病因子。然而，他的声明遭到了大多数权威人士的拒绝和讥讽，他们认为真菌只是腐烂的结果。因此，伯克利的论文被评论家们抛在一边，其中一位甚至写道：“想找出这一迷局的确凿原因是毫无希望的。世界接受了自己的命运，这很明智。‘不能治愈的必须忍受’，马铃薯疫病就是这类邪恶事物之一。”

伯克利不惧批评，坚持己见。“我必须坦率地承认，”他写道，“权威人士站在我的对立面，越来越多的人从哲学上对我进行质疑，但我相信真菌理论是正确的。正是通过这些为世人所鄙的手段，上帝饶有兴致地达到了自己的目的。”汤利全力支持伯克利，他主张恢复马铃薯的“活力”以抵御真菌的侵袭。不幸的是，伯克利无法证明这种真菌出现在晚疫病之前，也无法证明块茎如何被感染，因为他的接种实验并未成功。伯克利观点所

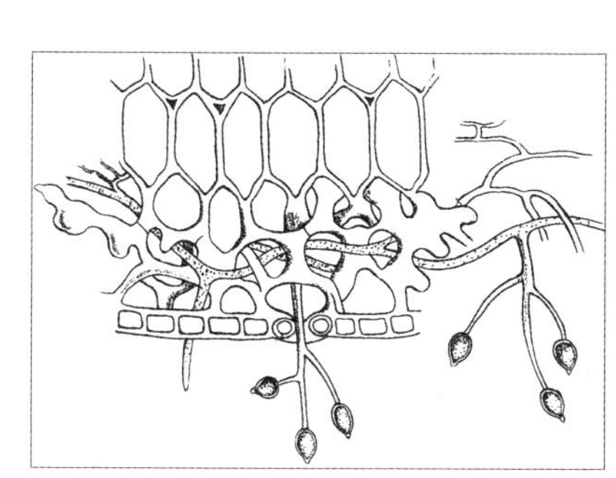

图 1.1.1　马铃薯晚疫病的真菌自马铃薯叶子背面开始蔓延（伯克利绘）

需的理论框架，必须假以时日才能成熟，因此，他的想法悬而未决达 15 年之久。

事实上，早在爱尔兰饥荒暴发之前，约翰·克里斯蒂安·法布里修斯就已经在 1774 年发表过一篇植物病理学论文，这为植物病原体的发现建立了框架。法布里修斯正确地推断出，在患病植物病损处发现的真菌是独立的有机体，而不是死亡的植物组织。可惜的是，在此后的一百年里他的论文始终未能得到科学界的承认。直到 19 世纪 50 年代末，科学家们才普遍接受真菌是不同的有机体，疫病自发形成的观念也随之瓦解。

其实，这种观念已经流行了许多世纪。在古代写作者中，亚里士多德曾指出："干燥的身体变湿，潮湿的身体变干，都可能产生动物的生命。"阿奇劳斯记述了腐烂的脊髓中产生蛇的过程。维吉尔观察到蜜蜂生于公牛的内脏。17 世纪，荷兰炼金术士范·海尔蒙特写道："从沼泽底部升起的气味会产生青蛙、蛞蝓、水蛭、青草和其他生物。"根据范·海尔蒙特的说法，要把小麦变成一罐老鼠，只需把脏衬衫和一罐玉米混在一起；同样，碾碎的植物——罗勒在阳光下暴晒，可以转化为蝎子。然而，意大利医生弗朗西斯科·雷迪证明，如果用纱布隔离苍蝇，肉不会产生蛆虫。这迫使秉持疫病自发形成观念的人承认，肉眼可见的动物不是自发产生的，但他们仍旧坚持微生物并非如此。

矛盾的是，显微镜的发明为自生说提供了强大的工具。显而易见，当时的人们无法解释"微生物"——用显微镜才能观测到的动物及其他被认为是动物的微小有机体——在分解动植物的过程中是如何繁殖的。1858 年，法国鲁昂自然历史博物馆馆长费利克斯·阿基米德·普谢宣布，他已通过实验证明微生物能够自然生成。他将干草倒进盛有水和氧气的容器中，以水银密封并加热到沸腾状态。水银阻止外界空气进入干草容器，但微生物仍然产生了。虽然普谢影响力颇大，但他的证据将很快被推翻。

自生说阻碍了诸多科学领域的发展,包括对马铃薯晚疫病的研究。伯克利认识到这一点，于是他在 1846 年指出，若要证明其论文错误，首先需要“厘清大家津津乐道的观念——枯萎或患病的组织会产生微生物——是明确无误的还是模糊不清的，因为这是问题的核心。虽然充满神秘感，但据我判断，无论面纱于何处揭开，似乎都指向了同一个普遍规律，即自然界中大部分物种都受到同样的支配”。

1859 年，查尔斯·达尔文以其里程碑式的著作《物种起源》揭开了这层面纱。达尔文认为所有生命都通过进化过程联系在一起，不会自然生成新的生命形式，并为此观点提供了理论框架。同年，路易斯·巴斯德也加入了有关“自生”说的争论中。巴斯德的好友让 - 巴蒂斯特·毕奥听说巴斯德计划研究这一课题，极力反对，认为这是在浪费时间，并预言：“你肯定一无所获。”

巴斯德却成功了。在实验中，他将一个鹅颈烧瓶的弯曲颈部连接在一个加热的铂管上。空气先通过铂管才进入烧瓶，高温杀死了所有的细菌，巴斯德指出，经过这一过程，细菌无法侵入烧瓶中已加热灭菌的肉汤，肉汤保持无菌；由此可见细菌不是自然产生的。他也采用其他“易腐蚀液体”进行实验，包括尿液。他还从空气中提取灰尘，发现灭菌后的营养肉汤可以与灰尘及灰尘所含的细菌一起培养，具有繁殖力。他在不同的环境下重复该实验，结果均表明营养肉汤必须有微生物共同参与才能产生生命。因以实验方式反驳“自生”说，巴斯德在 1860 年获得了法国科学院颁布的奖项，以表彰他“通过精心设计的实验揭示了‘自生’说的真相”。

然而这些实验依然无法说服所有人。普谢认为，如果空气中最小的气泡中有细菌，那么空气中的细菌“就会如同浓雾，无处不在”。

为此，巴斯德进行了实验，将营养肉汤暴露在不同地方的空气中，包括细菌含量极少的高海拔地区。在 1864 年的一次主题发言中，巴斯德批评了普谢的实验工作。“这项实验本身是无可非议的，”他说，“但只有在作者关注的那些问题上才是无可非议的。”普谢犯了一个错误，“使他的实验和范·海尔蒙特的小麦变老鼠实验一样，完全是个谬误”。“我来告诉你老鼠怎么来的吧！”巴斯德说，微生物随着附在水银上的灰尘颗粒进入了普谢的烧瓶里。

在驳倒了自生论所有可能的论据后，巴斯德宣称：“那些坚持相反观点的人，都是被幻想和不谨慎的实验所误导，被错误所蒙蔽，他们不知道如何认识错误，也不知如何避免错误。自生论是一种空想。”巴斯德关于自生论的研究有广泛的实际运用，包括使用高温杀死微生物，这一技术后来被称为巴氏杀菌法。

巴斯德的五个孩子中有三个死于伤寒，于是他致力于寻找治疗伤寒的方法。巴斯德认为，正如微生物能使牛奶变质，它也可能是疾病的始作俑者。在 19 世纪 70 年代，巴斯德和他的学术竞争对手德国人罗伯特·科赫分别证实了微生物会引起炭疽病，这为传染病是由细菌导致的理论提供了证据。巴斯德与科赫的竞争不仅仅是个人之间的竞争，法国在普法战争中失利之后，两人在激烈的学术论战中更是代表了各自国家的尊严。科赫于 1905 年获得诺贝尔奖，巴斯德却在诺贝尔奖尚未开始颁发时就去世了，否则他肯定也能获奖。

根据巴斯德和科赫关于细菌引起传染病的理论，可以直接作出一个关键性推论：必须防止微生物进入人体。这一合乎逻辑的推论促使约瑟夫·李斯特在外科消毒技术上取得了突破，并于 1867 年发表成果。与此同时，巴斯德研制了炭疽、鸡霍乱和狂犬病疫苗。其中，狂犬病疫苗于 1885 年首次在一个被狗咬伤的 9 岁男孩约瑟夫·梅斯特身上试验成功。此后巴斯德研究所聘请梅斯特为看门人；在被救 55 年后，为阻止德国纳粹侵略者打开巴斯德的墓穴，梅斯特开枪自杀。

很难想象，微小的生命形式竟会摧毁一个国家的农作物或引起流行病。巴斯德突破了这一认知屏障，证明了细菌不是自发产生的，它们是人类疾病的根源。当然，这一理论也适用于植物病害。

就在巴斯德公布具有里程碑意义的实验，反驳自生论的同时，另一位杰出的微生物学家发现了爱尔兰马铃薯晚疫病的病原体。1853年，22 岁的安东·德巴里在学界崭露头角，发表了他的经典著作，证明导致植物锈病及黑穗病的真菌不是自生的，它是疾病的起因而不是结果。在其职业生涯中，德巴里建立了特定真菌与系列植物疾病之间的对应关系。德巴里是现代真菌学的创建者，其成果也为巴斯德有关自发论的研究奠定了基础。1861 年，德巴里发表研究报告，表明马铃薯晚疫病是由致病疫霉菌引起的。

晚疫病的病原体最早由拿破仑军队的一位资深外科医生蒙塔涅于 1845 年 8 月 30 日在巴黎的法国哲学协会的会议上对其进行描述并命名。他称之为葡萄孢属疫霉，而由于他在短短几天内击败了竞争对手，其他人提议的名称均未被采用。蒙塔涅对病原体的描述发表在伯克利有关这一专题的重要论文中，后来改名为霜霉属疫霉。德巴里发现的晚疫病病原体与其他霜霉属成员差异巨大，便将其归入一个单独的属，并根据其行为模式改名为致病疫霉（Phytophthora infestans）：phyto 意为“植物”，phthora 意为“破坏者”，infestans 意为“侵略性”“敌对”或“危险”。

致病疫霉并不是真正的真菌，而是属于水霉菌的类真菌有机体。德巴里将病原菌孢子接种到马铃薯的茎、叶以及块茎上，随即马铃薯发生腐烂。德巴里证明，致病疫霉通过气孔（该词源自希腊语“口”）进入马铃薯叶片。寄生菌的菌丝体（由线状菌丝组成的营养体部分）分枝蔓延，形成大量菌丝在叶细胞中蠕动前行，消耗营养物质。菌丝随后通过气孔向外延伸，产生顶端带有梨形子实体（孢子囊）的分枝。孢子囊很容易脱落于地上或随风吹到空中。一旦落在另一片叶子上，它们便等待时机，哪怕是一滴雨露都能使其生长。水霉菌有两种生长模式：第一种模式，长出一条细丝，通过气孔进入叶片，然后重复自身形成过程。第二种模式，产生并释放感染性孢子。孢子随水珠渗透土壤颗粒，最终触碰土豆，引起腐烂，这也是人们将晚疫病归咎于湿度过高的原因。

农民很难注意到这种感染，直到马铃薯叶片上出现黄色或棕色的斑点，“仿佛有稀释后的酸性溶液像雨滴般洒落在它们身上”。斑点随即变大变黑，叶子开始卷曲腐烂并产生一种独特而难闻的气味。在有关爱尔兰马铃薯疫病的报道中，时常有描述这种难闻气味的文字。叶片腐烂组织的边缘是分叉的菌丝，顶端有孢子囊，加速侵害整个田野，最终，田野仿佛被一场大火席卷而过。伯克利指出，晚疫病直接导致了马铃薯的绝收，因为感染之后，“其他真菌会在其表面或其他腐烂之处繁殖，散发出一种类似腐烂木耳的强烈气味，细胞被腐蚀，微生物或螨虫滋生，只剩下一团令人作呕的腐败之气”。

在爱尔兰，1848年的夏天几乎是1845年和1846年夏天的翻版。“7月13日的早晨，”一位教区牧师写道，“所有人都目瞪口呆。就在前一天晚上，马铃薯田里的景象连最漠然的人看了都觉得欢欣鼓舞，如今却仿佛遭到了轰炸，枯萎发黑，似乎还洒上了硫酸。整个国家因此陷入了沮丧和混乱”。有报道称，马铃薯田“变黑，仿佛浸泡在焦油中”，和前两年一样，这片伤痕累累的土地上散发着“令人作呕的恶臭”。马铃薯“要么完全或部分腐烂，爬满虫子，要么布满褐色的斑点，仿佛冻伤之处长出的新肉”。

在19世纪末，许多进化论者错误地认为自然界中的事物，即使是有害的事物，都有其进化的目的。在这种哲学中，有一只手在指导着生命的进化过程，这是一种将创世说信仰与现代进化论原则相结合的哲学。它让人们觉得进化是一个有目的的过程，而人类处于进化的顶峰，这给予了人类极大的安慰。这种哲学也让人们将马铃薯晚疫病看作是一种积极的力量，它扼杀了不良品种，促进了健壮品种的繁衍。当时，真菌被认为是植物。在德巴里发现致病疫霉菌 9 年后，一位种植专家写道："自然允许霉菌大家族存在，每个成员都是一种完美的植物，并能像森林中的橡树一样发挥其功能。毫无疑问，其原因是为了阻止病态物种的扩散，并通过分解孱弱的植物为土壤增肥并腾出空间，使健壮的植物更好地成长……马铃薯病害与其说是一个原因，不如说是一种结果，它似乎是为了阻止因意外或其他原因而衰弱的某些成员继续繁殖，而不惜使其灭绝。"

直到人类进入 20 世纪，有关进化的目的和过程，以上观点一直是主流。但这其实是对达尔文进化论的曲解。事实上，巴斯德、科赫、德巴里和达尔文突破了长期以来被创造论的观念和形式所固化的思维模式。19 世纪中期出现的这些思维范式的转变，如生命不是从无生命物质中自发产生的、微生物可能是动植物疾病的源头以及生命是进化而来的，等等，推动了科学的迅猛发展，自此科学发现源源不断。

波尔多液

（*1883* 年）

自从 1878 年霉菌在法国出现以来，我就一直进行霜霉菌研究，希望能在其生长过程中发现弱点，使其得到控制。

——皮埃尔·马利·亚历克西斯·米亚尔代，1885 年德巴里鉴定出马铃薯晚疫病病原体，也树立了一个引人入胜的目标。如果能研制出一种能杀灭致病疫霉的药剂，就可以避免将来再次出现马铃薯饥荒。令人费解的是，这种药剂的研制过程却与马铃薯毫无关系。

与蚜虫有亲缘关系的根瘤蚜（源自希腊语，意为“叶子干枯”），体形微小，靠吸食北美东部本土葡萄的叶子及根部汁液为生。19 世纪 50 年代，英国葡萄酒爱好者引进了美国葡萄藤的植物样本，根瘤蚜搭上了顺风车。与美国的同类植物不同，欧洲的藤蔓植物对这种昆虫没有抵抗力。1865 年，法国葡萄藤受根瘤蚜侵袭而枯萎，这场葡萄疫病使得葡萄酒厂纷纷倒闭。随后几年，整个欧洲的葡萄酒产量大幅下降，大约 250 万英亩的葡萄种植受到影响。法国葡萄园运用了多种技术来阻止根瘤蚜的破坏，包括将活蟾蜍埋在葡萄藤下以拔出植物的毒液，向土壤中注入二硫化碳等，但都无济于事。根瘤蚜，也称植物虱子，似乎无可阻挡。

法国植物学家和真菌学专家皮埃尔·马利·亚历克西斯·米亚尔代接受了这一挑战。米亚尔代是这项任务的不二人选。他曾在巴黎学医，1854 年的霍乱夺去了他父亲的生命，学医成为他养活母亲和弟弟妹妹的最佳选择。当时的医学院要求研究药用植物。作为一名年轻医生，米亚尔代先在海德堡学习，后去弗赖堡为德巴里工作，1869 年被任命为斯特拉斯堡大学的植物学教授。第二年，普法战争爆发，米亚尔代应征成为法国军队的一名军医。法国一败涂地，失去了阿尔萨斯和洛林的大部分地区，而斯特拉斯堡大学也划归德国；因此，米亚尔代在 1872 年接受了南锡大学的职位，并于 1874 年前往波尔多调查根瘤蚜的传播状况。两年后，从事根瘤蚜研究的米亚尔代被调到波尔多大学任植物学教授。

米亚尔代将美国葡萄藤与法国葡萄藤相嫁接，培育出了抗根瘤蚜的杂交品种。不幸的是，1878 年，米亚尔代发现一些进口到法国的美国葡萄藤又被另一种来自美国的霜霉病感染，这种霜霉病和马铃薯致病疫霉一样，都是一种水霉菌。霜霉病集中暴发在根瘤蚜盘踞的地方，以其巨大的破坏力迅速横扫法国。米亚尔代的工作重点从攻克根瘤蚜转向战胜霜霉病。

1882 年 10 月，米亚尔代观察到位于梅多克的圣朱利安葡萄园路边的葡萄藤没有发生霉变，而在远离路边的地方，霜霉病引起的腐烂却很严重。米亚尔代向葡萄种植者询问了未感染的葡萄叶上发现的“浅蓝色粉末”。他们说曾在道路上喷洒过一种石灰和硫酸铜的混合液，容易辨识而且味道苦涩，可防止徒步旅行者顺手牵羊。幸运的是，这种混合液还能保护植物免受霜霉病的侵袭。

米亚尔代根据这一偶然发现开展实验，尝试按照不同比例将铜盐、铁盐与石灰粉或石灰水进行组合，最终证明硫酸铜和石灰形成的一种特殊混合物，后称波尔多液，可行之有效地防控霜霉病，而且不会损害植株或葡萄。米亚尔代与化学家尤利斯·盖容合作，确定成分的最佳配比，以达到最好的效果。

使用波尔多液后，葡萄叶片上的霜霉菌或直接死亡，或是孢子无法产生芽管穿透葡萄叶表皮，这样就避免了感染。米亚尔代写道：“健康的叶子绿意盎然，成熟的葡萄又黑又亮。”“未经处理的葡萄藤则惨不忍睹，叶子凋落了大半，剩下的几片也已干枯；葡萄仍然是红色的，半生不熟，酿出的葡萄酒也是酸的。”

米亚尔代在早期的调查中还发现，虽然在城市用水、雨水、露水和蒸馏水中都有霜霉菌的繁殖体形成，但他自家的井水中却没有。在他发明波尔多液之后，这种现象才得到了清楚的解释。水由铜泵从他家的井里抽出来，每升水含 5 毫克铜，还含有周围岩石中溶解的石灰岩。米亚尔代家的水井碰巧产生了波尔多液，因为井水自身既含有铜又含有石灰。

波尔多液物美价廉，1 升就足以处理 1000 株植物，材料和劳力的成本却只需 5 法郎，而且“不必担心会伤害葡萄藤，哪怕是最柔弱的部分”。只需一步操作，就能保护葡萄藤免受霜霉病的侵袭，但由于霜霉菌生长在葡萄叶内，必须提前预防。米亚尔代的努力带来了世界上首款商业杀菌剂，广义而言，也是首个有效对抗植物病原体的杀虫剂。

米亚尔代格外在意自己在该研究领域的领头羊地位。查特里・德拉福斯男爵和其他人也注意到使用这种混合液能使葡萄免受霜霉菌的感染。他们的发现只比米亚尔代晚了两年。正如达尔文加快步伐出版《物种起源》是因为阿尔弗雷德・拉塞尔・华莱士同样发现了“自然选择”的法则甚至可能抢先发表，米亚尔代也迅速发表了自己的研究成果。他认为有必要逐月详细记录谁在什么时候有什么发现，以确认是他首先发现了波尔多液。“这项荣誉我当之无愧，”他写道，“我最先想到用铜进行治疗，最先进行实验，而且最先付诸实践。请允许我补充一句——因为对于我们这些做学问的人而言，这是我们的至高荣誉和珍贵纪念——1878 年，我和普朗雄先生首先在法国发现了霉菌。从那时起，我就一直献身于该事业。”

19 世纪，公共卫生研究还只是个小圈子，科学家之间以及国家之间的科学研究交流颇多。有些科技进步并未得到重视，人类生命因此遭受了巨大损失；有些则得到广泛应用，波尔多液就是最好的例子。从法国的葡萄到爱尔兰的马铃薯，处处可见它的身影。这一重要成果，早在米亚尔代的预料之中。他写道：“葡萄上的霜霉菌与马铃薯及番茄的致病疫霉之间存在着极大的相似性，我希望今后能找到一种真正的预防性治疗方案来防控致病疫霉。”对葡萄有效的药剂也应适用于马铃薯。爱尔兰的研究人员采纳了这一思路，在马铃薯作物上喷洒波尔多混合液，以对抗致病疫霉，这“充分证明了这一技术具有不可估量的价值，能完全预防疫病，至少可以检查疫病的破坏程度”。

波尔多液配置方法简单：12 磅硫酸铜用大约 8 磅新烧生石灰中和，这两种原料之前都溶解在 75~100 加仑的水中。波尔多液能确保农民即使在疫病严重的年份也能收获粮食作物，只要在疫病出现之前喷洒，并在整个生长期定期喷洒该溶液。回望 1845—1849 年间，如果波尔多液已经问世，爱尔兰人便可免受苦难；如果没有蜂拥而至的爱尔兰移民，美国将会是另一番景象，斑疹伤寒也不会在爱尔兰移民定居的城市肆虐；爱尔兰与英国之间的矛盾也不会如此尖锐。事实上，曾经有科学家尝试在马铃薯上使用铜盐，只是没有达到正确的浓度，也没有同石灰混合。

事实证明，19 世纪的农民所要面对的马铃薯天敌并不只有晚疫病。其他各种疾病，如早疫病、马铃薯疮痂病、干腐病（镰刀菌枯萎病）、茎腐病（根瘤菌病）、黑腿病和欧洲疣病等，还有大量的害虫，包括马铃薯跳蚤甲虫、科罗拉多马铃薯甲虫、马铃薯虫、马铃薯茎象甲、马铃薯鳗鲡、蚱蜢，甚至还有一个特别物种——三棱叶甲虫，其幼虫用自己的排泄物覆盖自身。在某些情况下，昆虫幼虫会钻进土豆，致病真菌随之侵入。正如致病疫霉随马铃薯传播到世界各地一样，许多害虫也是如此。1870 年，一位马铃薯研究专家写道：“人类文明向落基山脉进军时，马铃薯也开始在该地区种植，（科罗拉多马铃薯甲虫）便以此地的马铃薯为食。它逐一蚕食所有地块，大约以每年 60 英里的速度向东移动，现在已经遍及全国，从印第安纳州一直延伸到它在落基山脉的大本营。大约再过 12 年，它将到达大西洋海岸。”

19 世纪末 20 世纪初，马铃薯种植者面临着许多敌人，而他们的园丁棚内也不止波尔多液这一种化学工具。其他的杀虫剂也在使用，如氯化汞、甲醛、巴黎绿、铅砷酸盐和砷糠泥。波尔多液除了用于防治晚疫病外，还用于防治其他马铃薯病原菌，并能促进植物生长。有专家写道：“无论农作物种植在何处，也不论是否存在疾病，笔者都强烈推荐使用波尔多液，因为回报极其可观。”还有专家建议“自由地大量地”使用波尔多液，再辅以铅砷酸盐，便可杀死危害马铃薯的害虫及其幼虫。这种混合液要进行全方位喷洒，因为“错过敌人就会贻害无穷”。

使用化学方法防治马铃薯晚疫病取得了重大进步，与此同时，农业技术也在日新月异，出现了诸如“铁器时代”牌牵引式喷雾机、乘式中耕机、马铃薯播种机和马铃薯挖掘机，因此，北美及欧洲的马铃薯产量突飞猛进。伴随着工业革命，机械化农药喷洒技术得到了长足发展，新设备层出不穷。喷施农药带来的增产不容忽视。例如，1912年，据美国学者计算，泽西岛上的一块马铃薯田在生长期共喷洒了五次波尔多液，每次花费 1.25 美元，产量达到每英亩 13 吨，而相邻的一块地只喷了两次，终因暴发晚疫病而枯萎。

种植者热情澎湃，热衷于培植标准的“刚好被大个子男人一手握住的马铃薯”。科罗拉多州的一本流行小册子称：“除了面包和肉制品，盎格鲁 - 撒克逊人最重要的食物是马铃薯。”有鉴于此，使用杀虫剂提高产量便能带来巨大利润。19 世纪末 20 世纪初，华盛顿州对马铃薯的需求激增，价格居高不下，每吨价格保持在 10 美元以上，农民能够获得每英亩 15 至 20 美元的净利润。由于杀虫剂带来了如火如荼的农业革命，半个世纪后，人们关注的焦点从 1845 年的饥荒问题转移到如何获得高额利润。

1845—1849 年，爱尔兰马铃薯饥荒促使人们寻找病原体。巴斯德在 1861 年驳斥了自生论，同年德巴里发现属于水霉菌的致病疫霉导致马铃薯腐烂。20 年后，米亚尔代研制出世界上第一种有效的杀菌剂，不仅拯救了欧洲的葡萄园，还能避免马铃薯饥荒的悲剧重演，并最终提高了全球马铃薯产业的利润。米亚尔代证明，人们有能力制造出神奇的化学制剂。从此，人类叩开了饥荒和传染病的大门，一大批杰出的科学家赶进来冲锋陷阵，努力奋战，下定决心解决人类迫在眉睫的问题。

第二部分　瘟疫

·1·

沼泽热（疟疾）

（公元前 2700—公元 1902 年）

从现代疾病的"细菌理论"看，长鼻虫刺破皮肤的现象很有研究价值，因为这就像巴斯德的针头一样，很可能导致细菌和其他病菌进入人体内，从而感染血液并引起某些类型的发热。

——艾伯特·弗里曼·阿弗里卡纳斯·金，1883 年

在非洲，疟疾与人类祖先共同进化，并随现代人类迁移到欧亚大陆，再到世界各地。疟疾席卷了随着农业发展而形成的古代人类聚居地，它可能是历史上首个极端危险的致命传染病。由于对水源的依赖，人类建立的村庄和城市往往毗邻携带疟疾的按蚊滋生地。此外，农业发展使人口密度提高，感染率也随之攀升。

早在公元前 2700 年，中国的医学文献就描述了疟疾导致的典型周期性发热。公元前 5 世纪，希腊医生希波克拉底详细描述了疟疾；在判断疾病状态时他考虑到众多变量，注意到"季节的所有构成因素，尤其是天空的状态"、病人的梦境以及"肠胃胀气，无论是否发出声

音”。在古代，来自印度、亚述、阿拉伯、希腊和罗马帝国的杰出作家都曾深入了解过这种疾病，并注意到它与沼泽密切相关。疟疾也因此以“沼泽热”而闻名。

鉴于疟疾与沼泽的关联，人们提出的诸多有关疟疾如何传播的假说，其中大部分都涉及“瘴气”——该词由希波克拉底创造，用来指代从地面升起的有毒气体。他认为有毒气体导致疟疾，因此这一名字来源于意大利语“糟糕的空气”。作为疟疾病因，瘴气经常出现在文学作品中，如莎士比亚的《暴风雨》：“愿太阳将所有从沼泽、平原上吸起来的瘴气都降在普洛斯彼罗身上，让他的全身没有一处不生恶病！”

疟疾的疗法多种多样，非常神奇。公元前3世纪，罗马皇帝卡拉卡拉的医生昆图斯·萨莫尼库斯·塞伦努斯建议疟疾患者连续九天戴上印有“阿布拉卡达布拉”字样的护身符，然后将其抛过肩膀，扔进一条向东流动的小溪中。而后，将狮子的脂肪涂在病人的皮肤上，或者将黄色珊瑚和绿色宝石装饰的猫皮披在脖子上。

尽管古人并不了解蚊子在疟疾传播中的作用，但他们会根据疾病的模式调整自己的行为。在罗马，人们给湿地排水；在巴格达，阿拔斯哈里发也通过排水成功地减少了疟疾发生率；在东南亚，人们将房子建在数根木桩之上，高于蚊子的飞行高度。疟疾也塑造了人文格局。它与湿地和低地的联系导致许多山区居民在疟疾高发季节停留在高海拔地区，从而加深了山区和低地居民之间的文化鸿沟。

非洲奴隶贸易将致命的恶性疟原虫带到了美洲，加上其他本土疾病，土著居民几乎被摧残殆尽。非洲奴隶对疟疾有遗传性抗体，也获得了许多热带疾病的免疫力，因此，传到美洲的疾病导致人口剧减，奴隶贸易却因此更加兴旺。非洲奴隶在很大程度上取代了缺乏免疫力的土著奴隶和欧洲契约佣工；非洲人对疾病的抵抗力也“锁定”了他们沦为奴隶的命运。由于非洲人既有遗传性抵抗力又有对热带疾病的后天抵抗力，他们一般被雇佣在奴隶船上工作。

疟疾及其他疾病共同影响了美洲殖民地的政治事件。1655 年，英国军队在牙买加横扫西班牙人，到了第二年，大多数英国士兵却丧命于疟疾和痢疾。到 17 世纪末，疟疾在北美殖民地造成的死亡人数比其他任何疾病都要多。1794 至 1795 年，英国人入侵法国殖民地圣多明各，在镇压奴隶起义的途中，有 10 万士兵死于疟疾和黄热病。英国人因此不堪一击，奴隶揭竿而起并于 1801 年建立了海地共和国。法国人在 1802 年入侵海地时，疟疾和黄热病使拿破仑的六万士兵锐减到不足一万人。

疟疾在一连串战争中都扮演着类似的角色，包括欧洲各王国之间的战争、非洲的殖民战争、美国南北战争、第一次世界大战、苏俄内战以及第二次世界大战。1910 年，一位专门研究疟疾对战争影响的历史学家在论及 1864 年英国在西非发动的战争时写道："它几乎不能称为战争，因为未见敌军一兵一卒，也未放一枪一炮。打败我们的是疾病，而其中的大部分是可以预防的。"1895 年的马达加斯加，法国军队阵亡 13 人，却有超过 4000 人死于疟疾。第一次世界大战中的萨洛尼卡战役，法军、英军和德军遭受疟疾折磨长达三年，将近 80% 的法国士兵因疟疾住院治疗，而英军中有 162512 人因疟疾入院，只有 23762 名参战人员伤亡、被俘或失踪。战争结束，受感染的士兵长途跋涉回到家乡，蚊虫叮咬他们后，又引发了新的疟疾疫情。

即使某些政治格局必然引发战争，但在某种程度上也是因疟疾而起。例如，美国南部各州疟疾发病率的上升加剧了对奴隶的需求，因为非洲人对这种疾病有抵抗力；而非洲奴隶越多，本土民众中疟疾越高发，南北方之间因流行病形成鸿沟，而这也反映了南北方之间的政治分歧。

在临床上，疟疾无法与引起类似症状的其他疾病进行区分，这对疟疾研究构成了巨大障碍。17 世纪初，耶稣会修道士从秘鲁土著人那里得知，南美某种树的树皮能够有效治疗“间歇性发热”，即疟疾。这种树被称为金鸡纳树。因为秘鲁总督的妻子被树皮治愈，这种树便以她名字命名。大约在 1640 年，耶稣会士将这种树皮进口到欧洲，但这一治疗方法遭到了大多数科学界人士的嘲笑。尽管如此，正是这一发现使得 18 世纪早期精干的研究人员得以将疟疾与其他发热原因相区分，以期更精确地描绘发病过程。

美国独立战争期间，一位英国医疗官员这样记录金鸡纳树皮引起的争议：“黑森佣兵是金鸡纳树皮的坚决抵制者；英国军队的医生也非常谨慎地使用金鸡纳树皮。曾经有一个黑森军团，在佐治亚州服役一年期间，三分之一的士兵因疟疾丧生，英国军团也损失了四分之一以上，但是其他军团的人员损失率不到二十分之一。这些兵团都在参战，都是身处美国的外国人，但死亡率却有天壤之别，除了对树皮的使用有所区别，似乎没有其他的原因。”

1820 年，法国化学家皮埃尔 – 约瑟夫 · 佩尔蒂埃和约瑟夫 · 布莱梅 · 卡旺图从金鸡纳树皮、奎宁和金鸡宁的四种活性成分中提取出两种。不久，种植金鸡纳树、提取奎宁成了最红火的生意。生产奎宁的化学公司在欧洲和美国如雨后春笋般兴起，现代化学工业由此诞生。奎宁是第一种用于治疗特定疾病的西药，为现代制药工业奠定了基础。奎宁在世界范围内的充足供应也加快了欧洲对非洲的殖民以及美国对美洲土著部落的征服。

17 世纪末显微镜发明后，终于有发现疟疾真正病原体的可能性。即便如此，这一过程仍旧耗费了两个世纪。首先，在 19 世纪 50 年代，借助显微镜，研究人员发现疟疾患者血液中含有黑色的小颗粒，他们称之为黑色素。19 世纪 70 年代，巴斯德和科赫提供了理论基础。随着疾病细菌说的发展，各种致病菌迅速被发现，到 1890 年，已发现炭疽病、回归热、肺结核、肺炎、伤寒、白喉、破伤风和霍乱等。细菌学家也追查了引发疟疾的微生物，但调查结果认为细菌是罪魁祸首。这并不正确，因为这种微生物不是细菌。

寻找疟疾病原体的关键线索是疟疾患者血液中存在的黑色素。在这一领域，最杰出的专家是法国陆军外科医生夏尔·路易·阿方斯·拉韦朗。1870 年，25 岁的他开始了自己辉煌的职业生涯。当时他在普法战争中担任法国军队的医疗助理少校。战后，拉韦朗子承父业，在一所军事医学院担任“军队疾病和流行病”专业的系主任。1878 年，他被派往阿尔及利亚的一家法国军事医院，着手研究黑色素是否只存在于疟疾患者中，以此确定黑色素可否作为一种诊断依据。1880 年，他对疟疾患者的血液进行了精确检查，发现了一种未知的实体，他将其定名为疟原虫。尽管没有染色液帮助显示疟原虫，但他发现疟原虫在红细胞中发育并摧毁红血球，从而改变了红细胞的色素沉着，最终产生黑色素。

拉韦朗发现疟原虫不是细菌，而是原生动物。1882 年，拉韦朗来到意大利的一个沼泽地，在该地区疟疾患者的血液中发现了同样的寄生虫，因此可以确定这就是疟疾的病原体。他于 1884 年发表了这一结论。起初有科学家持怀疑态度，他们重做了该实验，最终认定这一结论为事实。1889 年，法国科学院授予他郎布雷昂奖。

拉韦朗利用这一契机，开创了一个全新的针对原生动物的传染病研究分支。不久他们便有了新发现：一个名为锥虫（在希腊语中称为“躯体蛀虫”）的原生动物群会导致动物和人类的多种疾病，其中最主要的是昏睡病。蝇类作为锥虫病的传播媒介，便成为杀虫剂的首要目标。1907 年，拉韦朗获得了诺贝尔奖，他将奖金的一半捐给了巴斯德研究所，以建立热带医学实验室。

拉韦朗深知，他在 1880 年鉴定出人类疟疾的病原体，这只是寻求治愈之道的起点。因此，找到人体外的寄生虫成为他的下一个目标。他在沼泽地区的水源、土壤和空气中进行搜寻，但都徒劳无功。有科学家尝试使用肮脏的沼泽水给受试者接种，使其感染疟疾，然而结果却表明沼泽地区并未发现寄生虫。由此，拉韦朗在 1884 年得出结论：寄生虫一定是由蚊子携带的。毕竟，将寄生虫从一个人的血液转移到另一个人的血液中是需要载体的，而蚊子在沼泽地里随处可见。差不多在同一时间，其他著名的科学家也在这一点上达成共识。

1876 年，热带医学之父——苏格兰内科医生帕特里克·曼森在中国发现蚊子传播丝虫，导致淋巴丝虫病，也称象皮病。曼森家的园丁被感染，因此曼森趁他睡觉时让蚊子叮咬他；结果他在园丁和蚊子身上都发现了这种寄生虫，并描述了丝虫的生命周期。令人惊奇的是，丝虫胚胎在一天中的大部分时间里都隐藏在身体深处的血管中，但从日落后到午夜时分在外周血中大量出现。“这太不可思议了，”曼森写道，“大自然竟然使丝虫适应了蚊子的习性。在蚊子开始吸食血液时，胚胎恰好就在血液中。”根据他对丝虫的研究，曼森在 1894 年提出假设，认为蚊子也是疟疾传播的罪魁祸首。由于当时身在英国，他无法检验自己的想法，因此他写道：“我将提请印度和其他地方的医务人员注意我的假设，那里蚊虫众多，疟疾患者也比比皆是。”

科赫也认为蚊子是疟疾的传播媒介，但他没有发表这一假说。事实上，这一说法早在 19 世纪初就有人提出了。有些记录甚至显示，早在两千多年前就已经出现昆虫是疟疾传播媒介的想法了。几个世纪以来，意大利农民一直将疾病归咎于蚊子。科赫在中非高地发现土著人有同样的观点。在埃塞俄比亚，当地猎象者报告说，他们可以安全地通过疟疾地区，因为他们每天使用硫黄进行熏蒸。同样，在西西里岛，相较于从事其他职业的居民，遭受疟疾感染的硫黄矿工只占一小部分；一座拥有 4 万人口的希腊城市在当地一座硫黄矿关闭后毁灭于疟疾。

最早提出蚊子传播假说的人是艾伯特·弗里曼·阿弗里卡纳斯·金（该名字源于因其父亲对非洲殖民地的迷恋）。约翰·威尔克斯·布斯枪杀亚伯拉罕·林肯时，金还是一名 24 岁的美国陆军助理外科医生，当时他就在华盛顿特区的福特剧院，是试图挽救重伤总统的三名医生之一。

1883 年，基于疟疾的地理分布和蚊子的生命过程之间的紧密联系，金独立提出了蚊子传播假说。金的分析大都很精准。他指出，“细菌极其微小，一个针头上就可能有一百万个细菌”。

当年，尽管金对蚊子传播假说做了最深入的拓展，但他的一些分析是基于 19 世纪人们对大自然意图的美好假想。例如，他认为有毒的空气不可能是疟疾的来源，因为“不发出警告，任由人在任何自然环境中进行呼吸，这无疑是送死——而这是绝不可能发生的事”。大自然会提供危险警告，例如蛇发出的嘶嘶声。他写道：“人天生喜欢美丽的事物、女人以及鲜花。蛇也很美，表面光滑，身形纤细，富有弹性，对称完美，动作流畅，女人所具备的每一种美都能在蛇的身上找到对应。然而，二者之中，我们热爱一个，却讨厌另一个。”

金对蚊子在疟疾传播过程中的作用进行了极其周详的研究，由此提出了一系列防护措施，包括灭蚊。但金不是一个实验主义者，并未检验自己的构想。因此，他的构想没有得到充分重视。

按蚊

（*1894—1902* 年）

对世人而言，要理解一个新理念，至少需要十年，不论它有多重要，也不论它有多简单。最初，疟疾的蚊子定理受尽嘲讽，尽管它挽救了人类的生命，其应用却依然被人忽视、受人嫉妒甚至遭到反对。

——罗纳德·罗斯，1910 年

蚊子传播假说的试验发展由苏格兰科学家罗纳德·罗斯完成，这似乎有些匪夷所思。罗斯的父亲是一位英国的将军，但他本人在学业上却表现平平，1881 年他开始在印度医疗服务机构工作。尽管拉韦朗早在一年前就已经鉴定出了疟原虫，罗斯却因外派岗位偏远无法接触到最新学说，对寄生虫与疟疾的关系一无所知。1889，罗斯观察到疟疾感染的地理分布模式与旧时流行的瘴气传播假说并不吻合，这促使他开始对疟疾进行详细研究。首先，他发表了一篇文章，概述了他有关“肠道自体中毒”的假说。1892 年，他得知拉韦朗发现了疟原虫，但直到 1894 年回到英国时，他才由导师说服，承认拉韦朗理论的正确性；导师还建议他与曼森联系。

曼森向罗斯展示了疟原虫，并介绍了蚊子传播假说。罗斯了解到识别疟疾的传播模式至关重要，蚊子传播假说“立即深深地”打动了他。他记起拉韦朗也有类似想法，并向曼森说明。罗斯指出，甚至“某些深受疟疾毒害的野蛮部落都对蚊子传播假说深信不疑”。“但我们对疟原虫进入人体的途径一无所知，”罗斯写道，“我们只能根据不甚了了的经验进行预防。认识到这一点，我们就会下定决心，要铲除这种神出鬼没的瘟疫。”

罗斯和曼森制订了一个计划：罗斯将回到印度，让不同种类的蚊子（因为尚不确实哪种蚊子可能是罪魁祸首）吸食疟疾患者的血，并跟踪蚊子身体组织内的寄生虫以及蚊子产卵水域的寄生虫。这样，罗斯可以确定寄生虫是如何从水中进入人体的。这项计划以曼森的错误构想为基础，即蚊子在产卵和死亡之前只吸食过一次血液，因此它们只能将寄生虫从人类传播到水中，此后的感染必须通过水的摄入来实现。

罗斯于 1895 年回到印度，在一个疟疾感染率极高的印度兵团担任医务官。19 世纪末，英属印度遭遇了严重干旱并引发饥荒（1876—1878 年以及 1896—1900 年）。英国政府复制了对爱尔兰的政策，采用“市场力量”来解决问题，导致 1200 万到 2900 万印度人因此丧生。同爱尔兰情况类似，死亡原因通常为发烧，但这次是由于疟疾。

罗斯将蚊子圈禁起来饲养，以确保它们之前没有被感染，然后让它们以疟疾患者为食。待蚊子吸食血液后，他在不同的时间点解剖蚊子，希望建立疟原虫在蚊子体内发育的时间序列。到 1895 年底，在显微镜下奋战多时的罗斯发现在蚊子的身体组织中没有发现疟原虫。沮丧之下，罗斯意识到不该以先入为主的设想圈定观测对象，或许蚊子体内的寄生虫与人体内的寄生虫并不相像。他写道：“许多寄生虫的蠕虫形态变化无常，这提醒我们，大自然会赋予寄生虫意想不到的变化能力以确保其生存。”

即使拥有相当的专业知识，要在一只蚊子的所有组织中寻找寄生虫细胞，罗斯仍然需要至少两小时。为了观察得更准确，罗斯说，在放大 1000 倍的情况下，“蚊子看起来像马一样大”。他必须将以疟疾患者为食的蚊子与那些以健康人为食的蚊子进行比较。他写道：“我根本不清楚所找东西的形状和外观，我甚至不确定被检查的昆虫是否存在感染。我在找一件未知之物，是否存在于这一介质中，本身是什么模样，我都一无所知。”

据罗斯和曼森推断，一旦蚊子将寄生虫带到水中，水就会产生传染性。为了验证这一点，1895 年，罗斯将曾吸食过疟疾患者的蚊子放入装水的罐子里，直到它们死亡。从理论上讲，水已被感染。印度当地志愿者喝下这些水，看看是否会感染疟疾。与同时代的许多科学家不同，罗斯考虑了人体实验的伦理性。“这项实验是合理的，”他写道，“只要提供适当的治疗，当地人通常只会产生轻微的疟疾热。”22 名测试者中有 3 人对疟疾感染的水产生轻微反应，罗斯认为无法得出任何结论。这种反应可能是因为受试者大多来自印度社会中地位较低的种姓，拿着参加测试得到的费用开怀畅饮。他认为，这可能导致以前感染的疟疾复发。

罗斯意识到蚊子必定在人与人之间而不是在人与沼泽水之间传播疟疾。蚊子在死水中繁殖，这就说明疟疾与沼泽地有关联。他尝试了各种实验来证明疟疾与蚊子的联系。他甚至让所有可疑种类的蚊子吸食同一病人的血，而这个病人的血液中含有三种疟疾。然后这些蚊子被“大量应用于”他的志愿者——班加罗尔一家医院的一名助理外科医生身上，但这名男子并未被感染。

与此同时，罗斯发现自己因与意大利科学家（主要是阿米科·比格纳米、朱塞佩·巴斯蒂亚内利和乔瓦尼·巴蒂斯塔·格拉西）的竞争而分散了注意力，他们试图推翻罗斯的发现。此外，罗斯还要忙于霍乱疫情，因公务缠身而苦恼，而疟疾实验的连续失败，也使他备感气馁。他写道：“我即将离开班加罗尔，失败却接踵而至。很自然地，我得重新考量自己的工作基础。”但曼森对罗斯施加压力，要求尽快证明蚊子传播假说。此时，法国人（包括拉韦朗）和意大利人也对此项研究兴趣颇高，“所以，看在上帝的分上，”曼森写信给罗斯，“赶紧把桂冠留给古老的英格兰吧！如今，万事俱备，只欠东风……”

于是，罗斯决定把他的研究工作转移到印度疟疾发病率最高的地区。但他的请求遭到了印度政府的拒绝，因为阿夫里迪战争爆发，作为一名医务人员，罗斯的作用太重要了。罗斯只好利用他积累的两个月假期，带上自己的研究资金，来到尼尔盖里山（印度南部的尼尔吉里山脉）调查疟疾。罗斯采取了预防措施：他晚间睡在海拔 5500 英尺的客栈里，只在白天探访海拔较低的地方。但有一次，在走访过疟疾地区后，他也病倒了，用奎宁治疗两周后康复。在调查过程中，他发现该地区几乎每个人都是感染者，但是蚊子很少见；他还发现了一种全新种类的蚊子，但当时并未意识到这正是他寻找的目标。

回到军事基地继续履职后，罗斯发现了另一种蚊子，与他在尼尔盖里山发现的新种类相似。事实证明，两种蚊子都属于按蚊属（源于希腊语，意为“一无是处”）。但罗斯并不知道这一点，因为他不熟悉蚊子的分类学，也无法获得任何有关这一主题的文献；他只是从外观与行为细致描述了不同种类的蚊子，而没有使用与种属相关的名称。他将其称作“斑纹翅蚊子”。

这些按蚊数量庞大，军队的疟疾发病率很高，但他找不到可供测试的幼虫。于是他从头开始：再次收集先前测试物种的幼虫，将其养至成年，吸食疟疾患者的血液（他们被要求“甘于忍受蚊虫叮咬，而这对于迷信的印度土著人而言是个挑战”），然后在不同的时间点节进行解剖，结果都呈现阴性。罗斯对这些蚊子进行了研究，格外关注它们的器官、粪便以及肠道内的物质。他写道，这项研究太累了，每天结束工作时他几乎看不见东西；显微镜因汗水腐蚀了固定螺丝而毁坏，目镜也破裂了。“成群的苍蝇随心所欲地围着我转，”他写道，“而我必须坐在那里，双手握紧仪器。”

1897 年 8 月，罗斯终于有了关键性发现。一名助手发现了一些按蚊幼虫的样本；这些幼虫是孵化出来的，以疟疾患者的血液为食。在粗糙的解剖之后，有两只幸存下来可供检查。罗斯检查了第一只蚊子，没有任何发现，正打算放弃时，他在昆虫胃壁上发现了色素细胞。而第二只蚊子的胃壁上也有同样的细胞。“这两则观察结果解答了疟疾的有关问题，”他写道，“当然，研究远未结束，但它们提供了线索。通过它们，两个未知数同时得到了解答——与疟疾相关的蚊子及其体内寄生虫的位置和外观。巨大的难题确实被攻克了；此后我们取得的所有重要突破，在这个线索的引导下，都是唾手可得的——简直是小菜一碟。”

罗斯因此兴高采烈。“神秘的春天伸手可触。”他写道，“推开门，眼前一片光明，一条小路向前延伸。自然科学及人文科学都揭开了崭新的篇章。”接下来的关键步骤是研究寄生虫的生活史。由于工作人员积累了丰富经验，病人也习惯于在医院接受实验，加上新发现的按蚊滋生源，罗斯对于几周内完成这项任务信心满满。但是，政府突然把他调到千里之外的偏远哨所，甚至没有提前告知和解释。他写道：“没人能真正理解这次残酷打击带来的严重后果。”

与此同时，意大利的竞争对手也在寻找疟疾的传播模式。他们在科学期刊上对罗斯进行冷嘲热讽，想方设法挑剔并质疑罗斯的发现。罗斯写道：“我丝毫不怀疑，他们会不择手段地对我的文章甚至私人信件中的每一个字都进行细致入微的调查，希望能找出些许纰漏，从而证明我的观察并不可信。为了达到目的，这些人在我公开出版的文字中进行搜寻，无所不用其极。”

最后，在经历了五个月的挫败后，罗斯终于可以全身心地投入疟疾研究。曼森利用自己在印度政府和印度医疗服务机构中的影响力，为罗斯争取了一个疟疾研究的专门职位，时长一年。但罗斯再次受阻，这一次不是因为官僚作风、科学竞争或缺乏合适的蚊子样本，而是因为暴乱。鼠疫开始在印度肆虐。就在罗斯就职之前，印度政府试图给加尔各答居民接种一种实验性的鼠疫预防药剂，一场严重的暴乱因此而起。“在此期间，许多欧洲人不得不随身携带左轮手枪。”“民众很无知，”罗斯写道，“以为英国人用瘟疫给他们接种，是残害他们而不是对抗瘟疫，一看到欧洲的哈基姆（内科医生），就陷入了恐慌。”于是，罗斯在医院中被禁止使用疟疾病人进行实验。

最终罗斯花钱雇了一些身患疟疾的印度乞丐参加研究。“可一旦我提出刺破他们的手指检查血液时，”他写道，“他们通常会丢下钱，拿起拐杖，一声不吭地逃走了！”因此，在曼森的催促下，罗斯转而研究禽疟疾，因为它与人类疟疾极为相似。曼森指出，感染的是鸟类而不是人类志愿者，罗斯便不必担心“被控谋杀”了。

罗斯让圈养的蚊子吸食感染疟疾的云雀、麻雀、乌鸦和鸽子的血液，并证实蚊子传播疟疾。他还发现，如果他给蚊子额外喂血，它们可以存活一个月，而不是仅仅几天。这一点很关键：它表明蚊子可长时间存活，轻易便在人与人之间传播疾病。它使罗斯能够观测疟原虫的详细生长过程；同样，它也为其他科学家发现黄热病的感染方式提供了借鉴。

罗斯赶紧准备了一份详尽的调查结果报告，结论是“这些观察结果证明了曼森博士曾阐述的疟疾的蚊子传播理论”。然而，英国的官僚机构再次阻挠罗斯，禁止他在未经印度事务大臣允许的情况下发表研究结果。因此罗斯请求曼森为他发表。这份出版物最终引起了人们对罗斯研究的积极关注，他感慨道：“以前几乎没有人相信我的研究。”曼森也曾感受到刺耳的批评，在一篇详述罗斯研究结果的文章中他写道：“我被人骂作病态的儒勒·凡尔纳，说我被‘猜测’支配，被‘成见的占卜棒牵引’。”

尽管罗斯重新得到了认可，而他的工作也极其重要（据估计，在印度每天有一万人死于疟疾），但政府依然拒绝为罗斯配一名助手。虽然拉韦朗、曼森等专家将罗斯的成果作为蚊子传播疟疾理论的证据，但在罗斯的工作得到“确认”之前，政府不会支持他。罗斯估计，由于缺乏援助，他不得不推迟了一年多才得以继续深入研究，在印度部署适当的预防设施也推迟了好几年才进行。“事实上，”他写道，“对于那些灾难性的重大疾病，查清它们的原因是极其重要的。可是出于一些莫名其妙的原因，人们永远无法认识到这种重要性。”

尽管如此，罗斯依然继续推进自己的研究。1898 年 7 月，他发现疟原虫的孢子聚集在蚊子的唾液腺中。蚊子叮咬受害者时，孢子随唾液进入血液，引起疟疾感染。他通过实验证明了这一点：携带疟疾的蚊子吸食健康鸟类的血液，寄生虫便得以传播。“这一重大疾病，”他写道，“每年杀死数百万人，将整个大陆笼罩于黑暗之中。如今终于找到了它的确切感染途径。”通过电报，他与曼森分享了这一重大发现（罗斯和曼森在 1895 至 1899 年间曾通信 200 多封）。

此时的罗斯还有一项更重要的任务亟待完成：证明人类会像鸟类一样感染疟疾。但是，罗斯又一次受挫，因为他被派去研究另一种疾病。罗斯的批评者们急不可耐地分析他运到英国和法国的样本，他们不仅抄袭了罗斯的发现，还声称这是自己的功劳。罗斯的意大利竞争者们因为占据罗斯的成果而声名鹊起，尽管罗斯发现他们的实验“仓促而不可靠”——“因对假想的痴迷而被误导”。“意大利人，”他写道，“犯了根本性的错误。”罗斯被他们获得的各种赞誉彻底激怒了。“发现就是发现，”他写道，“摆出确凿却雷同的事实，填充各种细节，配上精美的插图，再以一些冠冕堂皇的证据装点门面——这些都有价值，但并不能构成发现。”

意大利科学家阿米科·比格纳米在 1898 年底成功使用感染了疟疾的蚊子感染了人类，人们普遍认为这是蚊子将疟疾传给人类的首个实验证据，罗斯虽然肯定这一结果的正确性，但认为自己早先做过的鸟类被蚊子感染的实验是其基础。“比格纳米的实验仅仅是一种形式，”

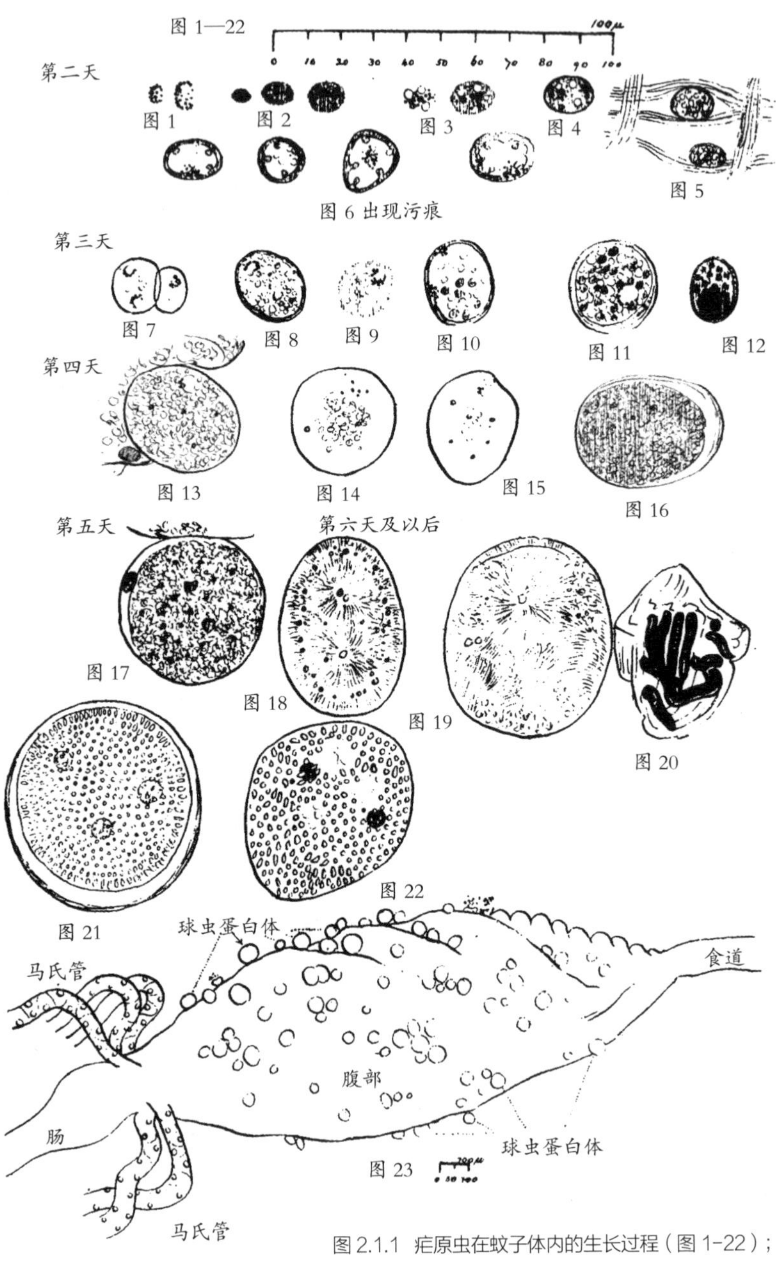

图 2.1.1 疟原虫在蚊子体内的生长过程（图 1–22）；蚊子胃中嵌入的六天大的寄生虫（图 23）（罗斯绘）

罗斯写道，“其成功是意料之中的事。”

1898年底，罗斯获准返回加尔各答继续开展疟疾研究。由于工作负荷过重，压力过大，他的健康每况愈下。他写道：“围绕着单一的主题，进行着漫长而焦虑的研究，其中的辛劳、失望甚至成功，对我而言，都已不堪其重。”

尽管本国政府对他的工作漠不关心，但依然有人对他的研究颇感兴趣。科赫与其他著名科学家也积极参与了后续研究。科赫第一个复制了罗斯关于蚊子传播的发现，与意大利科学家一样，他也声称自己证明了蚊子传播疟疾的假说是可信的，但是他支持应该由罗斯而不是意大利人获得诺贝尔奖。

1900年，曼森让按蚊叮咬了一个不同寻常的志愿者——他的长子帕特里克·瑟伯恩·曼森（他在意大利感染了一种良性疟疾，并被运回英国）。曼森的儿子患上了疟疾，并用奎宁成功治愈（几天后他通过了体检）。九个月后疟疾复发，接着又在狩猎假期间第二次复发。这是关于复发的第一次实验记录。虽然只是重复意大利科学家的实验，但曼森的实验说服了许多怀疑蚊子传播疟疾假说的人，因为它是在英国进行的，那里没有疟疾，不可能存在实验之外的意外接触。曼森的儿子在疟疾实验两年后死于圣诞岛上的一场枪战，年仅25岁。

曼森还在意大利的疟疾地区开展了一项排除性实验。志愿者们晚上待在一间防蚊小屋内，而所有邻居都患有疟疾。但是，无人发生感染。1900年再次在意大利进行了更大范围的实验，采取防蚊措施的113名铁路工人，没有一人感染疟疾；而50名无防护措施的工人中有49人患病。与此同时，科赫的职业生涯也硕果累累，他在爪哇的安巴拉瓦山谷发现，流行性疟疾经常袭击儿童而不是成年人，这意味着成年人已具有免疫力。

科赫和其他学者后来发现，正是来自于土著儿童身上的疟原虫感染了热带地区的欧洲殖民者。于是在非洲的热带地区，来自英国、德国、法国和比利时的欧洲人努力保持隔离状态，甚至会毁坏欧洲人居住区附近的土著人小屋。在尼日利亚研究疟疾的英国研究小组记录："欧洲人与所有的土著人保持一定距离的隔离，目前这是唯一能保证绝对安全的措施。"在德属东非，科赫还发现奎宁能杀死疟原虫，可以用来推动德国的殖民进程。其他殖民强国也是一边实施隔离政策，一边推行奎宁疗法。

由于无法从政府获得更多机会研究疟疾，罗斯很不情愿地回到英国。离开前，他根据自己的研究结果，建议印度政府通过使用蚊帐和消灭按蚊来预防疟疾。可惜他的建议未被重视，但罗斯清楚这一研究结果的重要性：蚊子在人与人之间传播疟疾，而在死水中繁殖的一种特殊类型的蚊子就是罪魁祸首。罗斯兴奋地感慨通过消灭按蚊来根除疟疾的意义："现在我们手中握着一个多么强大的武器啊！"

成为利物浦热带医学院的首位讲师后，罗斯拥有了全新的地位和丰富的资源。英国的西非殖民地塞拉利昂暴发疟疾后，罗斯于 1899 年 8 月开始着手对此进行批判性研究。他写道："终于，我（如同荷马史诗《奥德赛》中的奥德修斯）经历了敌对众神给予的种种厄运之后，回到了精神家园伊萨卡。"罗斯只用了几周时间就找到了受感染的按蚊，鉴定出其体内的疟原虫，进行了喂养实验，并确定按蚊只在死水池中进行繁殖。"如果能证明只有按蚊属存在危险，"罗斯写道，"那么问题将大大简化，我们只需要消灭整个按蚊属。任何一个聪明的欧洲人都能分辨出按蚊属的幼虫。"

因此，一旦辨识出池中存在按蚊幼虫，就可以确定哪些水池必须处理。罗斯和他的团队制定了几条有效原则以确保热带地区的公共卫生：排空按蚊繁殖的水池或使用"杀虫剂"（灭蚊剂）喷洒水池，采取隔离措施保护欧洲人，用防蚊网保护公共建筑，隔离疟疾患者，使用个人蚊帐，等等。罗斯还试图将疾病名称从“疟疾”（malaria，有毒气体导致的疾病，表达了错误的疾病传播方式）改为“hæmamoebiasis”，意为“变形虫似的病原体以及被其感染的血液”，但这个词没有流行起来。他还建议使用“蚊虫热”这个词，因为他更用古朴的英语（gnat）表达“蚊子”。

新兴技术的发展使得受感染的人和蚊子能够迅速迁移，因而疟疾也以前所未有的速度传播。随着铁路网络的不断扩展，欧洲在热带地区（例如非洲）的殖民地也在扩张，随之而来的是疟疾的发病率不断上升。尤其是铁路工程师，深受其害。铺设轨道时，沿线每隔一段距离就会挖一个坑洞，为铺设轨道准备材料。这样，蚊子就找到了理想的繁殖栖息地，既远离原本不适宜的区域，又有充足的工人提供源源不断的血源。于是，疟原虫进入人体，通过日益扩大的铁路网传播，在全世界攻城略地。

罗斯描述了疟疾对国家经济的影响：“疟疾肆虐的地方不可能繁荣：有钱人逃之夭夭；留守者疫病缠身，无法承担重活；除了极少数可怜的居民外，这些地区几乎无人问津。”他强调疟疾使“整个热带地区的文明无法全面发展”。1902 年，罗斯获得诺贝尔奖。在他的获奖感言中，他指出疟疾“总是如幽灵般笼罩着水源充沛且植被茂盛的大片沃土，这样的土地对于人类尤为重要。疟疾摧毁的不仅是未开化的土著人，更确切地说，是文明的先驱者、种植者、商人、传教士和士兵。因此，疟疾与残暴齐名，威力巨大。无论是荒芜的沙漠、野蛮的种族或是地质性灾害，对于人类文明的戕害，都无法与这种疾病相提并论”。

罗斯发现非洲的疟疾发病率尤其惊人。他说：“疟疾几乎将整个广袤而肥沃的非洲大陆拒于文明大门之外，所谓的黑非洲，已沦为疟疾大陆。而亚洲、欧洲和美洲，数世纪来一直受到文明大潮的浸润与滋养，如今却在灾难的边缘破碎毁灭。”

功成名就后的罗斯开始大力推广灭蚊运动，并强调亟须开发一种改良的廉价杀虫剂来杀灭蚊子幼虫。“必须得是某种价格低廉的固体物质，”他写道，“能杀死幼虫而不伤害高等动物。一旦喷洒，洼地池塘在很长时间内不适宜幼虫停留。”然而这次，政府的惰性再次拖了后腿。

罗斯建议排干蚊虫池塘或者喷洒当时最有效的杀虫剂——煤油。其他人建议使用橄榄油混合松节油、硫酸铁、焦油、石灰或薄荷油。可英国政府通知罗斯，灭蚊行动不可取。然而，据研究人员记录，采取灭蚊措施的埃及和古巴的城镇，疟疾发病率下降了80%。在哈瓦那，1901—1902年间的灭蚊工作甚至从根本上降低了自1760年以来一直流行的黄热病的发病率。正如1902年罗斯所写的：“针对灭蚊行动的斗争，其激烈程度与疾病刚暴发时不相上下；但现在已经接近尾声。”

尽管埃及和古巴已经成功灭蚊，但现有杀虫剂仍有其不足之处。

图2.1.2　1901年英国疟疾考察队在尼日利亚拍摄的照片，显示了按蚊幼虫从卵细胞中孵化的不同阶段

1901年前往尼日利亚的英国疟疾考察队报告说，用杀虫剂熏蒸房屋“更有可能驱逐的是欧洲人，而不是蚊子”。除了化学药剂，一种名为“巴黎绿”的颜料，即醋酸亚砷酸铜，被制成一种消灭蚊子幼虫的杀虫剂。在1868年的美国，巴黎绿被用来对付科罗拉多马铃薯甲虫，成为第一

种大规模使用的杀虫剂。巴黎绿中可以添加除虫菊酯——一种从菊花中提取的天然杀虫剂，能够消灭蚊子成虫。但除虫菊酯药力时间短，不适合大范围内使用。

不幸的是，曼森与罗斯的关系开始恶化，两人的合作也因此终止。（由于罗斯淡化了曼森在自己的发现中所起的关键作用，）曼森批评了罗斯作为内科医生的临床技能，罗斯最终以诽谤罪起诉曼森。罗斯与同事和竞争对手的关系都很糟糕。或许也正是因为这些不和谐因素的存在，他希望医学研究有一个更光明的未来。“对人类而言，没有哪项事业能比疾病研究更重要，”他如此写道，“因为疾病是人类的宿敌。将来，如果我的这番记述能使潜心于这一科研领域的学生得到些许的帮助——至少比我年轻时得到的帮助略多一些，我的一切辛劳就得到了极大的回报。”

.2.

黑呕（黄热病）

（*1793—1953* 年）

黑夜降临时，我期待天明；而清晨来到时，想到一整日的漫长劳作，我又渴望重回夜晚。

——本杰明·拉什医生，费城，1794 年

“黄热病”（也称“黑呕”）的故事与疟疾极其相似。这种疾病

源于非洲，曾一度阻碍了欧洲殖民者的步伐。它跟随士兵、商人、殖民者和奴隶一起来到新大陆，对美洲的土著人“大开杀戒”。非洲奴隶强大的免疫力提高了他们身为奴隶的价值，因此黄热病曾进一步巩固了奴隶制。不仅如此，黄热病还塑造了新世界殖民地的政治格局，它对新生的美国产生的巨大影响，就是最好的例证。

1793年，圣多明戈（即后来的海地）奴隶起义，赶走了法国殖民者。当年夏天，部分黄热病患者逃到费城，随船而来的还有藏匿于水桶中的祸患——埃及伊蚊（一种传播黄热病的蚊子）的幼虫。同年8月，费城暴发疫情，病人高烧不退，到11月初，死亡人数占全市人口的10%。

9月5日，财政部长亚历山大·汉密尔顿和妻子感染此病，一些著名人士也纷纷病倒。占人口40%的有钱人根本无需说服，即刻逃离，留下来的是穷人、病患以及勇敢的志愿者。灾难消息一旦传开，东海岸的其他城镇纷纷表示：从费城来的人或物，一律不得入境。一名费城妇女试图进入特拉华州的米尔福德时，身上被人涂满了焦油并插上了羽毛；附近城镇的居民甚至击沉了一艘从费城驶来的船只。

费城的医生和医护人员大多逃离了岗位。获得自由的奴隶立刻成立了非洲自由协会，这是唯一自愿充当护工照顾病人的组织，然而危机结束后，他们被指责哄抬物价和偷窃。1793年11月，疫情渐渐消退，马修·凯里在自己的畅销书中出言不敬，贬损付出了生命代价的黑人护工。“护工供不应求，导致收费居高不下。”他写道，“一些卑鄙的黑人急不可耐地抓住机会。照顾一夜，就要收费两美元、三美元、四美元甚至五美元，而实际上只值一美元。其中的一些人甚至洗劫病人的房屋。”这种种族主义的指控与凯里的性情似乎并不相符，因为他曾经出版过反对奴隶制的文章，其中还有一些是黑人作家的作品，他在疫情期间甚至志愿加入了城市职能监督委员会。

非洲自由协会的领袖阿布索伦·琼斯和理查德·艾伦于 1794 年 1 月发表了一封信回应凯里，题目是《1793 年费城大灾难中黑人行动之记述以及对一些指责的反驳》，这是已知的第一份非裔美国人质疑种族主义指控的手稿。琼斯和艾伦曾是奴隶，在这封信中他们写道："许多人在紧要关头袖手旁观，却因为我们提供的是有偿服务而横加指责。虽然他们有如此行事的自由，我们依然感到委屈和愤怒。"

的确，在某些情况下，他们收费不菲，但这是病人之间为争夺护理机会而出的高价；与此同时，非洲自由协会却因提供援助而债台高筑。琼斯和艾伦问，如果凯里没有逃离费城而是去照顾病人、埋葬死者，他会提出什么要求？凯里无视白人的盗窃行为，却诬蔑黑人是小偷，这一"无中生有的诡计""让我们显得更加卑劣"。他们写道："白人理应为我们提供可供效仿的行为模式，而他们如今的行为实在令人齿寒。"例如，"有个白人曾威胁说，如果我们抬着尸体经过他的房子，就会开枪打死我们，然而三天后，他自己就需要我们埋葬。"在大多数时候，邻居和朋友拒绝互相帮助，孤儿被遗弃，因照顾白人患者而被感染的黑人护工被扔到大街上。琼斯和艾伦意识到"恶名易给不易摘"，因此他们对黑人的英雄行为逐一进行了回顾。

黑人不是第一次被指责引来了黄热病。事实上，一些著名的医生注意到黄热病和奴隶贸易之间的联系，推断黄热病是由来自"黑奴身体"的"有毒气体"引起的。一位医生写道："黑人的身体结构很特别，皮肤的功能更广泛，例如可以充当排泄器官。当这个种族中的若干人集中在一个狭小的空间，尤其是温暖而潮湿的环境中，会使周围的空气散发出一种令人不适的难闻的味道。事实上，没有什么比呼吸被污染的空气更令人恶心和沮丧的了。"他得出结论：黑人污染了空气，最终引起白人的黄热病。

留在费城照顾病人的本杰明·拉什医生闻名遐迩。作为《独立宣言》的签名者之一，他也坚定地支持琼斯和艾伦创建美国第一座独立的黑人教堂。照顾病人堪比噩梦。琼斯和艾伦写道：病人“怒气冲冲，令人胆战心惊”；护工照顾的病人“一直在吐血和尖叫，让人毛骨悚然……有些人丧失理智，怒不可遏，在强烈的抽搐中死去”。拉什如此描述：“深夜，病人醒来时，在破碎蜡烛的微光里，看不到任何其他人，除了一个远远睡在房间角落里的黑人护工。他也听不到任何声音，除了灵车出入，或许是自己的一个邻居，也或许是一个朋友，即将被运往坟墓。此时此刻，有什么药能拯救他呢？”

费城是美国建国初期的首都。疫情之初，在此居住的开国元勋纷纷逃离。乔治·华盛顿在写给詹姆斯·麦迪逊的信中写道，联邦政府中的大多数重要人物突然有了“私人事务，急需离开”。然而，仅仅过了几天，华盛顿也决定放弃费城，回到弗农山庄。他命战争部长亨利·诺克斯代行政府职能，但诺克斯也逃走了。

华盛顿放弃费城引发了一场宪法危机。托马斯·杰斐逊和詹姆斯·麦迪逊（他后来的妻子多利·佩恩·托德正是在这场瘟疫中失去了第一任丈夫）认为华盛顿不能在费城以外的地方召集国会开会，这导致联邦政府在混乱时期彻底停摆。他们的观点是合理的，因为英国曾有几位国王利用政治手段，没有提前通告便在偏远地区召集议会开会，引起政局动荡。因此，随着黄热病的疫情消退，开国元勋们聚集到附近的日耳曼敦。在那里，杰斐逊、麦迪逊和詹姆斯·门罗都只能挤在一家人满为患的酒馆中，睡在地板上或长凳上。估测安全后，国会重回费城召开会议，通过了一项法律，允许总统在紧急情况下可在费城以外的地方召集国会。

危机期间，不仅联邦政府崩溃，宾夕法尼亚州政府和费城市政府也因为政府人员死亡或逃亡而崩溃。费城市长马修·克拉克森留下来，并创建了一个不具任何法律地位的“特别委员会”来管理这个城市。

该委员会的成员均为“寂寂无名之人”，他们填补了瘟疫造成的领导岗位空缺。

第二年即1794年，黄热病再次在费城暴发，在1796年、1797年和1798年更是接连来袭。由于瘟疫可能会长期影响政府职能，费城不再适合作为首都所在地。杰斐逊在致拉什的一封信中写道：“黄热病将阻碍我国大城市的发展”，尽管他认为这未必是坏事，因为城市“对人类的道德、健康和自由都是不利的”。

约翰·亚当斯也认为，当时美法两国关系紧张，正处于千钧一发之际，很可能破坏年轻共和国的稳定局面。这场流行病适逢其时，有积极的意义。在瘟疫面前，政治冲突显得无关紧要，关于美法关系的激烈辩论也偃旗息鼓。亚当斯在写给杰斐逊的信中说：“最冷静最坚定的人，甚至包括费城的贵格会教徒，都向我表达了这一观点：只有黄热病才能把美国从激烈动荡的政局中拯救出来。”

有不少位高权重者将疾病感染归咎于费城供水系统不卫生。因此，市政府决定建立市政供水系统。这一系统由本杰明·拉特罗布于1799年建造，是美国第一个市政供水系统。尽管受污染的水不会引起黄热病，但在修建过程中，需要迁移多个水井和蓄水池，从而消灭了蚊子的滋生地。

拉特罗布是美国第一位职业建筑师。完成费城供水系统的建设后，他负责监管华盛顿特区国会大厦的建设工作；1814年英军摧毁国会大厦后，他又担任重建工程的建筑师。1820年，拉特罗布在新奥尔良因身染黄热病而去世。

黄热病不仅对早期美国政治产生了重大影响，更重要的是，黄热病也使法国的美洲殖民地发生了命运逆转。法国人打算扩张自己的北美殖民帝国，计划的第一步便是在海地部署军队。但是海地发生了奴隶起义，法国殖民者纷纷逃亡，扩张计划受阻。于是，拿破仑派遣他的妹夫勒克莱尔将军率领一支强大的部队前去平定 1801 年的海地叛乱。法国军队从起义奴隶手中夺回海地控制权，并屠杀了 15 万海地人。但不久后，大约 5 万名法军，包括勒克莱尔本人，丧命于黄热病。幸存的几千名法军撤退，海地奴隶重新获得独立，建立了世界上第一个自由的黑人共和国，法国也失去了西方的军事据点。1803 年，受挫后的拿破仑以 1500 万美元的价格将路易斯安那卖给了美国。从此，美国国土面积扩大了一倍多，包括密西西比河和落基山脉之间的 15 个州，从墨西哥湾一直延伸到加拿大。

19 世纪后期，法国计划在 1881—1889 年间修建一条横穿巴拿马的运河，但由于 30000 名工人死于黄热病和疟疾，这一计划宣告失败。开挖的运河以及法国人使用的盛水容器给蚊子提供了无数栖身之处，来自世界各地的被传染病感染的工人，为蚊子提供了现成的血源，成为疾病暴发的源头。这种情况也为美国送来了机会。1904 年，美国重启运河建设，将运河纳入美国领土，打通了大西洋与太平洋之间的航道。法国搁置的计划，美国花了不到 20 年便顺利完成，这完全得益于疟疾和黄热病的蚊媒被发现。

但是，黄热病也使美国深受其害，不仅摧毁了费城，19 世纪时更是蔓延于全国各地。从 1791 年到 1821 年，曼哈顿每年遭受黄热病袭击，1858 年黄热病又一次暴发。在这里，爱尔兰移民受到指责。船只刚靠岸，生病的爱尔兰人就被送到斯塔滕岛的海军检疫医院进行隔离。出于对黄热病的恐惧，1858 年 9 月 1 日，一伙愤怒的暴徒驱逐了病人，并将医院付之一炬。他们还点燃了住院医生的房子和附近的一家医院。等警察和消防队员灭火之后，暴徒们竟又赶回来将残垣断壁烧成灰烬。

在 19 世纪，黄热病还席卷了波士顿、巴尔的摩、莫比尔、蒙哥马利、诺福克、朴茨茅斯、萨凡纳、查尔斯顿和杰克逊维尔等城市。1853 年，黄热病在新奥尔良造成8000人死亡，1873年和1878年在孟菲斯造成7000人死亡。仅在19世纪，新奥尔良就经历了39次黄热病大流行。1850年至1900年，除去其中的7年，美国南部港口城市都曾暴发黄热病；而1861年，由于内战中联邦军队的封锁，南方没有出现黄热病。

为了阻止黄热病的传播，人们采取了各种实际措施，但都不见成效，因为这些措施根本无法对抗病原体及其载体。例如，用甲醛熏蒸来自南部的邮件，只因黄热病在美国南部流行；南部的一些居民拆毁铁轨，烧毁桥梁，以阻止感染者入境。

与大多数战争类似，美国内战期间的人员伤亡主要由疾病造成。在这场战争中，黄热病显然成为一种生物武器。根据一名盟军双重间谍的说法，肯塔基州的医生卢克·普赖尔·布莱克本将百慕大黄热病患者的衣物运往北方，企图在北部城市引发黄热病疫情。他甚至企图使用同样的手段，用一包被污染的衣服刺杀林肯总统。

内战结束后，布莱克本治疗了若干名患者，他们都在美国南部暴发的几次黄热病中受到传染。在抗击1873年孟菲斯黄热病的过程中，他被尊为英雄，因为他是唯一愿意“实施剖腹产手术的医生，使得未出生的婴儿仍有机会接受洗礼，即使母亲已经去世或处于弥留之际”。在这一点上，他与其他医生形成了鲜明对比，因为他们“对母亲的浅薄同情常常剥夺了另一个生命体验两种生活的权利”。布莱克本曾指责其他医生干涉自己的医疗行为，并当众用手杖击打对手的头和肩，这种行为深受同时代人的赞赏。他还曾承诺照顾一个10岁的女孩，她的家庭在疫情期间接受过布莱克本的医治，十二口人中，她是唯一的幸存者。他带着女孩在家乡路易斯维尔参加游行，与她一起登上报纸，然后就把她送到一所天主教寄宿学校，却不曾付给学校一分钱。那时他是肯塔基州的州长。

“黄热病”这个名字来源于病患的肤色，其同义词“黑呕”更是不言而喻。一位殖民地医生描述了 18 世纪末暴发于牙买加的黄热病症状：发病时，患者皮肤上“黄色迅速蔓延，直至全身橙黄，肤色深得如同美国土著人；情绪异常焦虑，不停呕吐，呕吐物犹如咖啡渣，像烟煤一样黑，恐怖至极”。费城的一位医生也写道：“病人经常呕吐出一种奇怪的黑色物质，有时吐得不多，有时却多达几品脱、几夸脱甚至几加仑。他们四肢冰冷，皮肤萎缩，浑身散发着死亡的气息。胸部、脖子、脸、手臂以及身体的每一个部位，都呈深黄色。不久，生命功能停止，只剩一堆令人厌恶的腐肉。”这些悲惨的描述来自于 1804 年的一篇论文，作者依然认为病人的面容根本无法描述，此情此景，“大画家拉斐尔和荷加斯画不出来，文学巨匠莎士比亚也写不出来”。

各种发烧症状难以区分，医生一筹莫展，因此治疗方案往往无效。使用金鸡纳树皮可在临床上将疟疾与其他类型的发热分开，但大多数由发热引起的疾病仍处于初级治疗状态。“两千多年来，医学家们提出了一个又一个猜想，”18 世纪晚期的一位医生写道，“但我们仍旧看不出哪种猜想能引导我们走向终结。”

治疗黄热病的方法很多，包括放血；用热芥末淋浴；用浸有茶、盐、白兰地或朗姆酒的毯子包裹尸体；服用鸦片和葡萄酒，剃光头并用温水浸泡身体，再用一桶冰冷的盐水倒在病人头上。医生使用汞和有毒植物来催吐促泻，以消除病人的疾病。1878 年孟菲斯暴发黄热病时，当地报纸建议读者保持冷静，不喝过期威士忌，继续日常活动，还要“尽可能开心并且大笑”。一位著名的医生说：“醉酒、熬夜、因赌博而兴奋以及任何形式的放荡，都有利于疾病的传播并提高死亡率。”

内科医生针对治疗方案的有效性进行了激烈争论。本杰明·拉什更赞成进行大量放血。他阅读了本杰明·弗兰克林向他提供的一封医生来信，信中提及在此前的弗吉尼亚黄热病中，医生曾使用过这种疗法。在费城黄热病期间，有一位名医（拉什在普林斯顿的同学）批评了拉什的过量放血疗法，说他抽取的血液足够填满一个头盔，“就像蚊子悄悄地趴在你腿上吸血填饱自己”。另一位医生认为这是“有害治疗”，它“将很多人送去了另一个世界”。拉什对此不屑一顾：“我的兄弟们最近越发嫉妒我、憎恨我。”他在给妻子的信中写道：“他们对自己草菅人命的错误感到羞耻，可他们非但不请求公众原谅，而是把所有因罪而生的羞耻和疯狂的咒骂全部发泄到给他们定罪的人身上。”

拉什的放血净化疗法反响强烈，供不应求，病人甚至在街上放血。因此拉什招募了非洲自由协会为 800 人放血。其他医生也将放血作为治疗方案之一。有人写道：“自己主动伸出手，要求抽出重达几磅而不是几盎司的血。”

在费城，人们采取了各种预防措施。有人用熏过醋的手帕捂住鼻子或燃烧火药来净化空气；有人吸烟来预防疾病；有人咀嚼大蒜，或在家中开枪，或在地上铺上一层灰。当时的一些内科医生明白防疫措施远远不够。“我们的技术资源是极端匮乏的，”其中一位医生写道，“善事也需要借助工具和方法才能做成，然而在实干者的眼里，这种观点近乎轻率。”在疫情后期，“我们的工作毫无起色，仿佛是在努力抢救一具尸体”。尽管如此，公众也无需陷入“精神抑郁”，而应该“记住，即使最恶性的流行病，死亡率也很少超过 25%；换句话说，每四个人中，三个会康复，一个会死亡”。

19 世纪 70 年代出现了疾病的细菌理论，因此许多专家推断黄热病也是由一种活性有机体引起的，但是他们未能将其找出，因此备感沮丧。1876 年，一位黄热病研究者写道：“如果它是无形的、无法解释的、任何感官都无法感知的，我们就无法正面认识这种疾病的本质。”

一旦有人被感染，当时的医疗水平根本无法阻止疾病的蔓延，于是，疾病的预防工作便成为焦点。路易斯安那州的一位医生曾经数次与黄热病交手，他在 1878 年写道：我们的目标是“使用一些能够破坏低等生命形式的药剂杀死这些细菌，却不会伤及它们的栖息地”。于是，人们使用亚硫酸气体、硫酸铁、石灰和稀释的碳酸等消毒剂来对付这些“看不见的敌人”。可是，尽管耗资不菲，却并不奏效，因为需要消灭的不是由被污染的衣服传播的“无翅动物”，而是由蚊子传播的病毒。

1878 年暴发的黄热病中，超过 10 万美国人患病，其中有五分之一的人丧生。为了应对这场疫情，美国国会成立了一个黄热病委员会，以调查原因并找出解决办法。截至此时，黄热病在美国疆域内至少暴发了 88 次，已知的第一次疫情发生在 1693 年的波士顿。几乎所有病例都是由船只从西印度群岛输入的；船只特别危险，因为“尽管按要求装备了各种通风、消毒及净化措施，黄热病仍然异常顽固地附着在船上”。委员会如此评论：“黄热病应该作为危害生命、破坏商业和工业的敌人来处理。在地球上所有的伟大国家中，黄热病给美利坚合众国带来的灾难最为严重。”根据委员会的报告，“在某些条件下，黄热病往往不会大规模流行”，“但这无法形成确定的因果关系”。委员会最后得出结论：“如果在黄热病的发病过程中能够发现这一未知因素，将会给人类带来巨大的福音。”

埃及伊蚊

（*1880—1902* 年）

根据战争部长的指示，一个由医务官员组成的委员会将在古巴奎马多斯的哥伦比亚营会面，对古巴岛上流行的传染病进行科学调查。委员会人员详情如下：

美国陆军外科医生沃尔特·里德少校

美国陆军代理助理外科医生詹姆斯·卡罗尔

美国陆军代理助理外科医生阿里斯蒂德·阿格拉蒙特

美国陆军代理助理外科医生杰西·W.拉泽尔

委员会将根据陆军军医局局长传达给里德少校的一般性指示行事。

——陆军总部第122号特别命令，1900年5月24日

人类面临着一种有害生物的困扰，我和我的助手们被允许揭开这层神秘的面纱，理性而科学地探究它的成因。这二十多年来，我一直在祈祷，希望能以某种方式、在某个时候做出某些事情来减轻人类的痛苦——如今，终于得到了回应！

——选自沃尔特·里德给妻子埃米莉的信，1900年12月31日

与面对疟疾时一样，一些眼光独到的观察者们早就注意到黄热病与蚊子的关系，然而，他们的想法受到重视，却是很久以后了。1848年，在阿拉巴马州工作的约西亚·诺特提出一种假设，认为黄热病的毒素和其他由“瘴气”引起的疾病毒素都是由昆虫传播的。诺特指出，流行病的模式无法根据大气中的毒素来解释。例如，“1842年和1843年，黄热病如同税吏一般，徘徊了一个多月，一家一户都不放过，二者都受天气影响：都不喜欢下雨，都不在乎风向”。同样，1854年，法国科学家路易斯－丹尼尔·博珀斯（Louis-Daniel Beauperthuy）提出，蚊子通过叮咬传播污物，从而导致黄热病。某委员会详细审查了博珀斯的蚊子传播假说，最后宣布“他精神失常”。

听说过诺特观点的人，大多嗤之以鼻，但古巴医生卡洛斯·芬莱认为可用实验研究一验真伪，并将埃及伊蚊（当时称为花斑蚊）作为

研究的重点。芬莱指出，埃及伊蚊在黄热病疫区很常见，它吸食各种血液，在黄热病暴发时期的气温下非常活跃。芬莱说，根据本杰明·拉什对费城疫情的描述，他首先想到的罪魁祸首是蚊子，因为拉什提到“蚊子（多病秋天的常客）的数量非常多”。

1880 年，芬莱先让蚊子吸食黄热病患者的血液，再吸食五个健康人（包括他自己）的血液。受试者之一患上了轻度黄热病。他发表文章，提出蚊子是黄热病的传播媒介，却遭到了评论家的抨击。他们认为这种疾病只能通过人与人之间的接触进行传播。直到 20 年后，疫病经过蚊子传播的假说才得到重视。

具有讽刺意味的是，早在一个世纪前，宾夕法尼亚大学医学博士生斯塔宾斯·菲斯（Stubbins Firth）就已经否定了疾病的人传人模式。在 1802 年和 1803 年费城黄热病流行期间，菲斯收集了黄热病患者的黑色呕吐物和血液，并将其涂抹到自己的手臂和腿部的伤口上（他对猫和狗进行了类似的实验）。他还吸入用铁锅烹制的黑色呕吐物所产生的烟雾，服用由呕吐物制成的药丸，吞下新鲜的黑色呕吐物和血液，还把呕吐物放入右眼中。但是，这些尝试都未能引发疾病，菲斯又给自己注射了黄热病患者的血液、唾液、汗液、胆汁和尿液。

根据这些实验结果，菲斯在 1804 年的论文中宣称黄热病没有传染性。他认为这个成果意义重大，因为“一旦发烧，患者就会被朋友和亲人抛弃：妻子会避开丈夫、丈夫躲开妻子、子女离开父母、父母丢掉孩子；患者被交给一个唯利是图、冷漠无情、醉醺醺的黑人护工照顾”。菲斯还认为，证明黄热病不具传染性会导致检疫法过时，从而对经济产生重大影响。一个世纪后，有研究表明菲斯的结论只是部分正确；他坚信自己的判断，认为除了受污染的血液外，自己不会被任何其他的体液感染。然而，菲斯在血液注射实验中也并未被感染。此外，他还在无意中提出了消灭黄热病的方法，即清理死水池塘和排水草坪。当然，他的本意并非消灭蚊子，而是创造清洁的环境。

在遭到冷遇的那些年里，芬莱并没有放弃自己的蚊子传播假说，他甚至拓展了这一假说，将其发展为公共卫生建设的手段。芬莱认为，利用感染了黄热病的蚊子叮咬健康人，可使人类产生免疫力。对于疟疾，金和科赫也表达了类似的观点。芬莱请 67 人参与这项实验，声称利用蚊虫进行接种可提供免疫力。但是，其中有 4 人感染了黄热病，其中一人死亡。他再次为 49 位神父进行接种，并将他们与对照组的 32 位没有接种的神父进行了比较。对照组中有 5 例死于黄热病。他写道："受感染的蚊子在叮咬健康的受试者之后，其感染性似乎会部分失去甚至完全失去；而如果同一只蚊子连续叮咬黄热病患者，感染性则会加剧。"由于芬莱的所有受试者都生活在黄热病环境中，他既不知道病人将黄热病传染给蚊子的传染期（病人感染后的前 3 天），也不知道病原体在蚊子体内的孵化期（蚊子出现感染症状前 10 到 16 天），因此他的研究结果没有形成定论。

1900 年，美国陆军军医局长乔治·斯特恩伯格在古巴成立了"美军黄热病委员会"。在刚结束的美西战争中，美国将古巴收入囊中。之所以成立该委员会，是因为在古巴作战期间，美军受到黄热病的侵扰。抗击黄热病的胜利，为美国军事占领古巴和其他热带领土提供了保障。斯特恩伯格任命陆军军医沃尔特·里德领导该委员会。

里德勤奋而聪颖。17 岁时，学医仅一年，他就拿到了弗吉尼亚大学的医学学位；一年后，又从纽约市贝尔维尤医学院毕业，再获一个医学学位。他先在纽约做医生，随后又在美国陆军担任助理外科医生，曾在许多边防哨所服役，甚至接待过著名的阿帕切印第安人酋长杰罗尼莫。里德曾经拯救了一名严重烧伤的印第安女孩，她是个弃儿，只有四五岁。在里德的照顾下，她恢复了健康，并成为里德孩子的看护。1906 年，里德传记的作者如此评价这一善举："女孩快成年时，阿帕切血统中的野性显露出来，她逃跑了。十五年来，善良、温柔和文雅的养育未能改变她与生俱来的残酷狡诈的种族特性。”里德一直服务于军队的医疗事业，大部分时间都驻守在边境地区，18 年后，他加入了华盛顿的陆军医学院，获少校军衔。

里德领导的委员会还包括了其他三位外科医生：杰西·拉泽尔（34 岁）、詹姆斯·卡罗尔和阿里斯蒂德·阿格拉蒙特。拉泽尔两年前就对蚊子是疟疾的传播媒介这一发现有所耳闻。他还读过芬莱 1881 年的论文，该论文提出了蚊子传播黄热病的假说。之前，还有科学家发现其他昆虫也是疾病的传播媒介，例如，1878 年帕特里克·曼森发现蚊子传播象皮病；1892 年西奥博尔德·史密斯和弗雷德里克·基尔伯恩发现蜱虫将“红水热”传染给牛；1894 年大卫·布鲁斯经研究发现，舌蝇传播非洲昏睡病。拉泽尔认识到芬莱的黄热病实验中存在错误，它无法形成定论，而且需要以比照方式重现。而斯特恩伯格和里德都认为蚊子传播黄热病的假说很牵强，或者如斯特恩伯格所说，是“一个无用的调查”。因此两人决定，先从意大利细菌学家朱塞佩·萨纳雷利提出的细菌假说入手开展研究。

萨纳雷利在黄热病患者身上发现了一种细菌，并将其命名为类黄疸杆菌或“黄疸细菌”。他利用多种动物进行实验，包括老鼠、豚鼠、兔子、狗、猫、猴子、山羊、绵羊、驴子以及马，还给 5 个人注射了这种微生物（未得到被试者许可），其中 3 人死亡。萨纳雷利因此扬名，一度成为鉴定黄热病病因的科学名人。他吹嘘道：“直到现在，致病机制依然晦涩不明，无法解释。这些实验虽然为数不多，但是非常成功，似一道灵光闪现，揭示出致病机制。”也有人认为他的人体实验是犯罪行为。在褒贬不一的评论声中，萨纳雷利的光环忽然间熄灭，因为里德的委员会研究了黄热病患者的血液，发现所谓的细菌实际上是一种猪霍乱，污染了萨纳雷利的血液样本。

利用不知情的测试对象进行医学研究，并非只有萨纳雷利一人。大约一个世纪前，爱德华·詹纳在开发自己首创的天花疫苗前，用猪痘和天花感染了自己尚在襁褓中的儿子。孩子长大后，体弱多病，21岁时死亡。1895年，斯特恩伯格和里德开展合作，用孤儿院的儿童测试了一种天花疫苗。但他们也进行自我实验，最明显的例子是斯特恩伯格在实验中用淋病培养物擦拭自己的尿道（以及三个晚期病人的尿道），所幸无人感染。

萨纳雷利的理论宣告破灭后，里德允许拉泽尔花时间论证蚊子传播假说。委员会成员一致认为，现在有必要以人体实验推进研究。他们同时认定，从伦理上说，如果确有危险，科学家也应当把自己作为研究对象。然而，四名成员中，最初只有拉泽尔适于进行自我感染。里德在华盛顿另有职务，阿格拉蒙特因在古巴出生而被默认为具有免疫力，而卡罗尔还在岛上兼任其他职务。

吸食过黄热病患者血液的蚊子开始叮咬拉泽尔和志愿者的胳膊，但他们都未感染。卡罗尔对蚊子假说一直存疑，最终他也同意把胳膊伸给了叮咬过拉泽尔的一只蚊子。可是，卡罗尔未能幸免，他成为实验感染的第一个人，但委员会仍无法确定蚊虫叮咬是否是感染源。第二名感染者是一名不走运的士兵——威廉·迪安，他碰巧走进了拉泽尔的帐篷，而此时的拉泽尔正好还有蚊子没有被使用。“医生，你还在摆弄蚊子吗？”迪安问道。拉泽尔回答：“是的，你想被它咬一口吗？”“好吧，”迪恩回答说，“我才不怕他们呢！”迪恩的案子使委员会相信黄热病是由蚊子传播的。卡罗尔几乎丧命，所幸最终两人全部康复。卡罗尔感到愤愤不平，在给妻子的信中，他抱怨说里德总是缺席委员会自行开展的蚊子实验。最终委员会决定停止实验。

后来，不知是有意还是无意，拉泽尔被一只蚊子感染并生病。他的妻子梅布尔在马萨诸塞州刚刚生完第二个孩子，两周后收到一封电报，上面写着：“拉泽尔医生今晚 8 时去世。”她此前并不知丈夫染上了黄热病，于是写信给卡罗尔，询问丈夫的死亡原因：“（我）迫切地希望知道拉泽尔医生如何感染了黄热病。伍德将军在昨天的短笺中告诉我，拉泽尔医生主动让一只刚刚咬了黄热病患者的蚊子叮咬自己。会不会是伍德将军弄错了？据我所知，拉泽尔医生的确热爱他的工作，但我很难想象他会任由热情将自己带到如此绝境。”

里德从拉泽尔的日志中推断，他的确是故意为之，这将被视为自杀，也就意味着他的家人将失去人寿保险赔偿的资格。拉泽尔的日志随后从里德的办公室消失，50 年后才得以重现于世。

为了证明蚊子是黄热病的传播者，里德仓促撰文并发表，详述了委员会的证据。文章招来一片抨击之声。《华盛顿邮报》1900 年 11 月 2 日的一篇社论评价说：“在有关黄热病的所有愚蠢荒谬的陈词滥调中，最傻气的莫过于基于蚊子假说而产生的观点和理论。”

三名幸存的委员会成员很清楚目前的工作远远不够。阿格拉蒙特写道：“我们充分意识到已有的三个案例——两个来自实验，一个意外得到，远非充分的证据。任何基于如此少量的证据得出的观点，医学界肯定都会持怀疑态度。”里德需要确凿无疑地证明蚊子假说的真实性，为了开展规范的实验，他申请了一万美元，在古巴安装了全新的设备。这就是拉泽尔营地。

他选择健康的士兵进行隔离和实验。隔离之后，其中三名男子被关入“污染服装大楼”里长达 20 天。该大楼被防蚊布遮挡，可防止蚊子进入，但是所有床垫、枕头、枕套、床单、毯子、毛巾和衣服全都浸在黄热病患者的血液、黑色呕吐物、尿液、汗水和粪便中。第一天，当他们打开装满脏衣服的箱子时，其中一人不禁干呕，但他们坚持了下来，“在难以言喻的污秽和极其强烈的臭气中，几乎一夜无眠”。尽管他们经常接触脏兮兮的浸透了呕吐物的物品，但没有一人感染黄

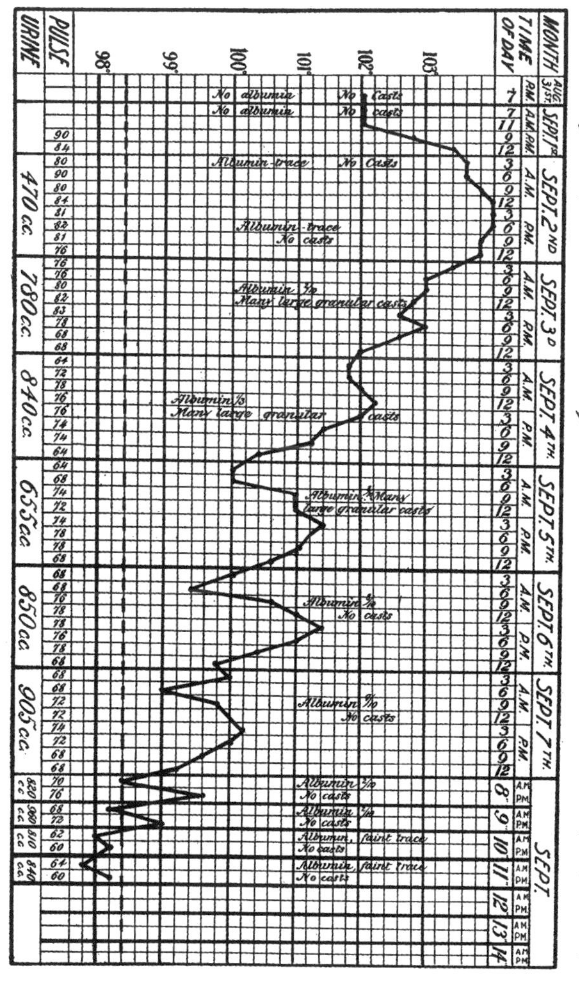

图片右侧文字：

病例 1.

被感染的蚊子叮咬之后，通常有个潜伏期，然后出现黄热病的症状

图 2.2.1 卡罗尔发烧情况记录表

热病，在接下来的实验中接替他们的人也没有感染。与委员会预期的结果一样，疾病没有通过被污染的衣服、被褥或空气传播。这项实验表明，几个世纪以来的做法——丢弃或焚烧黄热病患者的财物，是在浪费资源。

其他志愿者被安置在“蚊子大楼”里，日用织品都经过消毒。阿

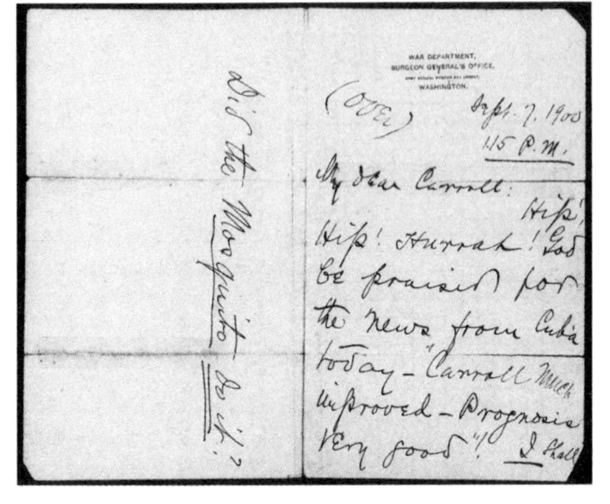
WAR DEPARTMENT,
SURGEON GENERAL'S OFFICE,
WASHINGTON.

(Over)

Sept. 7. 1900
1.15 P.M.

My dear Carroll:
Hip, Hip! Hurrah! God be praised for the news from Cuba today—"Carroll much improved—Prognosis very good"! I shall

Did the Mosquito do it?

图 2.2.2　里德在华盛顿时听说卡罗尔康复后写给他写的信

信中写道："亲爱的卡罗尔：嘿！嘿！万岁！感谢上帝，今天从古巴带来了好消息，'卡罗尔好多了，预后效果很好！'"里德还在信的背面写道："这是蚊子干的吗？"

图片来源：弗吉尼亚大学亨奇收藏中心

格拉蒙特将吸食过黄热病患者血液的蚊子运至蚊子大楼，使他们吸食志愿者的血液。有一次，阿格拉蒙特在运输途中，将关着蚊子的笼子塞在口袋里。马看到蒸汽压路机，吓了一跳，失去控制，冲下了一座小山。马车翻了个跟头，把他摔在路上，四脚朝天。"然而，蚊子没有丝毫损伤，"他写道，"一到拉泽尔营地，我就把它们交给卡罗尔进行后续护理。"两名志愿者作为对照组，在同一栋楼里经历着同样的事，而且蚊子都被关在房间外。他们都没有染上黄热病。

"蚊子试验"很难找到志愿者。"尽管有人表示愿意接受叮咬接种，"阿格拉蒙特写道，"但到头来，他们都更喜欢'被污染的衣服'，而不想被蚊子咬。"因此，阿格拉蒙特开始招募西班牙移民，他们在码头下船，来到营地干些轻活儿。"一旦来到这里，就能吃到丰盛的食物，住着帐篷，睡在蚊帐下，一天工作八小时，唯一要做的就是从地上捡起松动的石头，中间还有充足的休息时间。"在这段时间里，阿格拉蒙特了解了他们的来历，剔除了所有未成年人、不健康的人、曾经生活在热带地区的人或是有家属的人。然后他付给剩下的人每人100美元，让他们在蚊虫屋中被叮咬，如果被感染，还能再额外得到100美元。"不用说，"阿格拉蒙特写道，"根本不会提到可能产生

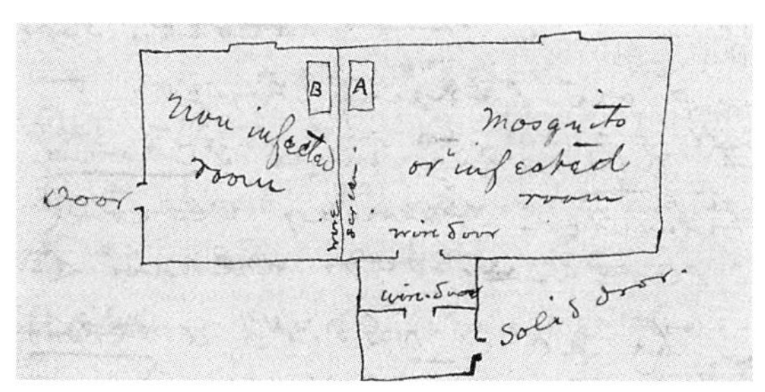

图 2.2.3　1900 年 11 月 27 日里德在给妻子的信中绘制的拉泽尔营地 2 号楼示意图

图片来源：弗吉尼亚大学亨奇收藏中心

的丧葬费用。”研究小组采用了知情同意书，这是人体实验第一次使用同意书，为此后的人体实验设定了基准。

约翰·基辛格是接受蚊虫叮咬的志愿者之一，他是第一个无偿接受实验的人，也是第一例被感染者。虽然活了下来，但他在疾病缠身中度过了后半生，还患上了精神疾病。在基辛格之后被感染的志愿者中，有一个曾是他的室友，叫约翰·莫兰，他与基辛格一起，也拒绝接受补偿。莫兰是一名爱尔兰移民，自十岁起就自食其力。他在实验中出现高烧现象，里德说：“莫兰先生，这是我一生中最开心的日子。”所幸的是，莫兰没有步基辛格后尘，最终完全康复。

一些来自“污染服装大楼”的志愿者也自愿参加“蚊子试验”。他们接触过污染衣物却安然无恙，但因被感染过的蚊子叮咬而生病。“亲爱的，和我一起欢庆吧！”里德在给妻子的信中写道，“这是继白喉抗毒素和科赫发现结核杆菌外，19 世纪最重要的科研成果！我不是在吹嘘，我简直要欢呼雀跃！上天终于让我找到了黄热病的传播方法。”

将一些西班牙移民志愿者从蚊子大楼推到黄热病病房时，其他西班牙志愿者惊慌失措，纷纷逃走。据里德回忆，“起先，一些善良的西班牙朋友开玩笑地把我们的蚊子比作‘桌子上嗡嗡作响的无害的小苍蝇’，”但此时，“似乎突然对科学发展兴趣索然，将自我成就的意愿抛诸脑后，陆续切断了自己与拉泽尔营地的联系。在某种程度上，我既因他们的离去感到惋惜，但我也理解，脱离我们的控制是他们作出的最合情合理的决定。”在哈瓦那，人们窃窃私语，传说有一座石灰窑里装满了里德志愿者的骷髅，但事实上除了拉泽尔之外，无一人死亡，可媒体却报道说美国人给移民注射了毒剂。

里德委员会的工作虽然尚未完成，但由于蚊子试验的成功，患者血液中已确认携带了黄热病病原体，委员会便开始了血液注射试验。他们先从一名黄热病患者身上抽取了 2 毫升血液，注射给一名志愿者；然后从得病的志愿者身上抽取 1.5 毫升血液，再次注入另一名志愿者体内，这名志愿者也同样会得病。有好几名志愿者接受了试验，只有一人没有生病。病原体可以通过血液在人与人之间传播，因而人类自己充当了流行病暴发的蓄水池。

有一名志愿者被注射了 0.5 毫升的黄热病患者血液，结果病倒了。而另外四名已感染过黄热病的志愿者（基辛格、莫兰和另外两名）也被注射了感染者的血液，但他们安然无恙，这证明他们已获得了免疫力。里德决定自己做最后一名志愿者，但约翰·安德鲁斯在最后一刻走上前去顶替了里德。安德鲁斯注射了受感染的血液后几乎丧命，虽然最终康复，但四十年后，他瘫痪在华盛顿特区的沃尔特·里德医院。他确信这是由于黄热病对脊椎的持续影响造成的。

“我们终止了蚊子试验，”阿格拉蒙特写道，“出于必要，我们在试验过程中确实进行了人体实验，但所幸没有造成一例死亡；另一方面，这些实验彻底改变了预防黄热病的标准卫生措施。”目前，灭蚊措施已开始推广。阿格拉蒙特写道：“保证病人不被蚊虫叮咬，消灭蚊虫并铲除其繁殖地——只要这些措施得到彻底贯彻，任何社区都能够杜绝流行病，这也是确保一个国家永远摆脱这种灾难的唯一且必要措施。”

里德委员会的实验，清晰确凿，使得科学界达成共识。《华盛顿邮报》也开始接受蚊子是黄热病的传播媒介，但依然对黄热病委员会提出诘责："委员会为何不致力于消灭这种媒介，而是忙于学术论证，导致了更多人死亡？"1793 年瘟疫暴发时，费城的一位居民曾建议消灭水桶中的蚊子幼虫，但他的提议很快淹没在各种观点的喧嚣声中。

人们把芬莱比作帕特里克·曼森爵士，把里德比作罗纳德·罗斯。芬莱是古巴最负盛名的医生，尽管从未得过诺贝尔奖，却七次获得提名。在一次为他举办的聚会上，芬莱总结了自己的工作。"二十年前，"他说，"受到确凿迹象的指引，我冲向了一片干旱的未知土地。在那里我发现了一块毫不起眼的石头，并把它捡起来。我那高效而忠诚的伙伴克劳迪奥·德尔加多医生，协助我对石头进行了仔细打磨和检测，得出的结论是：我们发现的粗糙石头是钻石。但是，没有人愿意相信我们，直到几年后，黄热病委员会到来。其成员才华横溢，都是这方面的专家，他们很快就从粗糙的外壳中提取出了一块光彩夺目的石头，无人能视而不见。"

尽管阿格拉蒙特肯定了芬莱对黄热病蚊子传播理论发展的作用，但他认为芬莱的实验毫无用处。阿格拉蒙特写道："芬莱构想的基本事实（蚊子传播黄热病）被初始研究中出现的大量错误、假设和推测所包裹，一直隐藏在科学的视线之外。直到美国陆军委员会对这一课题进行了彻底检查，子实才最终从谷壳中脱粒出来；芬莱和德尔加多的实验案例就是谷壳的一部分。"

任务完成后不久，里德开始担心自己无法得到应得的荣誉。他给妻子写信说，估计斯特恩伯格会"写一篇文章，说自己 20 年来始终认为蚊子是黄热病最有可能的病因"。果然，斯特恩伯格在 1901 年发表的一篇文章中将荣誉据为己有。他还利用这一发现为自己的升职增加砝码。"请允许我提醒大家注意一个事实，"他在升职申请中写道，"由于我的倡议，我们最终发现了一个重要事实——黄热病是由蚊子传播的。沃尔特·里德少校和他的助手们通过一系列精湛的实验证明了这一点。在丝毫不影响他们的荣誉的情况下，官方记录将显示，这项调查是根据我的建议展开的，委员会成员是由我挑选的。此外，我还以个人名义向委员会主席作了指示，给他指出这项实验调查应当遵循的方向。”

古巴的黄热病研究仍在继续。芬莱和他的同事胡安·吉特拉斯认为，一次蚊虫叮咬只会引起轻微的黄热病，而多次叮咬则可能致命。他们试图采用被感染蚊子叮咬的方式进行免疫接种。委员会的工作使里德相信被蚊子叮咬一口就可以使人免疫。“总要等到有人丧命，”他写道，“他们才可能会改变主意。”吉特拉斯采用里德的研究方法对 42 名志愿者进行了测试，有 3 人死亡，其中 1 人是自愿参加研究的美国护士。“听到吉特拉斯的遭遇，我感到非常非常遗憾，”里德写道，“他因生命的丧失而痛苦，我感同身受——无论如何，少数人的牺牲或许会带来更有效的方法保护大多数人。”吉特拉斯的研究表明，黄热病不同菌株的致死率不同，因而他与芬莱有关“蚊虫叮咬一口即可免疫”的假说是错误的。卡罗尔写道：“蚊子叮咬会带来致命危险，但人们对此依然心存侥幸。这些案例的高死亡率消除了人们的侥幸心理。我有幸对第一例死亡病例进行了尸检，确实存在着典型病变。”

为了确定引起黄热病的病原体，卡罗尔与吉特拉斯合作开展实验。当时人们普遍认为病原体是通过蚊子叮咬或注射传播到血液中的，这给实验带来了阻碍。卡罗尔写道：“发生在吉特拉斯医生实验中的死亡事件引起了不小的震动，这使我很难再找到自愿接受测试的人。”吉特拉斯提醒卡罗尔，在实验中故意使用蚊子进行感染已不再被许可，但卡罗尔不以为意。

卡罗尔利用感染的蚊子又制造出几例黄热病病例。然后，他过滤病人的血液以去除细菌，再将不含细菌的血液注射到志愿者体内，结果受试者被感染。由此可见，病原体与细菌不同，它很微小，可以通过细菌过滤器，而且在显微镜下无法显示。卡罗尔第一次证明了人类疾病是由病毒引起的，但他无法使用“病毒”一词进行表述，因为该词从未使用于这种场合中；而且，当时也无法看见这些“超显微”有机体。这也首次证明了蚊子传播的是病毒。

阿西比菌株

（1900—1953 年）

> 在我看来，黄热病将在我们这一代完全消失，下一代人只会将其视为一种绝迹的疾病，只具有历史价值。他们将把黄热病寄生虫视为一种曾经存在的动物，如同三趾马，无论在未来的何时都不会再次出现在地球上。
>
> ——威廉·戈加斯，1911 年

里德委员会发现黄热病是由一种特殊类型的蚊子传播的，但没有发现病原体本身。经过激烈争论，委员会成功反驳了萨纳雷利的假设，即类黄疸杆菌是致病因子。1901 年美国公共卫生协会会议上，里德介绍了委员会的开创性工作。就在两天前，威廉·麦金利总统因胸部、腹部中枪死亡。他的麻醉师尤金·瓦斯丁也来到会议现场，他错误地把总统死亡归咎于有毒子弹。

瓦斯丁曾在总统委员会任职，负责研究萨纳雷利细菌，他确信这是黄热病的罪魁祸首。他在科学大会上宣布：“里德博士声称尚未发现致病的有机体，这并非事实。萨纳雷利已经发现了这种有机体，并认为它是黄热病的病因，这一结论与里德医生有关蚊子传播疾病的观点并不矛盾。”瓦斯丁认为，与其他感染途径（如衣服传染）相比，蚊子传播不甚重要，而里德的所有发现都可以用萨纳雷利细菌的行为来解释。刚刚完成实验的里德对此很是不屑。“在我看来，这无异于浪费时间，”他回应说，“请恕我直言，瓦斯丁博士在这个问题上付出了太多努力，直到现在仍将这种芽孢杆菌视为黄热病的起因。”

经历了麦金利总统的遇刺以及与里德的争执，不久后，瓦斯丁出现了精神问题，1911 年 52 岁的他在精神病院去世。诺贝尔奖设置后，里德的获奖呼声很高，但最初两届诺奖（1901 年及 1902 年）却颁给了研究白喉疗法的冯·贝林以及研究疟疾传播媒介的罗斯。1902 年，里德因阑尾炎去世，享年 51 岁。古巴军队的将军在悼念仪式上说:“从此以后，黄热病一去不返，从波托马克河口到格兰德河口的漫长隔离带已成历史。”里德葬于阿灵顿国家公墓，碑文是：“他帮助人类控制了可怕的黄热病灾难。”

在古巴，人体实验被禁止（尽管其他地方的研究人员对蚊子试验和血液注射试验进行了复制和改进），斯特恩伯格提议为卡罗尔升职，但未获通过。直到 1907 年，国会的一项特别法案授予卡罗尔少校军衔，但是黄热病的发作致使他心脏衰竭，于当年晚些时候去世。那年他 53 岁，留下妻子和 5 个孩子。

为了纪念里德和他的团队成员及志愿者，美国政府建立了一座纪念碑，这一殊荣实至名归。1793 至 1900 年间，美国大约有 50 万人感染了黄热病，在某些年份中，该流行病造成的经济损失更是超过 1 亿美元。里德委员会解决了这一难题，作为补偿，国会每月向志愿者或他们的遗孀支付 146 美元。当时的美国陆军军医局长——斯特恩伯格的继任者批评了这一方案：“这一规定如此吝啬！一个多世纪前，詹纳发明了牛痘疫苗，英国政府奖励了 3 万英镑，而当时的货币购买力远远大于现在。相比之下，我们多么汗颜！”终于，1929 年，美国国会决定，除了 1500 美元的年金之外，还授予 22 名志愿者（或他们的遗孀）一枚金质荣誉勋章。

卡罗尔去世后，阿格拉蒙特成为委员会唯一幸存的成员。他没有得到任何经济补偿，继续担任哈瓦那大学细菌学和实验病理学教授。他说："或许有人认为，能从自己的努力中感到受益匪浅，内心产生巨大的满足感，并坚信自己没有虚度人生，这就是最大的回报。在很大程度上，我认同这种想法。"

芬莱自 1880 年开始实验，黄热病委员会在 1900 年进行实验，其地点都是古巴，古巴因此成为最早的获益国。黄热病委员会的工作大功告成后，里德的朋友威廉·C. 戈加斯少校立即在哈瓦那发起了消灭埃及伊蚊的行动。他的灭蚊队伍大量使用菊酯杀虫剂，摧毁了埃及伊蚊的繁殖地。

埃及伊蚊的雌蚊在下水道、水池、桶、水槽、池塘、厕所、罐子及运河的静止水体中产卵。士兵们排干、砸碎或运走任何能够盛水的小物件，而对较大的水体喷洒煤油，阻止幼蚊呼吸。1901 年 3 月，戈加斯的研究小组在发表第一份报告前，已经处理了在哈瓦那发现的 2.6 万块含有幼蚊的水中沉积物。他们在水箱上安装纱窗，在池塘里放养以蚊子为食的鱼类，用蚊帐隔离黄热病患者，并用除虫菊、烟草和硫黄熏蒸房间，以杀死感染了黄热病的蚊子。戈加斯的 5 人小组可在两小时内完成一座大房子的熏蒸工作。除了对公众进行教育并保护储水容器免受蚊虫侵袭，当局还对清理幼蚊不彻底的家庭处以 10 美元的罚款，这也刺激了个人在灭蚊方面的努力。

19 世纪末 20 世纪初，尽管可用的杀虫剂仅限于天然产品，如煤油、除虫菊、烟草和硫黄，戈加斯对它们的使用却卓有成效。灭蚊计划开始前，哈瓦那遭受黄热病侵袭已经长达一个半世纪，几乎年年暴发。据哈瓦那官员记录，在最初的 47 年中，有 35952 人死于黄热病。

然而，灭蚊计划实施仅三个月，哈瓦那已经基本上摆脱了黄热病，疟疾感染率也直线下降。该计划实施十个月后，幼蚊藏身处从 26000 个锐减到 300 个。这可能是有史以来阻断疾病传播媒介最成功的行动。

1905 年，新奥尔良暴发黄热病，美国公共卫生服务局效仿戈加斯，使用煤油作为杀虫剂，实施了声势浩大的灭蚊行动。很快，这种措施在美国其他地方甚至世界范围内得到推广，得克萨斯州、英属洪都拉斯和巴西等地的成效尤为显著。

同样在 19 世纪末 20 世纪初，由于美西战争的影响，美国对于在巴拿马修建运河的兴趣达到了顶峰。当时，巴拿马是哥伦比亚的一部分。美国太平洋舰队的船只若要前去增援大西洋舰队，必须从南美洲的南端绕行。此时，为了推进运河的建设，法国希望出售自己的运河权益以及横跨巴拿马的铁路，这与美国一拍即合，于是两国联合了一部分不愿失去运河商业利益的巴拿马人密谋了一场叛乱，最终使巴拿马脱离了哥伦比亚。1903 年 11 月，美国承认巴拿马这一刚刚成立的国家，并立即签署一项条约，规定美国对运河区拥有永久的专属使用权；而巴拿马则得到了美国的资金和军事保护，以对抗哥伦比亚军队的平叛行动。

第二年，戈加斯在巴拿马积极采取排水措施并使用杀虫剂灭蚊，为运河建设提供了保障。19 世纪 80 年代，有 30% 的法国工人因黄热病和疟疾引起高烧，因此法国未能完成这一工程；但在美国修建运河期间，只有 2% 的工人生病。戈加斯的灭蚊队只用了两年时间就在巴拿马消灭了黄热病。

就在戈加斯忙于巴拿马的灭蚊计划时，他的政治前途却吉凶未卜。许多人仍然对里德委员会的工作不屑一顾，认为戈加斯的灭蚊工作是一种蛮干。因此，战争部长威廉·塔夫脱等人游说西奥多·罗斯福总统解雇戈加斯。罗斯福在美西战争中目睹了古巴暴发黄热病时的惨状，因此决定先咨询朋友亚历山大·兰伯特博士，再决定是否采取塔夫特的建议。

罗斯福说：“有人告诉我，戈加斯只忙着给游泳池涂油灭蚊。肖恩茨专员说，戈加斯上校根本没有清理巴拿马和科隆，那里的气味和以往一样难闻，因此，他应该下台。战争部长已经对此深思熟虑，默认了这项建议。”总统委员会又开始重操旧观念，认为黄热病和疟疾是通过气味和污秽传播的。兰伯特向罗斯福解释了这一行动的科学性，并强调说若不采取灭蚊行动，运河就无法建成。罗斯福对此印象深刻，一直让戈加斯担任运河区的医务官，直到 1914 年第一艘船舶通过船闸。

那时，戈加斯已经担任美国医学会主席六年。一战期间以及 1918 年流感期间，他又担任了美国陆军军医局长。1920 年，作为新的黄热病委员会成员，戈加斯前往非洲研究黄热病，中途在伦敦逗留了一段时间，接受了国王乔治五世的接见。由于突然中风，他便在医院里接受了骑士头衔。弥留几周后，戈加斯不幸离世。他的妻子写道：“就在此刻，实现梦想已指日可待，人类将摆脱黄热病的纠缠，热带地区的白人将重获安全。然而，就在奋斗的途中，生命戛然而止，人生的失望莫过于此。”

戈加斯所在的 1920 年黄热病委员会中，另一名成员阿德里安·斯托克斯加入了洛克菲勒基金会 1927 年派往尼日利亚的小组，“尝试分离导致疾病的有机体”。那时，对传染病的调查已不再局限于人类，而开始有效地利用模式动物。1927 年的研究小组需要开发一种适合黄热病的模式动物，在寻找合适的物种时，他们将黄热病患者的血液注入豚鼠、兔子、大鼠、小鼠、冈比亚大鼠、狗、猫、山羊、黑猩猩以及各种猴子的体内。其中，恒河猴对黄热病很敏感，因此成为理想的黄热病模式动物。

1927年6月30日，研究小组从一个名叫阿西比（后来幸存下来）的发烧男子身上提取血液，返回阿克拉（原英属黄金海岸首府，现为加纳首都）的实验室后，将血液注射到一只恒河猴体内。猴子死亡后，斯托克斯的团队进行了尸检，确诊为黄热病。将它的血液注射到另一只猴子身上，也同样引起死亡。在30只猴子身上重复该实验，只有一只存活下来。随后，研究小组采用蚊子叮咬的方式在猴子之间传播黄热病。结果发现，猴子是黄热病病毒的“蓄水池”，这就解释了雨林附近的城镇地区为何易发流行病。此外，研究小组还发现，蚊子个体在其存活期间具有传染性，而且它们的寿命可以超过三个月。早些时候，里德的研究小组早也有类似的重要发现，并指出“文献中多次提及这样一个事实：无论在搬空的建筑中还是在人口剧减的感染地区，黄热病的传染性可能持续数月之久。如今，我们第一次对这一事实作出解释”。

1927年9月15日，斯托克斯感染了黄热病的阿西比毒株，可能是由于手部被猴子咬伤而意外导致血液感染。在尼日利亚的首都拉各斯，病床上斯托克斯请求同事让蚊子吸食他的血液并将其置于实验的猴子之中，同时，也给猴子注射他的血液。这两个实验都导致猴子因感染黄热病而死亡。他还坚持让同事在自己死后进行尸检。最终，他被感染夺去了生命，尸检结果为黄热病阳性，这也成为首个记录在案的通过皮肤感染的案例。斯托克斯去世后不久，他的同事们发表了这一发现，并将斯托克斯列为第一作者。

随后，洛克菲勒基金会的另外四名研究人员在调查期间也陆续死于黄热病，其中包括著名的日本细菌学家野口英世。野口带领研究人员奋斗了将近十年，却因为研究方向错误，认为黄热病是由细菌引起的，他称之为“黄疸性钩端螺旋体”。斯托克斯已经证明这不是致病的病原体，临终前，他邀请了一名著名的医生（野口的支持者）为自己做检查，最后一次展示证据。斯托克斯问：“你现在承认黄热病是由病毒引起，而不是由钩端螺旋体引起的吗？”医生回答：“我相信你们是对的。虽然我无法解释，但我认为你之所以得黄热病，确实是因为在实验室中感染了你所说的病毒。”

野口却坚持自己的主张。他给自己接种了钩端螺旋体疫苗，认为自己可以免于感染黄热病。后来，他在阿克拉实验室开展研究，发现自己确实错了。而此前，卡罗尔早已正确地认识到黄热病不是由细菌引起的。斯托克斯去世后不久，野口也在阿克拉感染黄热病离世。野口是如何被感染的？研究人员提出了两种理论。其中一种假说是，在发现自己的重大错误后，野口故意使自己感染，以科学手段进行“剖腹自杀”——一种日本的自杀仪式。另一种可信度更高的说法是，野口实验室里的笼子保管不善，受感染的蚊子从中逃脱，最终导致野口感染。

不久之后，研究人员发现埃及伊蚊并不是唯一能传播黄热病的蚊子。当年的奴隶贩子将病原体（由受感染的奴隶携带）和载体（埃及伊蚊）一起运到了新大陆。17 世纪中叶，奴隶很可能首次将黄热病病原体传到美洲。受感染的蚊子随后将病原体传给美洲的人和猴子，为疾病建立了永久的“蓄水池”。美洲热带地区的本地蚊子也开始成为疾病的携带者。尤为糟糕的是，埃及伊蚊不仅传播黄热病，还使人们感染了另外两种疾病：登革热和基孔肯雅热（斯瓦希里语，意为“弯腰走路”），两种病原体都与黄热病病毒极为类似。

黄热病疫苗的研制也以一系列伤亡为代价。直到1930年，马克斯·泰累尔证明白鼠可以作为黄热病研究的有效的模式生物，这才取得了关键突破。与猴子相比，使用老鼠可以在研究中降低成本、提高效率。第二年，泰累尔给老鼠注射感染了黄热病的猴子或人类的血清使其获得免疫力。由此，科学家获得了强大的工具，可控制人类的黄热病和猴子的“丛林热”

（可导致新型黄热病）。泰累尔发现，黄热病病毒在老鼠间传播后，危险性降低，可以当作疫苗给猴子接种。后来，这种老鼠疫苗得以继续开发并用于人类，1938 年，泰累尔团队利用实验室中发生的偶然突变，从阿西比病毒株中开发出第二种人类疫苗，即 17D 疫苗。然而，泰累尔本人却感染了黄热病，所幸症状较轻。二战期间，美军给士兵接种了疫苗。由于疫苗受到污染，致使 84 人死亡，但是，美军中无人感染黄热病。一支法国团队还开发了一种有效的疫苗，可供大规模接种。到 1953 年，有 5600 万非洲人接受了法国疫苗接种。不过，17D 疫苗的优越性最终得到公认，法国疫苗于是停产。

1948 年，艾伯特·萨宾（后来研制出一种活性疫苗，消灭了世界上大部分地区的脊髓灰质炎）提名泰累尔为诺贝尔奖候选人。然而，当年奖项颁给了保罗·穆勒，“因为他发现滴滴涕作为接触性毒药，能够对抗若干种节肢动物”。三年后，就在诺贝尔委员会停止接收提名的前几个小时，委员会主席再次提名泰累尔，并对自己的提名进行了评估。最终这一提名获得通过，泰累尔获奖，这也是诺贝尔奖唯一一次颁发给黄热病研究领域或病毒疫苗研究领域的专家。同样在 20 世纪 50 年代，研究人员在西非黄金海岸找到了阿西比，英国殖民地办事处向他颁发了一笔养老金，表彰他在黄热病疫苗研发方面的贡献。

黄热病研究的道路漫长而崎岖。首先，19 世纪中叶，颇有远见的诺特和博珀斯等人就提出黄热病由昆虫甚至很可能就是由蚊子传播的。1881 年，芬莱正确指出黄热病是由一种特殊的蚊子（现称为埃及伊蚊）传播的，并开展实验来证明这一点，但可惜的是，实验过程未能得到有效控制。芬莱因此承受了二十年的冷言冷语，直到里德委员会开展了具有关键性和决定性意义的实验。一旦证实了黄热病由埃及伊蚊传播，戈加斯立即行动，在哈瓦那消灭了黄热病，而巴拿马和其他黄热病高发地区也启动了类似的大规模灭蚊计划。同时，据卡罗尔研究，病原体比细菌小，但囿于20世纪科技发展的水平，病原体的身份仍然是个谜。1927年，斯托克斯与人合作，揭示了猴子和丛林热之间的联系，并于1928年在猴子身上分离出黄热病病毒（大约60年后，这一病毒的基因组被测序）。1930年，泰勒和他的同事确定以老鼠为模式动物进行黄热病研究，并在八年后研制出了17D疫苗。至此，黄热病已被全方位攻克。接种疫苗可预防人类感染，广泛使用杀虫剂和其他灭蚊措施可减少传播媒介。黄热病被人类控制，暂时消灭了大流行的可能。

.3.

监狱热（斑疹伤寒）

（*1489—1958*年）

> 战争的胜利很少与士兵相关。战争往往止步于流行病。比起历史上能征善战的统帅，如凯撒、汉尼拔、拿破仑，等等，斑疹伤寒和它的同类——鼠疫、霍乱、伤寒、痢疾，更有可能决定战争的走向。人们将失败归咎于流行病，将胜利归功于将领——而事实恰恰相反。
>
> ——斑疹伤寒专家汉斯·秦瑟，1934年

爱尔兰马铃薯饥荒期间，虱子传播了两种流行性疾病：斑疹伤寒和回归热——爱尔兰人称之为“饥荒热”。长久以来，一旦马铃薯歉收，就会暴发斑疹伤寒，爱尔兰人因此苦不堪言。令人震惊的是，大饥荒

往前不到30年，斑疹伤寒曾经暴发，600万爱尔兰人中就有70万人感染。而后它便偃旗息鼓，等待马铃薯晚疫病再度来袭。

在饥荒期间，人们对虱子在传染过程中的作用一无所知。直到19世纪70年代，巴斯德和科赫才研究出疾病的细菌理论。此后的30年也许是公共卫生研究史上最引人注目的时期，诸多传染病包括疟疾、黄热病和黑死病，都陆续发现了致病细菌及动物媒介。但直到1900年，斑疹伤寒的致病细菌和传播媒介仍然是一个致命的谜题。

确切地说，这一谜题难倒了所有人，除了艾伯特·弗里曼·阿弗里卡纳斯·金。他曾经提出蚊子传播疟疾这一假说，尽管无人关注，但的确是先见之明；这次他又预测了斑疹伤寒和黄热病的传播模式，依然无人问津。他在1883年写道："以我们目前对'细菌理论'的了解，对于黄热病或斑疹伤寒患者，无论他是活着的、昏迷的还是最近去世的，几乎没人敢把接种针插入他们的血液中，抽出来，再插进自己或其他人的血液里——一次都不敢。然而，这正是黄热病期间蚊子的行为；而斑疹伤寒肆虐时，在肮脏的监狱和船只中，跳蚤也是如此行为。"

"斑疹伤寒"一词源于希腊语typhos，意为"烟雾迷蒙"，它描述了受感染个体的精神状况。因为多见于拥挤不堪的监狱，斑疹伤寒旧时也称为"监狱热"。在饥荒暴发前的几个世纪中，尽管英国法律规定了两百多条死刑罪行，例如商店扒窃、偷马、偷信及巫术等等，但死于绞索的犯人数量仍然不及死于斑疹伤寒的囚犯数量。此外，在审判期间，监狱囚犯还经常感染法庭人员，这种现象被称为"黑色审讯"。

最著名的"黑色审讯"发生在1577年。牛津的一名叫做罗兰·詹克斯的囚犯是一位信奉天主教的书籍装订工，因批评政府、亵渎上帝和逃避礼拜而被捕。"从他所处的时代判断，"细菌学家汉斯·秦瑟写道，"他应该是个教徒。"这次审讯非常轰动，现场水泄不通。不幸的是，詹克斯将斑疹伤寒传给了参与和观摩审讯的人群。随后，除了两名大陪审团成员、100 名牛津学院教职人员和其他数百人尚幸存外，法官（曾是下议院议长）、警长、副警长以及所有在场人员，全部死亡。弗朗西斯·培根爵士对疫情进行了调查，确定这一事件由空气污染引起。其他人则将此归咎于镇上出现了“天主教的邪恶魔法”。但是，从现代科学的角度来看，这一传染事件的真相使我们坚信：“当时的牛津学院教员统统不称职。”詹克斯被割掉了耳朵，但仍在英国塞库拉斯学院做面包师，又活了三十三年。

1522 年坎特伯雷、1589 年埃克塞特、1730 年汤顿、1742 年伦敦“老贝利”也发生了类似的“黑色审讯”。为了寻求解决之道，18 世纪著名的监狱改革倡导者约翰·霍华德大力改善监狱条件，降低了斑疹伤寒的发病率。而霍华德本人却在 1790 年视察乌克兰的一所监狱时因感染斑疹伤寒而去世。

由于斑疹伤寒在饥荒时期和恶劣的生活条件下最为高发，所以它在战争期间尤为流行，而且往往决定着战争的结果。1489 至 1490 年，费迪南德和伊莎贝拉的西班牙军队围攻摩尔人的格拉纳达时，阵亡 3000 人，却有 17000 人丧命于斑疹伤寒。1528 年，法国军队袭击意大利那不勒斯，在胜负攸关的时刻，法军因多数士兵感染斑疹伤寒而大败；结果，罗马教皇克莱门特七世被迫屈服于西班牙的查理五世，后者因此获得了神圣罗马帝国的王位。1566 年，苏丹苏莱曼大帝派兵八万攻打匈牙利，却被斑疹伤寒击溃，神圣罗马皇帝马克西米利安二世的梦想也因此破灭。1566 至 1567 年，在新大陆，斑疹伤寒夺去了 200 多万墨西哥人的生命。而这仅仅是欧洲人和非洲奴隶带来的一系列流行病之一，已令新大陆的土著人饱受摧残。

1632 年，瑞典国王古斯塔夫斯·阿道夫的军队与神圣罗马帝国军事指挥官阿尔布雷希特·冯·瓦伦斯坦的军队在纽伦堡狭路相逢，却双双被斑疹伤寒侵袭。另一场被流行病主导的战争——三十年战争，是欧洲历史上第一次大规模的国际战争，不仅有斑疹伤寒和黑死病的困扰，还遭到痢疾、伤寒、白喉、天花和猩红热的围攻，双方军队只能不战而退；还有一出惨剧发生在德国符腾堡，因为斑疹伤寒的暴发，该地区人口从 40 万锐减到 48000。

1741 年，守卫布拉格的奥地利军队中有 3 万人死于斑疹伤寒，布拉格由此落入法国人手中。1812 年，斑疹伤寒重创了不可一世的拿破仑军队，改变了欧洲历史的进程。当时，拿破仑率领 50 万大军攻打莫斯科，只有 8 万人到达了莫斯科，最后返回法国的不足 1 万人。而在克里米亚战争中，斑疹伤寒和其他流行病的杀伤力几乎与驱逐舰不相上下。1854 至 1856 年间，斑疹伤寒首先横扫了俄军，又收拾了法军和英军，再通过海军和商船传播到陆地医院，成为一种常见的流行病。战斗中受伤或阵亡的法军约为 6 万人，但患病或死于疾病的大约有 25 万人；英军与俄军的遭遇也大致如此。“斑疹伤寒，”秦瑟写道，“只要发生战争或革命，它必将如约而至，没有一个营地、一支军队、一座被围困的城市能逃出它的魔掌。”几个世纪以来，对斑疹伤寒和其他传染病的感染者而言，如果不曾得到医生的治疗，反而会有很大的存活概率，因为放血治疗、非无菌条件下进行的手术以及在卫生机构中传播的病原体，反而会使患者的病情恶化。

18 世纪末，苏格兰医学先驱詹姆斯·林德认为，斑疹伤寒由衣服等物品携带。他注意到，派去翻新帐篷医院的工人死于斑疹伤寒，而他们居住的船舱里，床具被单上都发现了斑疹伤寒。他主张用熏蒸法来对付斑疹伤寒，但他所使用的熏蒸剂如烟草、木炭、醋、沥青或焦油和火药，统统无效。然而，他在卫生清洁方面所做的努力，依然削弱了疾病的威力。他还建议医务人员经常更换衣服。虽然林德并不清楚疾病由昆虫传播，但凭借自己的观察和直觉，仍然使斑疹伤寒得到了控制。最终，由于未能找到有效的熏蒸剂，他的研究未能取得更大的进展。

显然，斑疹伤寒是最难攻克的疾病之一。19 世纪末，疟疾、黄热病和黑死病的病因被陆续揭开，人们也热切期待着能尽早揭晓斑疹伤寒的病因。若能确定致病的病原体，便有可能提出医学解决方案，例如疫苗；若能确定动物病媒，就有可能通过使用杀虫剂来阻断侵染循环。在发现病原体之前，查尔斯·朱尔斯·亨利·尼柯尔首先发现了这种病媒。

尼柯尔热爱文学和艺术，但他遵循身为医生的父亲的心愿，子承父业。1893 年，尼柯尔从巴黎巴斯德研究所获得了医学学位，回到家乡鲁昂，在一所医学院执教。然而他发现自己的工作并不稳定，同事也不认同他的学术观点，而听力的丧失甚至令他无法使用听诊器，这一切都阻碍了他的事业发展。因此，当他的哥哥拒绝了新成立的巴斯德研究所突尼斯分所负责人一职时，尼柯尔申请了这份工作，希望能寻找到一份更有前途的职业。

1902 年，36 岁的尼柯尔移居突尼斯，一直担任该研究所的负责人，直到 1936 年去世。尼柯尔断言，所有肆虐北非的传染病中，斑疹伤寒“最为紧急，但研究最为薄弱”。他注意到，斑疹伤寒的暴发具有季节性，往往在凉爽季节里席卷整个地区，而贫困人口受影响最为严重。人口稠密的监狱、收容所和临时安置点如磁铁一般吸引着这种疾病。斑疹伤寒常常导致医院工作人员和医生的死亡，突尼斯医生大多受到感染，其中的三分之一不治身亡。

1903 年，尼柯尔首次计划对一座暴发了斑疹伤寒的监狱进行研究，他的辉煌事业差点儿因此而中断：就在与两位同事一起出发之前，尼古尔咳血，不得不取消了行程。而他的同事们在监狱中过夜，染上斑疹伤寒，最终去世。尼柯尔写道：“尽管时常接触，有时甚至每天接触这种传染病，而我却有幸躲过了感染，原因是我很快就猜到了它是如何传播的。”

尼柯尔来到当地一家专为穷人开设的医院，观察入口处以及候诊室中的患者。他发现斑疹伤寒患者在办理入院的过程中会感染其他人，但清洗更衣后，这种传染性就会消失。同时，清理患者脏衣服的医护人员，往往也会发生感染。“我问自己，”尼柯尔写道，“在医院入口和病房之间发生了什么？答案是：斑疹伤寒病人被人脱去衣服，摘下亚麻布头巾，刮了胡子，洗了澡。由此可见，这种传染源是附着在他的皮肤和衣服上的某种东西，这种东西可以用肥皂和水去除，因此，这只可能是虱子。”

“虱子假说”最终解释了为什么战争和饥荒总不可避免地导致斑疹伤寒，也解释了几个世纪以来人们对这种疾病的称呼：“监狱热”“饥荒热”“爱尔兰热”“难民营热”“船热”“医院热”，等等。营养不良的人挤在肮脏的环境中，虱子加快了病原体的传播速度，最终酿成流行病。

为了验证他的“虱子假说”，尼柯尔向当时的巴黎巴斯德研究所所长埃米尔·鲁克斯申请了几只黑猩猩。黑猩猩到达的当天，尼柯尔就给其中的一只注射了从一名感染者身上提取的血液。一天后，黑猩猩躺在地上，浑身出汗，发烧，皮肤产生病变。尼柯尔从生病的黑猩猩身上收集了虱子，把它们放在另一只黑猩猩身上，结果这只黑猩猩也同样感染了斑疹伤寒。由于黑猩猩价格过于昂贵，尼柯尔便将患病黑猩猩的血液注射到一只猕猴体内继续实验。13 天后，猕猴也发烧了。尼柯尔又将 29 只虱子放在病猴身上吸食血液。而后再把这些虱子转移到其他猕猴身上，这些猕猴也生病了，但康复后，它们对感染有了免疫力。

1909 年 9 月，尼柯尔向法国科学院宣布斑疹伤寒是由虱子传播的，而后便开启了灭虱行动，以消灭斑疹伤寒。他还成功地感染了比灵长类动物便宜的豚鼠，这使得对斑疹伤寒的后续研究成为可能，而此前的研究只限于疾病流行时期。

图 2.3.1　查尔斯 · 朱尔斯 · 亨利 · 尼柯尔

一年后，美国科学家霍华德 · 泰勒 · 立克次和拉塞尔 · 莫尔斯 · 怀尔德在墨西哥证实了虱子传播斑疹伤寒的假说。同年，尼柯尔证明病原体在虱子的消化道中繁殖，虱子的粪便感染了宿主。在这些成果的启发下，恩里克·达·罗沙 – 利马于 1916 年发现了致病的病原体。为了纪念在研究中献身的科学家立克次和奥地利科学家斯坦尼斯劳斯·约瑟夫·马蒂亚斯·冯·普诺瓦帅克，罗沙 – 利马将斑疹伤寒病原体命名为普氏立克次体。

体虱存活在衣服里，将卵产在内衣里，经过八天的孵化，若虫出生。两周之内，若虫经过三次蜕皮，长成成虫。成虫离开衣服，转而吸食宿主的血液，这是它们仅有的营养物质。虱子从感染者的血液中感染斑疹伤寒，几天后，立克次体病原体出现在虱子的粪便中，并可能在那里存活数月之久。

虱子喜欢正常的人体温度，因此它们会离开发热的人体，转而寄生在未感染的人体上，同样，它们也会抛弃尸体去寻找更合适的宿主。在新的宿主身上，虱子咬开一个小口，一边吸血，一边排便。尼柯尔证明，人在抓挠时，粪便会因摩擦进入伤口，从而引发新的感染。还有一种情况，如果将虱子压入伤口或者将虱子粪便揉入眼睛，也可能会发生感染。

尼柯尔有关虱子传播斑疹伤寒的发现具有立竿见影的现实意义。突尼斯的公共卫生部门开始积极除虱，几年内，便成功地将城市、矿山甚至监狱中的斑疹伤寒连根拔除。这一经验得以在世界范围内推广，尼柯尔的发现挽救了无数人的生命。

尼柯尔相信，将斑疹伤寒病原体与幸存者的血清混合便可制造出疫苗。他给自己使用了这种混合物，的确有效。接下来他在儿童身上进行了试验，因为儿童对疾病的抵抗力更强。尼柯尔说："你无法想象他们患上斑疹伤寒时我有多么担心；幸运的是，他们康复了。"由于尼柯尔发明的疫苗数量不足，因此并未投入使用，但是，他从斑疹伤寒疫苗试验中获得的知识成为宝贵的财富。此后，尼柯尔用同样的方法，从麻疹幸存儿童身上提取血清，研制出有效的麻疹疫苗。

除了斑疹伤寒由虱子传播这一重大发现，尼柯尔在其他传染病领域也做出了重要贡献，他还在 1911 年描述了在没有任何症状的情况下人如何感染并传播一种传染病。在感染斑疹伤寒的豚鼠身上，他发现了这种"无症状感染"的过程。有些豚鼠虽然感染了斑疹伤寒，并将疾病传染给了其他实验对象，但看起来依然健康。他还发现，参与实验的大鼠和小鼠，即使它们将病原体传给其他大鼠和小鼠，甚至能够将病原体传回到豚鼠身上使其再次被感染，它们自身也仍然表现为无症状感染。尼柯尔推断这种现象其实是由多种病原体引起的其他疾病，还有研究人员发现，人类也可能经历某些传染病的无症状感染。

由此便诞生了一系列有关疾病暴发及发展变化的关键理念：有些人没有生病症状，但同样能将传染病传播到遥远的地方，而动物可能是疾病暴发的蓄水池。人类的无症状感染现象解释了斑疹伤寒是如何在自然界中持续存在并在季节更替时暴发的。"无症状感染是我引入病理学的新概念，"尼柯尔写道，"毫无疑问，这是我最重要的发现之一。"尼柯尔还注意到幼儿在斑疹伤寒流行过程中的显著作用：他们只轻微感染，有时完全没有症状显现，因此成为虱子传播疾病的蓄水池。

就在尼柯尔发现虱子是斑疹伤寒的传播媒介之后不久，这个结论就在一个悲剧性的机会中得以广泛应用。一战期间，斑疹伤寒席卷了巴尔干半岛和东部前线的塞尔维亚、奥地利和俄罗斯军队，疫情最高峰时死亡率高达 70%。几乎所有的塞尔维亚医生都感染了斑疹伤寒，其中约有三分之一的人死亡。但是，西线却不见斑疹伤寒的踪影，只流行过另一种由虱子传播的非致命性疾病——“地沟热”。原因在于西线坚持不懈地开展除虫行动，阻止了斑疹伤寒的蔓延。“丧命于这场战争的虱子，”秦瑟不久后写道，“其数量堪称历史之最。”

尼柯尔对自己的发现有深刻的洞见。“如果我们仍旧对斑疹伤寒的传播方式一无所知，”尼柯尔写道，“战争就不会在 1914 年以惨痛的代价胜利告终，相反，它将以一场史无前例的灾难宣告结束。前线的士兵、预备队、俘虏、平民甚至无辜的中立者……整个人类世界都将土崩瓦解。”

在虱子数量不明的地方，这种疾病却仍旧大行其道。一战甫定，苏俄内战（1917—1923 年）揭开帷幕，斑疹伤寒随之暴发，布尔什维克红军和白军中，共有 3000 万人患病，其中 300 万人死亡。同样，在二战中，斑疹伤寒也在肮脏而拥挤的纳粹集中营中肆虐。在纳粹受害者中，安妮·弗兰克或许最为人所熟知。躲藏于密室中的成员或死于毒气或被枪杀，而安妮和她的妹妹玛戈特从奥斯维辛集中营转移到卑尔根贝尔森集中营，在 1945 年的冬天死于斑疹伤寒。

尼柯尔发现虱子传播疾病，标志着 20 年来日新月异的科学发现就此画上了句点。在这 20 年中，昆虫和其他寄生虫被确认为众多流行病的传播媒介。这些疾病曾摧毁了人类文明，扭转了战争的局势，迫使人类迁移，推动欧洲人对美洲的征服。尼柯尔以实验鉴定了斑疹伤寒病的传播媒介，获得了1928年诺贝尔生理学奖及医学奖。

1898年，内森·布里尔在纽约市发现了一种类似斑疹伤寒的疾病，感染这一疾病的主要是来自东欧的犹太移民，生活体面而优渥。秦瑟假设，这是斑疹伤寒在幸存者中的复发现象。立克次体在受害者的组织中一直处于休眠状态，直到它再次引发疾病。这种复发性疾病被称为布里尔－秦瑟二氏病。秦瑟假设，如果斑疹伤寒卷土重来，先前受感染的人类再次被虱子叮咬，即使已经康复很久，依然可能复发。1958年，斑疹伤寒暴发的这一途径在南斯拉夫得到证实。“斑疹伤寒并未绝迹，”秦瑟写道，“它将延续数个世纪。一旦人类的愚蠢残暴为它提供机会，它就会继续大行其道。”

斑疹伤寒属于立克次体疾病家族，在这一家族中，各成员之间密切相关。部分疾病，如斑疹伤寒和啮齿动物型斑疹伤寒（如鼠型斑疹伤寒），通过虱子或跳蚤传播。其他立克次体疾病则通过蜱和螨传播。20世纪30年代发现的鼠型斑疹伤寒，成为抗击斑疹伤寒战役中的新目标。

鼠型斑疹伤寒隐藏在动物身上，尤其是老鼠。鼠虱和鼠蚤是鼠与鼠之间斑疹伤寒的传播媒介，鼠蚤还能将鼠型斑疹伤寒传给人类。虽然鼠蚤喜欢以老鼠为宿主，但当其宿主死亡时，它会转向以人类为宿主，并将鼠型斑疹伤寒传给人类。因此，斑疹伤寒和其他可怕疾病的暴发，都与老鼠密不可分，它们是人类疾病的祸根之一。老鼠还会消耗人类大量的食物，种群数量激增时，甚至引起饥荒，比如1615年的百慕大、1878年的巴西以及1881年的印度。饥饿降低了人类对斑疹伤寒的抵抗力，老鼠则更加猖獗地传染各种疾病。

在古代，人们怀疑老鼠是邪恶的化身。在历史上，有些人误认为流行病由各种力量引起，比如火山爆发、地震或日食之类的自然威力，或是犹太人诡计之类的幻想出来的魔力，也有一些敏锐的观察者将流行病归咎于老鼠。正因为啮齿类动物与疾病之间存在着千丝万缕的联系，以下一系列疑问也就寻到了答案：为何古代犹太人认为老鼠都是不洁的？为何希腊的太阳神阿波罗通过杀死老鼠抵御疾病？为何在 15 世纪，法兰克福的犹太人每年必须缴纳五千个老鼠尾巴为税？然而，老鼠所带来的最深重的灾难不是斑疹伤寒，而是一种空前绝后的流行病，先后两次摧毁了欧洲中世纪的文明。

. 4 .

黑死病（鼠疫）

（541—1922 年）

全城都惊慌失措，那些没有死的人，都被潮水所击，这城的呼喊声就升到天上。

——《旧约 · 圣经 · 撒母耳记 5:11—12》

黑暗时代的帷幕由鼠蚤与黑老鼠共同揭开。它们联手传播了迄今为止最具破坏性的疾病——淋巴腺鼠疫。“疫病”（Plague）一词来源于拉丁语“plaga”，意为“打击”“击打”“受伤”或“不幸”。鼠疫，也称黑死病，首先暴发在公元 6 世纪的罗马帝国，掀翻了罗马最后一位伟大皇帝查士丁尼的统治。几乎在同时，它也导致了波斯帝国的瓦解。

公元 541—542 年，查士丁尼瘟疫在欧洲和中东地区造成 2500 万至 1 亿人死亡。穆罕默德军队发现此前无法打败的罗马军队和波斯军队突然变得不堪一击。罗马帝国从此衰败，到中世纪，沦为单一民族的国家，欧洲文明也呈螺旋式下降。人文主义之父、意大利早期文学巨匠弗朗西斯科·彼特拉克将从罗马帝国灭亡（第一次瘟疫流行期）一直到他本人所处的14世纪中叶（第二次瘟疫流行期或称“黑死病时期”）这一时期称为“黑暗时期”或“黑暗时代”。

尽管公元6世纪的查士丁尼瘟疫将欧洲推入了“黑暗时代”，但14世纪的“黑死病时期”却与文艺复兴携手同来。彼特拉克对罗马帝国的文化推崇备至，认为帝国灭亡后的历史不值一提，并以一言蔽之：“除了称颂罗马，历史还会包括其他内容吗？”然而，就在彼特拉克的有生之年里，灾难再次降临，瘟疫肆虐，而他也将此事记录下来，留给子孙后代。

1347—1352年的瘟疫，1334年左右开始席卷亚洲各国。1347年底，藏在商人和士兵身上的跳蚤，从中亚出发，沿着丝绸之路，将瘟疫带到了拜占庭首都君士坦丁堡。君士坦丁堡的一位著名学者写道：“无论男女老少，不分高低贵贱，瘟疫面前，均不能幸免。仅仅一两日，有些人家已经灭门绝户。邻居、家人或者亲戚，人人自身难保。”

位于克里米亚东海岸的卡法，是重要的贸易城市，易守难攻。1344年，控制卡法的热那亚商人和一支军队再次爆发战争，瘟疫在战争中暴发。

部分热那亚人感染了瘟疫，乘船逃离卡法，前往西西里岛、撒丁岛、科西嘉和热那亚的港口，瘟疫由此迅速蔓延。热那亚人加布里·埃尔·德·穆西斯无意中传播了瘟疫，他对此深感歉疚。“经过长途航行，我们终于回到了热那亚和威尼斯，”他写道，“然而，我们中的幸存者寥寥无几，生存率不到1%。我们仿佛被邪恶的灵魂裹挟着走进了家门，亲朋好友和邻居从四面八方赶来探望。他们用拥抱和亲吻安抚我们，殊不知，我们这些携带着死亡毒镖的人，说话之时，毒气便伴随着语言从口中喷出。当他们返回自己家时，很快便殃及整个家族。”死亡人数与日俱增，社会已无力招架，“无论是伟人、贵人还是小人，都被扔进同一个坟墓，因为死者不分贵贱”。

1348—1350年，瘟疫从君士坦丁堡开始，以迅雷不及掩耳之势横扫了中东和欧洲。当地的老鼠急不可耐地爬上货车，爬上装满纺织品和食物的货船。1349年，在叙利亚的阿勒颇，一位感染了瘟疫的编年史家临终前写道：“瘟疫在蚕食我们。它用脓疱摧毁了人类，孜孜不倦地搜寻每个家庭。只要有一人吐血，全家都必死无疑。不过两三个晚上，整个家庭都将入土。”佛罗伦萨的一位作家描述说，在乱葬坑中，尸体和泥土仿佛“奶酪千层面”一般，一层叠一层地埋葬。到1352年，欧洲将近一半人口死亡，至少需要一个半世纪才能恢复到原有的人口。欧洲原有的社会规范完全崩溃，新的社会秩序逐渐形成。

这场灾难的范围之广，连研究者也觉得瞠目结舌。彼特拉克写道：“即便是亲眼所见，我们也不敢相信，总认为这是一场噩梦；可是，我们的确是清醒地睁大眼睛目睹着这一切，我们深知自己哀叹的这一切都是绝对真实的存在。在这个被葬礼的火把彻夜照亮的城市里，我们如何能在虚空之中找到长久渴望的安全？啊，幸福的下一代啊，他们无从体会这些痛苦，只会把我们的叙述当作一个寓言！”

欧洲人处理瘟疫的方式加速了病原体的传播。“鞭挞者行动”大行其道：人们用鞭子抽打自己，认为只有如此赎罪才能平息上帝的怒火。这些受虐狂们还走街串巷发展信徒，瘟疫随之四处扩散。瘟疫医生们头戴内装芳香草药的鸟嘴面具，防止吸入毒气；脸上架着红色眼镜，用来驱除邪恶；身上裹着蜡制的长外套以免沾上病人的体液。他们挨家挨户地诊疗，却也将跳蚤顺路带到各家各户。还有许多人信奉享乐主义，认为世界末日近在眼前，完全不在意健康习惯，也不遵从社会规范。一位研究者写道：“对这些人而言，活着的日子似乎屈指可数，于是选择自暴自弃，对自己的财产甚至生命都毫不在意。”人们将每一天都当作最后一天来欢庆，放弃了耕种与放牧，于是，饥饿导致了营养不良，免疫力愈发下降。父母与孩子之间的联系也日益疏松瓦解。有人曾这样描述当时司空见惯的现象：“父母将孩子丢到了脑后，拒绝抚养和照顾。”

正如一位学者所言，人们普遍认为瘟疫起源于“邪恶的人，他们是魔鬼之子，使用各种毒液与毒药，以歪门邪道腐蚀了食物”。基督徒包括鞭挞者，指控犹太人向井水中投毒引发了瘟疫，于是他们将犹太人活活烧死，为莫须有的罪责实施报复；同时他们还摧毁了大约100个犹太人聚居地。这样的暴行主要发生在德国，欧洲其他各地也未能幸免。一些审问者声称，犹太人的毒药来自蛇怪——一种能将人变成石头的神话生物。

德国当时著名的科学家康拉德·冯·迈肯伯格认为，犹太人不该受到如此责难：“在我看来，瘟疫导致世界各地的人口大面积死亡，关于其根源，以上这些论断，无论由谁提出，都没有完全和充分的理据。我的理由如下——众所周知，在希伯来人曾经居住过的大部分地区，也曾发生瘟疫，大批希伯来人因此死亡。这些希伯来人的后人，既然渴望在这片土地上繁衍生息，就不可能满怀恶意地毁灭自己，毁灭与自己拥有同样信念的人。此外，在许多地方，即使已将犹太人赶尽杀绝，如今依然成为了死神的首选之地。留下来的居民，在瘟疫强大的攻势下，只能束手就擒。”因此，尽管教皇克莱门特六世依然“痛恨犹太人的背信弃义”，但仍同意颁布保护令。

关于瘟疫的缘由，除了犹太人在井中投毒，其他各种猜测也都不一而足。许多人把责任归咎于上帝的愤怒。鞭笞者在布道时援引上帝的话：“几年来，诸多苦难接踵而至——地震、饥荒、高烧、蝗灾、鼠患、虫灾、天花、霜冻、雷电以及各种动荡。我将这一切降临于你，只因你没有守我的圣日。”

尽管人们普遍认为上帝是为了回应人类的众多罪恶而释放了瘟疫，但依然难以理解上帝的时间安排。彼特拉克写道：“我不否认，哪怕惩罚更重，我们都是罪有应得。但是，我们的先人也应该同样受罚，我们的后代也不例外——我只祈祷他们不会遭此不幸。因此，公正的法官们，为什么让复仇的怒火在我们这个时代燃烧得如此猛烈？为什么此前恶贯满盈的时代却没有得到惩罚与教训？人人都犯了同样的罪，却只有我们承受着鞭笞。”与眼前的惩罚相比，彼特拉克认为，诺亚时代所见的上帝的愤怒不过“是一种乐趣，一个玩笑，一种休息的方式”。

许多人认为瘟疫源自上帝的愤怒,也有一些人从星象中寻找缘由。巴黎大学医学院在瘟疫期间发表了一篇著名的科学论文，指出：“瘟疫的首要根源来自于遥远的天际，即天体的格局。在公元 1345 年，3 月 20 日正午刚过一小时，水瓶座三颗位置较高的行星发生交会。当时，木星又热又湿，吸收着地球上包裹了邪恶的蒸气，而火星又热又干，将正在上升的蒸气引燃，因此整个大气层中充斥着闪电、火花以及有害的蒸气和火焰。”

法国阿维尼翁的一位教廷音乐家，同许多人一样，将黑死病归因于大气因素，并引用了圣经中的意象进行描绘：“第一天下雨，落下青蛙、蛇、蜥蜴、蝎子和许多有毒的野兽。第二天打雷，有闪电和大冰雹落在地上，将地上的人，无论老少，几乎都杀掉。到了第三天，火和臭气熏天的烟一起从空中落下，吞噬了残余的人和牲畜，烧毁了这些地方的所有城镇和城堡。”如此惨烈的毁灭景象是“瘟疫区随风南下的臭气”感染所致，而它吞噬一切的气势也激发了夸张的想象，例如，曾有人报道，希腊的“男人、女人和所有活物都变成了大理石雕像”。

注重逻辑的学者试图寻找一种基于现实与自然的解释。一位著名的神职人员认为，地震使有毒气体逸入大气中。这一假设有其合理性，因为瘟疫暴发时，欧洲部分地区有地震同时发生。巴黎大学医学院同意地震是原因之一，并认为季节变迁和流星坠落也对其产生影响。其他学者则更加接近事实真相，将其归因为有毒物质在人与人之间的传播。教皇克莱门特六世显然同意这一说法，因为他已迅速逃离了瘟疫蔓延的阿维尼翁。

一些研究者敏锐地注意到黑死病和老鼠之间的联系，甚至对灭鼠活动进行记录。1348 年，一位感染此病的学者在去世前写道：“无数的害虫随雨水落下，有些害虫有八只手掌那么大，通体黑色，长着尾巴，有的活着，有的死了。它们散发着恶臭，使得眼前的景象更加恐怖。与其搏斗的人沾染了毒液，纷纷死去。”

还有些研究者注意到感染与病人个人物品的处理方式也有密切关系。一位学者在谈到黑死病时这样写道：“黑死病不仅会感染那些与病人有过交谈或接触的健康人，使之生病甚至在恐惧中死亡，还可能感染任何接触过受害者衣物的人。”

医疗机构建议采取多种预防措施，如饮用上好的葡萄酒并焚烧芳香的植物，同时还需忌口，例如，“不可食用七鳃鳗等黏性鱼类和凶猛鱼类，如海豚、鲨鱼、金枪鱼等”。易感人群包括“有不良生活习惯者，如过量运动、纵欲以及过度沐浴；羸弱、消瘦、心悸者；婴儿、妇女、年轻人以及那些身体肥胖、面色红润的人”。此外，必须避免对死亡的想象和恐惧，因为“这样做会带来巨大影响，甚至会改变婴儿在母亲子宫里的形状和体型”。悲伤被认为是瘟疫的成因之一，尽管其影响力因人而异：“它对知识分子的打击最大，对智力低下者以及懒惰者的损害最小。”还有医生采用放血法，记录显示，在下弦月出现的时间里，中间几天进行放血最为有效，但前提是，此时月亮不可与双子座、狮子座、处女座等同现。

对病因的无知不可避免地导致了防治的失败。佛罗伦萨瘟疫最为严重时，有位著名的意大利学者指出了这一点："对于这样的疾病，医生束手无策，所有的医学努力似乎都是无益的，毫无用处。或许这种疾病本来就无可救药，也或许参与治疗的人（虽然医务人员的数量迅速增加，但由于加入者大多没有接受医学训练，合格人员不多）不知病因，根本提不出有效的治疗方案。"另一位研究者描述了当时的医疗窘境："世界各地的医生，无论是通过自然哲学、医学还是占星术，都找不到立竿见影的治疗方法。为了赚钱，有些人登门分发自己配置的药物，而病人的死亡不过证明了他们的方法有多么无稽与虚假。"锡耶纳（意大利中部城市）的一位编年史家总结，"吃药越多，送命越快"。彼特拉克指出，由于人们"弄不清瘟疫的原因和根源，不得不承受许多无端的压力，因为无论是无知还是瘟疫本身，都不及胡言乱语和高谈阔论更为可憎。他们自称无所不知，但实际上一无所知。"

不计其数的人死于瘟疫，放眼望去，哀鸿遍野。彼特拉克哀叹："我们的挚友现在何处？当人类濒临灭绝，当预言中的世界末日即将来临，我们要去何方，又与何人结为新友呢？承认吧——我们茕茕孑立，形影相吊。"

许多怪诞行为也由此产生，例如舞蹈狂躁症。舞蹈者摔倒在地，令旁观者上前践踏，以此治疗。相关历史文献中应该记录过圣维图斯舞蹈症，一种淋巴腺鼠疫的神经症状。

这种怪诞行为在艺术作品中也不乏展示，例如《死亡之舞》。而在画家笔下，死神被绘成一个棋手，展示其散布瘟疫时的肆意妄为。有钱人中开始流行一种令人毛骨悚然的时尚——死前设计自己的坟墓，而使用的意象常常令人作呕，其中最有代表性的设计是：坟墓中放置着死者的石质雕像，虫子从胳膊和腿中钻出来，青蛙蹲坐在眼睛、嘴唇和生殖器上。

瘟疫也渗透在各种各样的文学作品中，其中最令人心碎的悲剧莫过于莎士比亚的《罗密欧与朱丽叶》。劳伦斯修士致信罗密欧告知计策，但为了防止瘟疫蔓延，信使被关押，罗密欧没有收到信件；结果，在卡布利特家的墓地，罗密欧喝下毒药，死在朱丽叶身旁。

1352 年后，瘟疫逐渐消退。此后又在部分地区时有暴发，累计多达 100 多次。在欧洲各地，几乎每一代人都会经历一次，如此反复直至 18 世纪末。那时，人类的生活方式发生了巨大变化：排水系统广泛修建，粮仓和马厩同住宅分开建设。人类生活方式的这些变化更有利于褐鼠的繁殖，因此褐鼠的数量逐渐超过黑鼠，并最终取代了黑鼠。与黑鼠相比，褐鼠更喜欢居住在下水道而不是住宅中，与人类的接触减少，鼠疫的风险也因此降低。但非洲和亚洲依然是黑鼠的领地，瘟疫也就继续肆虐。

鼠疫耶尔森菌

（*1894* 年）

> 有个人似乎已进入康复期，手里拿着食物，正兴高采烈地舔着嘴唇，突然向后栽倒，几分钟后便死去了。另一人几天没有发烧，似乎已经康复，在阳台上走动时，却突然倒下死去。
>
> ——詹姆斯·康德黎医生，1894 年

销声匿迹了一段时间后，鼠疫于 1894 年袭击中国香港。鼠疫感染率因社会阶层不同、经济状况不同而发生变化。一位外科医生指出：

“在这儿的不同种族中，易感人群由高到低顺序如下——中国人、日本人、印度人（来自印度）、马来人、犹太人、帕西人和英国人。”据这位医生报告，在欧洲医生的照顾下，病人的存活率是 20%；如接受中国医生的治疗，存活率为 3%。10 万中国居民逃离了这个城市，大多数人前往广州，而当时广州的 100 万人口中有 10 万人死亡。最终，一位记者写道：“繁忙、拥挤的街道只是香港从前的‘骨架’，如今，一切都在哀伤中沉寂下来。”

所幸的是，此次鼠疫暴发时，人类在知识与技术能力上都已足以应对这种疫情。当时在港的苏格兰医生詹姆斯·阿尔弗雷德·劳森，年轻有为，二十八岁时即执掌香港殖民政府公立医院，并于 1894 年 5 月 8 日诊断了首例鼠疫病患。

劳森注意到中国香港某人口稠密的社区暴发了鼠疫，情况危急。他向香港洁净局提出了一系列公共卫生措施建议：挨家挨户搜查鼠疫患者，对感染屋宇进行消毒清洁，迅速转移死者，在特定医院隔离病患。大批医院随即建立，包括欧洲医生为欧洲病人设的“医疗船”以及中国医生为中国病人开办的陆地医院。此外，为了收治蜂拥而至的鼠疫病人，当局还新建了医疗点。由于床、毯子和蚊帐等物资严重缺乏，便根据种族进行限量供应：床垫分配给印度和日本的病人，中国病人则不可领取。

劳森在士兵的陪同下，挨家挨户地寻找鼠疫病患。这并非难事。劳森写道：“一块浸透了污秽物的脏垫子湿漉漉的，上面躺着四个人。一人已死亡，舌头又黑又凸出。第二个人肌肉抽搐，陷入半昏迷状态，奄奄一息。在检查他的腋下及腹股沟淋巴结时，我们发现了大量的腺体。还有一个十岁左右的女孩，躺在污垢中至少已有两三天。第四个人已呈疯癫状态。”不久后，卫生队每天都能遇到 100 个新病例。鼠疫患者大多意识不清，少数仍有意识的人则“祈祷死亡”“躺在地上殴打自己以求速死”。香港某地区鼠疫肆虐，当局无可奈何，只好驱逐居民，砌墙封闭街道。

医生们注意到，鼠疫并非通过人与人直接传染而传播，而是与污秽物有关。护理病人的护士没有生病，而部分清理死者房屋积灰的士兵却生病了。许多视察人员也没有感染鼠疫，因为他们同样没有直接接触污秽。这些结果与中国人的看法是一致的，即鼠疫毒素来源于地下，升上地面后首先感染最接近地面的生命体；因此，中国人观察到鼠疫依次发生在老鼠、家禽、山羊、绵羊、奶牛、水牛和人的身上。“人类的头部离地面距离最远，因而最后一个被感染。”这一“污秽引发瘟疫”的假说也引起了欧洲医生的共鸣。《英国医学杂志》评论道：“‘藏污纳秽’一词，不仅具有修辞意义，事实上，也很接近真相。”医生们推测，一旦酷暑到来，蛰伏在垃圾堆里的细菌就会趁机复活。

科学家们竞相来港寻找致病细菌。日本政府派遣了一支研究团队，由北里柴三郎与其竞争对手青山胤通率领。二人在日本完成医学学业后，都曾在柏林师从科赫。北里是享誉世界的细菌学家，1887 年，他成功分离出破伤风的芽孢杆菌；1892 年，他被德国政府授予教授称号，成为首个获此殊荣的外国人。1894 年 6 月 12 日，日本科学家抵达香港。三天后，亚历山大 · 耶尔森也来到香港。他由法国殖民部长派遣，在科赫的竞争对手巴斯德的建议与资助下，从法属印度支那（包括老挝、柬埔寨和越南）出发，独自一人前来开展研究。

耶尔森出生于瑞士，师从巴斯德，后来加入法国籍，成为法国殖民地医疗队成员。他还曾在科赫手下受过短训。在巴黎时，他为一名狂犬病患者进行尸检，手术刀切开脊髓时不慎划破了手指。巴斯德让助手埃米尔 · 鲁克斯给耶尔森接种刚刚研发出来的狂犬病疫苗。耶尔森、巴斯德和鲁克斯之间的友谊由此开始。

1888 年，耶尔森因发现白喉毒素而闻名遐迩。这是人类首次发现细菌产生毒素。北里与他的一位德国同事随后证实，动物注射毒素后会产生“抗毒素”。这些抗毒素后来被称为抗体。鲁克斯利用北里的这一发现，在马的身上进行试验，研制出白喉抗毒素，并用这种抗毒素治疗感染白喉的儿童，进而发明了血清疗法。

受苏格兰探险家大卫·利文斯通的鼓舞，耶尔森随后远征法属印度。为了保护法国殖民者，他潜心研究疟疾和天花等地方病的发病情况。他是首位深入越南中部高地的欧洲人，也是当地山民见到的第一个欧洲人。在探险期间，他曾经感染了严重的疟疾和痢疾。

尽管耶尔森为法国赢得了不少荣誉，但在抵港时他却不及北里有影响力。在寻找人类历史上最危险细菌的征途中，北里和耶尔森一路竞争，而这种较量其实是科赫与巴斯德当年竞争的延续。

北里提前三天到港，在时间上获得了领先优势。他还得到劳森的首肯，随时可以接触到鼠疫患者。6 月 14 日，北里在青山对一名鼠疫受害者进行尸检时发现了一种芽孢杆菌。尸检风险极高，青山和一名助手感染了鼠疫，因此在与北里的竞赛中败下阵来。所幸的是，青山最终幸免于难。

北里发现，芽孢杆菌存在于血液、肺、肝脏、脾脏和腹股沟肿大的淋巴结（淋巴结炎是淋巴腺鼠疫的特征）中。由于该病人已经死亡 11 小时，北里无法确定他所发现的芽孢杆菌是否为致病菌。他给一只老鼠喂食了病人的一片脾脏使其感染，又将其他各种组织喂给老鼠、豚鼠、兔子和鸽子。老鼠在两天内全部死亡，体内发现同样的芽孢杆菌。豚鼠和兔子也在不久后死亡，体内含有疑似芽孢杆菌。随后，他在其他鼠疫病患身上同样发现了芽孢杆菌，这些细菌分布在他们的肺泡、脾脏、肺、肝、血液、大脑和肠道中。

劳森确信北里发现了致病菌。6 月 15 日，就在北里首次发现芽孢杆菌的第二天，也就是耶尔森抵港的当天，劳森将这一发现的细节以电报形式发给了《柳叶刀》杂志。一周后，《柳叶刀》宣布北里“成功发现了鼠疫杆菌”。

劳森把所有瘟疫患者的尸体都留给了北里，耶尔森的研究因此受阻。劳森禁止耶尔森进入鼠疫停尸房，或许是由于英法两国间存在着殖民竞争，或许是考虑到威望（北里远比耶尔森出名），或许是出于谨慎（他确信北里已经发现了致病菌），也或许是因为妒嫉耶尔森的科学成就。劳森想亲自调查鼠疫的起因，并曾用兔子和豚鼠做过一些实验，但由于公职在身，他没有足够的时间进行有意义的研究。“我们的时间，”他写道，“完全被与瘟疫治疗有关的实际工作所占据——都是些不为人知的事情，几乎没有时间从纯粹的科学角度去探究这个问题。”

在一次验尸过程中，耶尔森与北里相遇。二人都会说德语，但耶尔森的德语说得并不熟练，因此二人的交谈并不热络。耶尔森惊讶地发现，尽管日本科学家仔细检查了血液和内脏器官，但他们并没有注意到淋巴结炎症。他决定接近尸体检查淋巴结，但苦于没有门路，直到他的向导——一位意大利传教士推荐了一种非正统的方法。在他到港五天后，即 6 月 20 日，耶尔森贿赂了处理尸体的英国水手，成功接近尸体。耶尔森在日记中写道：“轻轻松松给他们几美元，再承诺每看一具尸体就给一笔不菲的小费，效果立竿

图 2.4.1　1889 年，在科赫研究所的北里柴三郎

科赫去世时，北里在研究所建了一座神殿。每年他在那里工作时，遇到科赫逝世的周年纪念日，他都会举行神道仪式，纪念科赫逝去的灵魂

见影。”

一具尸体躺在棺材中的石灰里，耶尔森切取了尸体上的一个肿块，冲向实验室——前后不到一分钟。起初，耶尔森的实验室非常简陋，只是一个敞开的门廊，后来改为一个草棚。通过显微镜观察样本，他看到了“真正的微生物”。耶尔森在他的实验记录中写道：“毫无疑问，这就是导致瘟疫的微生物。”他将其命名为“巴氏鼠疫杆菌”（Pasteu-rella pestis，pestis 在拉丁语中意为“祸根”或“烦扰”），以此纪念他的导师巴斯德。

耶尔森从尸体肿大的淋巴结中提取出这种微生物，将其注射到老鼠和豚鼠体内。第二天这些啮齿动物全部死亡，并呈现淋巴结炎的典型症状，耶尔森在其淋巴结中发现了相同的微生物，同时，他还在香港的死老鼠体内发现这种微生物。凭借这一力证，他成功申领了鼠疫患者的尸体。

但是，英国的《柳叶刀》杂志对耶尔森的发现不屑一顾。根据劳森提供的医学证据，《柳叶刀》于 8 月 4 日发表社论，重申了北里的发现，并警告读者：“可能会有某些学者热衷于发现某种芽孢杆菌，因而有必要提醒专业人士不要盲目接受与此有关的任何申明。”《柳叶刀》的另一篇社论称，耶尔森“发现了另一种芽孢杆菌，并声称这是该病的根本原因；而其他学者同样渴望有所建树，因此众说纷纭。正如一位记者所说，‘目前，鼠疫杆菌的种类简直比意大利的浓荫之城瓦隆布罗萨的树叶还要多’。在这些争先恐后的学者中，很难确定是谁最先发现了瘟疫的起因，谁有资格名垂千古（如果确有其人的话）；但是，正如我们此前所说，北里教授的名字就是科学研究中‘精确缜密’的代名词，任何对他工作的质疑，都可能无功而返。”

就在 8 月末，《柳叶刀》和《英国医学杂志》发表了北里和劳森提供的“北里病原体”照片。不同寻常的是，芽孢杆菌呈现出多种形态。

《英国医学杂志》还报道了耶尔森发现的一种芽孢杆菌，以及它在大鼠、小鼠和豚鼠身上引起的快速死亡，无论是通过接种还是用鼠疫患者的组织进行喂养。《柳叶刀》认定耶尔森的结论错误，因为“北里教授向来是准确可靠的研究者，如果不能确保观察及实验的精准性，他绝不会贸然发表文章”。

事实上，北里的确仓促行事了。入港后仅两天，他就发现了这种芽孢杆菌，而耶尔森在六天后也有所发现。毫无疑问，他感到了竞争的压力，同时，劳森也希望他能赶在耶尔森之前争得荣誉。双重重压下，他背弃了自己一贯的科学而严谨的态度。北里的细菌培养物受到了污染，导致英国医学期刊上的芽孢杆菌的多样形态。最初，北里无法确定他的芽孢杆菌染色是革兰氏阳性还是革兰氏阴性（这是细菌学的标准鉴定法），发表出来的结果自相矛盾。随后，他又确定这种芽孢杆菌染色是革兰氏阳性。这种混乱的工作受到了北里的同事兼竞争对手青山的批评。

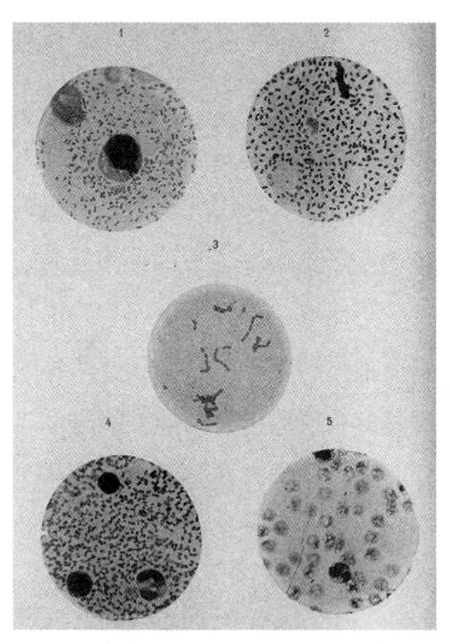

图 2.4.2　耶尔森的显微图像：1. 鼠疫患者的淋巴结；2. 鼠疫感染的死鼠淋巴结；3. 肉汤中的鼠疫细菌培养；4. 接种鼠疫的小鼠淋巴结；5. 鼠疫患者死后五分钟内采集的血液，照片中有两种细菌存在

然而，耶尔森确定芽孢杆菌无法用革兰氏染色法染色（芽孢杆菌是革兰氏阴性）。其实，这两位研究者发现的是不同种类的细菌，但世界各地的报道仍称其为“北里－耶尔森杆菌”。几十年来，尽管北里和耶尔森都被当作鼠疫致病菌的发现者而广受尊重（劳森却无此殊荣），

但这一荣誉最终归于耶尔森一人。1970 年，即耶尔森去世 27 年后，这种病原体改名为鼠疫耶尔森氏菌。

直到 1935 年去世，劳森一直坚信发现鼠疫病原体的是北里而不是耶尔森。然而，北里在调查 1899 年日本神户暴发的另一次疫情后，便不再坚持自己原先的观点。他写道："我在神户为鼠疫病人做检查。每一个病例都使我认识到一个事实，那就是致病菌确实是耶尔森杆菌。"日本海军首席医疗官对事态的转变深为感慨。"现在，发现鼠疫杆菌的荣誉只属于耶尔森一人了。"他写道，"我们非常遗憾，像北里这样杰出的细菌学家，竟然在寻找微生物的过程中犯下了如此匪夷所思的错误。"然而，若干年后，北里在 20 世纪 20 年代重申鼠疫杆菌是由日本科学家（可能指的是他本人）发现的。

同其他许多传染病一样，有些人试图自己接种鼠疫以获得免疫力。最早进行尝试的似乎是埃及的一位英国陆军医生。1802 年，他将腹股沟一块淋巴囊肿中的物质注射进自己的胳膊。最终，他死于鼠疫。

香港暴发的鼠疫带来一种更富成效的预防方法。耶尔森在香港发现鼠疫杆菌后，立即邮寄了一个样本到巴黎的巴斯德研究所。他将活的鼠疫培养菌置于一个密封的玻璃管中，再放入另一个玻璃管，最后用一截竹筒包裹。幸运的是，这个包裹到达了目的地。鲁克斯培养了样本并从中制出了抗鼠疫血清。1896 年，耶尔森在中国尝试了这一崭新的治疗方案，取得了一些成功。

1897 年，耶尔森被调到法属印度，在越南芽庄建立了巴斯德研究所，又成立了河内医学院并亲自管理。耶尔森还建了一个农场，种植巴西橡胶树；又在自家屋顶上造了一个圆顶，内置一架望远镜；1915 年他再建一个新农场，种植金鸡纳树，用于生产治疗疟疾的奎宁。他认为，这最后一件事对确保法国在一战期间的奎宁供应至关重要。1940 年，第二次世界大战即将拉开帷幕，耶尔森前往巴黎，并赶在德国入侵前乘坐最后一班飞机离开。三年后他在芽庄去世，葬于芽庄的苏伊道湖，耶尔森在芽庄生活了半个世纪，当地人称他为“南先生”，也就是“五先生”，因为他是一名法军上校，制服上有五道条纹。这样，就不必再用外国名字称呼他。

鼠蚤

（*1897—1922* 年）

那天是 1898 年 6 月 2 日，自瘟疫出现以来始终折磨着人类的秘密终于被我揭开。那一刻，内心的感受真是难以言喻。

——保罗 – 路易斯 · 西蒙德，1898 年

虽然耶尔森确定了病原体，并明确其对老鼠和人类具有传染性，但病原体究竟如何感染宿主依然不得而知。他曾怀疑老鼠是主要的传染渠道，也曾假设病原体暴露后会感染土壤，进而传播瘟疫。而北里则推测芽孢杆菌的传染途径可能是呼吸传染、伤口接触或者肠道感染，他也怀疑苍蝇之类的昆虫或者老鼠也可能传播疾病。出人意料的是，耶尔森和北里都没有考虑鼠蚤，而 1894 年他们在香港开展工作时，科学界的重大发现——确定疟疾与黄热病的昆虫媒介——即将发生。

一位外科医生詹姆斯 · 康德黎注意到老鼠大量死亡——距离真相仅有一步之遥——他却没能将疾病与老鼠身上的跳蚤联系在一起。“老鼠离开了下水道和排水沟中的巢穴，”康德黎写道，“从洞里逃出来，钻进人类住所。它们似乎毫不在意人类的存在，晕头转向地奔跑，后腿一阵阵奇怪地抽搐，最后往往死在卧室的地板上，但更多时候死在地板下面，那里传来的腐烂气味就是证明。”还有中国人注意到，鼠

疫暴发的两三周前，老鼠死亡的数量异常之多，这被视为“厄运即将到来的征兆”。

在广州，仅仅一个季度，官员们就组织人手收集并埋葬了22000只死鼠，其中的15000只来自香港的一条街道。详察后发现这些老鼠携带鼠疫杆菌，康德黎还指出老鼠的身体症状和行为表现与人类患者相似。在接种实验中，鼠疫杆菌从人类传给老鼠和其他啮齿动物，这也表明其中存在着某种重要关联。“因此，老鼠的感染是不能轻易忽略的，”康德黎写道，“但必须将其纳入影响疾病传播的条件加以考虑。即使我们能够确信老鼠受到感染，它们很可能与人类一样是被感染者，也有可能是人类瘟疫的实际携带者。”

1897年，绪方正规以书面形式第一次提出鼠疫由鼠蚤传播的假说，他写道：“人们应该注意跳蚤之类的昆虫。老鼠死后尸体变冷时，它们会离开宿主，将瘟病毒直接传给人类。”绪方正规收集了鼠疫死鼠身上的跳蚤，将它们压碎并注射到两只老鼠体内，其中一只感染了鼠疫并死亡。绪方认为跳蚤是鼠疫众多感染途径之一。

法国内科医生保罗–路易斯·西蒙德独立开展实验，证明了鼠蚤的关键作用。西蒙德在其职业巅峰期进入鼠疫研究领域。1882至1886年，在法属圭亚那管理一家麻风病院期间，他感染了黄热病并幸存下来。在东亚地区工作数年后，他于1895年进入巴黎巴斯德研究所，研究与疟疾相似的原生动物寄生虫。他在这些寄生虫体内发现了雄性元素，这是疟疾自然史研究的重要一步。帕特里克·曼森向身在印度的罗纳德·罗斯寄去了西蒙德描述寄生虫生殖特征的论文；遗憾的是，罗斯未能意识到这一发现的意义。

1897年，西蒙德接替耶尔森在印度孟走马上任，研究新型抗鼠疫血清的效果。当时，印度人反对使用抗鼠疫血清，甚至以暴力对抗。有鉴于此，印度当局甚至禁止罗斯继续对疟疾患者进行研究，这也是罗斯遭遇的又一次挫折。同年年底，由于工作强度过大，西蒙德感染了疟疾。

第二年四月，西蒙德被派往巴基斯坦的卡拉奇调查鼠疫疫情。正如耶尔森在香港的遭遇，西蒙德也被英国当局禁止进入鼠疫医院，他在卡拉奇的研究因此受阻。与耶尔森和康德黎一样，西蒙德同样在疫区发现了死鼠。在一所房子里，他找到了 75 只死鼠。西蒙德在笔记中记录了一个重要现象："一天，在一家羊毛厂，上早班的员工注意到地板上躺着许多死老鼠，20 名工人奉命进行清理。随后三天内，他们中有 10 人患上了鼠疫，而其他员工无一人生病。"他又走访了一个村庄，同样有老鼠大量死亡，有先见之明的村民认为瘟疫即将来临，立即逃到一个偏远的聚居地。"两周后，"西蒙德写道，"一对母女获准返回村里取衣服。她们在房间的地面上发现了几只死老鼠，于是抓住老鼠的尾巴，把它们扔到街上，然后回到聚居地。两天后，两人都患上了鼠疫。"

"我们必须假设，"西蒙德写道，"在死鼠和人类之间必定有一个传播中介，而这个媒介可能是跳蚤。"西蒙德仔细观察了老鼠，他注意到健康的老鼠会清理自己，身上很少有跳蚤，而病鼠身上则有跳蚤大量滋生。当老鼠死亡时，跳蚤就离开冰冷的尸体，寻找其他老鼠或人类，这意味着在老鼠死亡后立即进行处理是极其危险的。此外，西蒙德还注意到一些鼠疫患者的皮肤上出现小水泡，其中含有鼠疫杆菌，他认为这是跳蚤叮咬的地方。

西蒙德的鼠蚤假说遭到了其他调查人员的质疑。导师拉韦朗不仅支持罗斯看似疯狂的"蚊子传播疟疾"的假说，也始终给予西蒙德源源不断的鼓励。西蒙德检查了感染鼠疫的老鼠身上的跳蚤，在它们的消化道中发现了大量的鼠疫杆菌，与此相反，健康老鼠身上的跳蚤则不含鼠疫杆菌。现在他只需证明致病菌从一只老鼠传染到另一只老鼠的过程中，跳蚤所起的作用。

西蒙德设计了一个简单的实验来验证这一假说。在实验的第一阶段，他在鼠疫病人的家里捉到了一只病老鼠，皮毛上有几只跳蚤正在蹦跳。他带着病鼠回到在卡拉奇的雷诺兹酒店临时搭建的实验室，把老鼠放进一个有网盖的大玻璃罐里。西蒙德想在老鼠身上放置更多的跳蚤。“我抓住了一只潜入酒店的猫，”他写道，“向这只慷慨大方的猫借了一些跳蚤。”他把这些跳蚤放入关着老鼠的罐子里。“24 小时后，”他写道，“实验中的老鼠卷成一个小球，毛发直立着，看起来非常痛苦。”

在实验的第二阶段，西蒙德把一只健康的老鼠关在一个铁丝网笼子里，悬挂在玻璃罐里，病老鼠就在罐子的底部。两只老鼠彼此无法接触，但老鼠身上的跳蚤跳起来就能够到健康的老鼠。于是，鼠疫在两只老鼠之间得以传播（在此之前西蒙德就发现鼠蚤可以跳到 10 厘米左右的高度）。那只病鼠在罐子底部一动不动，第二天早上就死了。它的血液和器官中充满了耶尔森杆菌。悬挂着的老鼠在六天后也死于鼠疫，血液和器官也同样含有大量的耶尔森杆菌。

西蒙德重复这一实验，所得结果完全一致。此外，西蒙德把病鼠和健康鼠关在同一个罐子里，但没有跳蚤，健康鼠不会感染鼠疫。西蒙德的实验也是昆虫传播细菌性疾病的首次实验演示。

其他科学家拒绝接受西蒙德的研究结果，称它毫无价值，部分原因是他们无法重复这一实验结果。研究人员通常不记录他们在实验中使用的鼠蚤种类，这可能会导致实验结果不一致。然而，1903 年，在西蒙德发表这一重要研究五年后，马赛的调查人员进行了验证性实验。1906 年，一个研究印度鼠疫的英国调查委员会通过精准操作，使用老鼠、豚鼠和猴子完成了一系列实验，证实了西蒙德的发现。

英国调查委员会发现，在没有鼠蚤的情况下，受感染动物和健康动物之间的密切接触（包括接触鼠疫溃疡、尿液和粪便中的脓液）不会传播鼠疫；受感染的母亲在给后代哺乳时也不会传播鼠疫；空气更不会传播鼠疫。然而，如果有鼠蚤存在，鼠疫的传播力度就会与跳蚤的数量成正比。无论动物是否与受感染的土壤接触，都会发生这种情况。直接将豚鼠放到鼠疫患者的家中时，它们会吸引鼠蚤并感染鼠疫。委员会尝试先用高氯酸汞溶液或燃烧硫黄的烟雾来消灭鼠疫家庭中的跳蚤，再释放豚鼠，但跳蚤无法被彻底清除。他们发现，受感染老鼠的血液中每毫升含有多达 1 亿个鼠疫杆菌，这使得吸食血液的鼠蚤不可避免地吸收大量的鼠疫杆菌。总而言之，英国调查委员会的研究结果最终促使科学界接受了鼠蚤传播鼠疫的假说。

与此同时，也有其他研究人员声称提出了鼠蚤假说，抢夺了西蒙德的荣誉。1905 年，《印度医学公报》发表了“英国 – 印度委员会”的 W. 格兰 · 李斯顿的论文，阐述鼠蚤是鼠疫传播的媒介，其语言与西蒙德如出一辙。第二年，《印度医学公报》称李斯顿的鼠蚤理论是划时代的发现。

西蒙德的发现解释了针对鼠疫的隔离为何是无效的。“隔离”一词来自意大利语 quaranto giorni，意为“四十天”。在这段时间内，船舶必须先自我隔离，然后才获准靠岸卸货，乘客和船员才能下船。1347 至 1352 年的瘟疫时期，许多港口城市都实行隔离措施，禁止携带病人的船只入境；如果船上的人在隔离期间生病了，也禁止入境。然而，鼠疫依然侵袭了这些城市，因为老鼠能够从停泊船只的缆绳上蹦跳下来，或者经过短距离游泳登岸。

西蒙德继续自己的鼠疫研究，在越南西贡开展了为期三年的疫苗接种项目，随后去巴西从事黄热病研究长达五年。在巴西，他和他的团队证实了里德委员会的研究结果，即黄热病的病原体是埃及伊蚊传播的病毒。随后西蒙德在法国的马提尼克岛仿效戈加斯，推行灭蚊计划，以消灭岛上的黄热病。

西蒙德假设老鼠在抓挠被跳蚤咬伤的伤口时，揉进了含有鼠疫杆菌的跳蚤粪便，从而感染了腺鼠疫。他还推测，感染可能是由跳蚤留下的被感染的血滴引起的。

1914年，昆虫学家亚瑟·巴科和英国李斯特研究所所长查尔斯·詹姆斯·马丁发现，跳蚤粪便通常不是罪魁祸首。起先，邀请巴科加入鼠疫研究项目显得匪夷所思：他只是一名普通文员，没有接受过正规的科学培训，也从未研究过跳蚤。然而，巴科对昆虫学兴趣浓厚，思维敏锐，很快就发现了跳蚤的详细生活史。这一成就使他成功跻身李斯特研究所的昆虫学家之列。

巴科和马丁注意到跳蚤的粪便很快就会干燥，几乎不含鼠疫杆菌。当受感染的跳蚤一天不进食，它们在啃咬老鼠时就不会排便，但仍将鼠疫杆菌传给了老鼠。研究人员发现，鼠疫杆菌在跳蚤的胃和腺胃（类似于一个胃囊）中繁殖，开始进行“一次完美的瘟疫细菌培养”。这种细菌与跳蚤最后吸食且刚刚凝结的血液一起阻断了食物的供应，迫使跳蚤不断寻求营养。“跳蚤处于饥饿状态中，”巴科和马丁记录，“它坚持不懈地努力满足食欲，但只成功地扩张了食道。”一只跳蚤可以携带超过100万个细菌。每当这种贪婪的跳蚤咬到宿主时，无论是老鼠还是人类，充满鼠疫杆菌的新鲜血液便会回流到伤口，必将引发腺鼠疫。在受感染的宿主体内，鼠疫杆菌的密度可以达到每毫升血液10亿个。

这种细菌还可能引发肺鼠疫，通过呼吸道液体在人与人之间直接传播，通常会导致死亡。极少数情况下，疾病通过人蚤叮咬在人与人之间传播，从而引发败血型鼠疫，一般人认为患者会在感染后数小时内死亡。

鼠疫耶尔森菌极可能引起大规模暴发的流行病。这种细菌在鼠蚤粪便中可存活5周。有些种类的鼠蚤在没有食物的情况下仍可存活4

个月以上，在理想的条件下，即使没有宿主，也可以存活将近两年。鼠疫耶尔森菌可由 80 多种跳蚤传播，感染 200 多种哺乳动物——这都将成为瘟疫的“蓄水池”。在查士丁尼瘟疫和黑死病时期的墓地遗址对古人的 DNA 进行分析证实：这两次大规模的流行病都是由鼠疫耶尔森菌引起的，19 世纪 90 年代的第三次世界性鼠疫大流行也出于同一原因。

当时，现代交通工具的发展加速了瘟疫的蔓延，造成 1500 万人死亡。在世纪之交，这种流行病从亚洲蔓延到世界各地，袭击了有人类居住的所有大陆——非洲、欧洲、澳大利亚以及北美洲和南美洲。在某些地方，人们指控流行病来自科学家的实验室，事实上，由于研究人员疏忽，维也纳的确发生过此类事件。1898 年，耶尔森也面临着这一指控，因为鼠疫暴发点就在他的实验室附近。印度疫情最为严重，1898—1918 年，有 1250 万人死亡。英国曾试图将疫情控制在印度次大陆（包括印度、巴基斯坦和孟加拉国在内的南亚地区），但由于四处频发的骚乱和暴力事件作罢。

农业的发展为携带鼠疫的老鼠和其他啮齿动物提供了现成的食物。在查士丁尼和彼得拉克时代，鼠疫暴发是因为鼠蚤将疾病从“瘟疫蓄水池”——野生啮齿类动物（如草鼠、沙鼠和土拨鼠）传播给靠近人类生活区域的黑鼠。感染的跳蚤由黑鼠携带，或附着于成捆的旱獭皮毛，随着经商者沿贸易路线进入欧洲。

发现跳蚤传播鼠疫后，巴科任职于 1914 年塞拉利昂黄热病委员会，成就显著。一年后，他开始重点研究防虱措施。一战期间，战壕热肆虐，这些措施能有效保证士兵的健康。他在真实的野外条件下测试了自己的防虱措施，并与同事一起演示了虱子在战壕热传播中的作用。1920 年，巴科无意中感染了战壕热，他利用这一机会，用公共浴室里收集来的虱子吸食自己的血液。他持续高烧，而这些虱子感

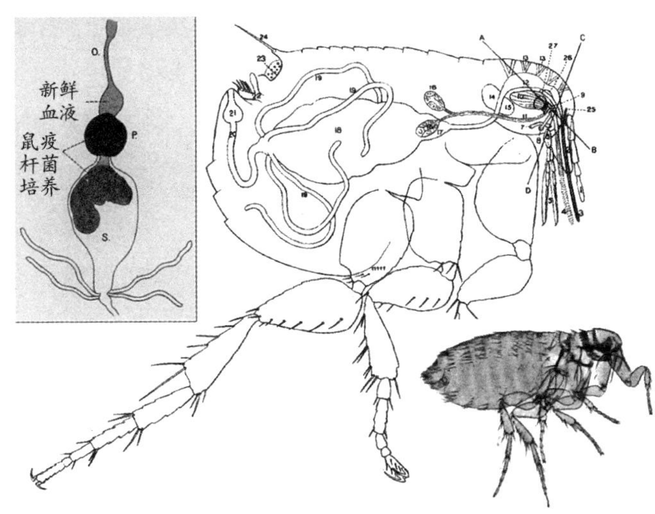

图 2.4.3　鼠蚤解剖：鼠蚤左侧小图为提供鼠疫杆菌培养并被血凝块阻塞的跳蚤的腺胃（P），S 代表胃，O 代表食道；右侧小图为 1914 年印度鼠疫调查期间以化学方法保存并拍摄的普通雌性鼠蚤：具带角叶蚤

染的正是他和同事此前观察到的细菌。他坚持让实验中发生感染的虱子叮咬自己长达数月之久。1922 年，他加入远征队，前往开罗研究虱子在斑疹伤寒传播中的作用，最终他因伤寒感染不幸去世，成为又一位以身殉职的研究者。

1898 年，西蒙德利用老鼠进行实验，推断杀虫剂能有效对抗鼠疫。“鼠疫的传播方式，”他写道，“包括人与鼠之间的细菌传播以及鼠与鼠之间、人与人之间、鼠与人之间和人与鼠之间的寄生虫传播。因此，预防措施应该针对这三种因素——老鼠、人和寄生虫。”

这三种因素中的两种可以采用除害药剂来解决——灭鼠剂消灭老鼠，杀虫剂消灭鼠蚤。为了防止鼠疫的远距离传播，西蒙德建议用亚硫酸熏蒸船只，以清除老鼠及跳蚤。当时还流行一种针对人类自身的清洁措施，但收效甚微。最终国际社会形成共识——消除船舶和飞机上的老鼠。

1906 年英国调查委员会进行了验证性实验后，西蒙德关于鼠蚤传播鼠疫的实验过程才得到了广泛接受，但西蒙德已在印度政府中找到了不少认同者。1898 年 6 月，他的老鼠实验刚结束，印度政府便立即发起了“一场声势浩大的老鼠毒杀行动”。卫生队用苯酚（石炭酸）淹没下水道，在房屋周围撒上石炭酸粉末，并在老鼠的常见路线上撒上硫黄。此外，用以灭鼠的药剂还包括砷、磷、碳酸钡、樟脑、石灰氯化物、海葱提取物以及士的宁。

士的宁是生产商从马钱子属树木的种子中提取的灭鼠药。几个世纪以来，人们一直使用士的宁来消灭动物，但直到 1818 年，才由法国化学家皮埃尔 – 约瑟夫・佩尔蒂埃和约瑟夫・布莱梅・卡旺图从一种马钱子属植物中提取出了士的宁化合物。两年后，佩尔蒂埃和卡旺图又完成了奎宁提取，并从金鸡纳树皮中提取出金鸡宁，实现了历史性突破。

在印度，仅对 180 所房屋进行消毒“就使用了 13500 立方码的石炭酸，生石灰一车又一车地拉来，加水产生蒸汽；液体消毒剂用燃烧弹发射，喷洒在房屋周围。房屋整个被浸透，若干天后，仍有液体在楼层间渗漏，修缮房屋的人不得不使用雨伞”。

然而，所有努力都收效甚微，因为无法处理下水道及地下各个角落和裂缝中的老鼠，但至少降低了公众的恐慌情绪。“大街上全是次氯酸钙和石炭酸的水坑，”一位观察家写道，“在某些地区，这种强烈的气味掩盖了人们的痛苦，遮蔽了死鱼般的腐臭气息，公众的胃部刺激得到了缓解，使人精神振奋。通常，当局更喜欢气味强烈的消毒剂，因为它们能激发公众的信心。那些躲在角落里的人，闻着类似药店的味道，虽然呛得半死，却真诚地相信原本会吞噬自己的成千上万的细菌已经死在自己的脚下，他们由衷盛赞当局举措得力。”

印度还采取了更多的有创意的方法，例如用血液中的有毒病原体给老鼠接种，然后将其释放到鼠群出没的地区（尽管病原体也可能传染给人），或者在家里养猫和猫头鹰来捕杀老鼠。然而，灭鼠的同时没有使用杀虫剂消灭跳蚤，导致跳蚤在离开死鼠后，直接选择活人为新的宿主。

科学家以及普通民众都注意到，对于鼠疫的抵抗力与充当杀虫剂的物品之间存在某种关联。1903 年，印度孟买的一位油库经理发现，操作并经常接触石油的工人不会感染鼠疫，而一些没有接触过石油的工人则死于鼠疫。同样，1797 年英国驻埃及领事馆报告说，虽然鼠疫的死亡率很高，但油田的工作人员却无人死亡。类似的事件也很常见，比如一位英国驻印度的观察员报告说："当地人还说，那些接触石油的人不易受感染，我认为这个说法很可信，因为他们只会注意那些显而易见的事情。"同样,住在商店里的烟草商人似乎也躲过了感染。

1914 年印度鼠疫流行期间，巴科针对各种蒸气杀虫剂的效果进行了广泛的实验。被测试的杀虫剂包括赖氨酸、片状萘、福尔马林、苯、石蜡油、碎樟脑、氨和苯酚。这些化合物中，几乎每一种都在正常范围内使用，只有苯酚演化出悲剧。

苯酚最早是在 1834 年从煤焦油中提取出来的，被称为 karbolsäure（德语，即煤油酸），也称石炭酸。它在 19 世纪末 20 世纪初成为一种重要的杀虫剂。可悲的是，纳粹利用它的杀伤力，在大屠杀期间通过注射苯酚杀死了数千名集中营囚犯。

第一次世界大战中，农药和武器之间首次出现大规模化学交叉。现代化学与工业生产技术的融合拉动了高端化学武器的军备竞赛，也促进了天然杀虫剂向人工合成物的转变。一些新合成的农药成为威力巨大的化学武器，化学武器在设计方面的创新也可轻易转化为新型杀虫剂和害虫防治方法。战争对武器的需求也为害虫的防治提供了新的机遇，因此，在一战的西线战场，双方化学家的地位都直线上升。

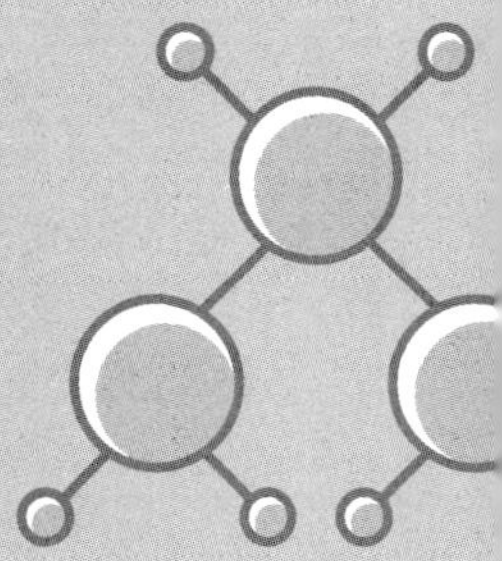

第三部分　战争

.1.

战争中的化学合成品
（公元前423—公元1920年）

我觉得自己有责任公开而大胆地声明，如果科技能得到充分发展，如果社会确实允许“公平作战”，那么战争可以立即从地球上消失，无论臣民还是国王都不敢染指。能够发射燃烧弹的球状物也可以传播致命的毒剂，在这种气体中，无论多么强大的人，都无法站立和生存。

——B. W. 理查森博士，1864年

战争中使用化学药品并非始于一战。早在两千多年前的古希腊，雅典和斯巴达在公元前423年爆发了伯罗奔尼撒战争，雅典人无法抵御斯巴达盟军的有毒烟火，丢失了第力安堡垒。幸运的是，修昔底德记录了这些历史事件。他在雅典瘟疫期间幸免于难，后来参战，成为一名将军，负责管理所在地区的海军。他记述了当时袭击德利姆堡垒的情形。斯巴达人使用一个装有巨大风箱的大锅，用一根铁管和一根木管把燃烧后产生的有毒气体抽出来，“将大锅内的煤、硫黄和沥青点着，熊熊燃烧后发生爆炸，城墙失火，很快守城士兵就溃不成军，狼狈逃走。堡垒就这样被占领了”。由于修昔底德在斯巴达人进攻安菲波利斯（雅典在爱琴海北岸的重要据点）的过程中驰援不力，被政府放逐了 20 年。公元前 400 年，他遇刺身亡。

千年之后，“希腊之火”首次出现在海战中。成分很可能包括植物树脂、硫黄、石脑油（液态烃混合物）、石灰和硝石（硝酸钾）。在 1788 年出版的书中，有人对此进行了权威描述：大火“通常从长长的铜管中喷出，这些铜管安装在船艏，形状酷似怪兽的大嘴，源源不断地喷出液体，同时也吐出熊熊烈火”。中世纪时，一位在十字军东征中见识过“希腊之火”的骑士说：“它像一条生着双翼的巨龙，摆动着长尾从空中飞过，伴随着电闪雷鸣，恐怖的白光划过黑暗的夜空。”

1680 年，对这一现象的研究出现了令人生厌的进展。一位化学家用人类粪便的萃取物固定水银时意外产生了一种叫做“自燃物”的混合物，暴露在空气中就会燃烧起来，宛如“希腊之火”。直到 1713 年，另一位化学家才发现人类粪便并不是现代“希腊之火”的主要成分。化学家们提炼了这种自燃物的成分，发现这其实是化学反应中产生的亚硫酸，遇到空气时便会燃烧形成大火。

随着化学领域的蓬勃发展，化学战争在 19 世纪逐渐兴起，它以科学原理为基础，而不是简单地基于反复试验。在拿破仑战争期间，英国海军军官托马斯·考克瑞恩建议船只装载硫黄和木炭，以陶土层将二者交替间隔，这些船只将停泊在法军的防御墙附近，在风向适宜时点燃。他认为，爆炸产生的二氧化硫气体会削弱法军的战斗力，英军便可趁虚而入。1812 年，由于风向、潮汐和海流的不确定性，英国海军部拒绝了考克瑞恩的提议。

考克瑞恩成为海军上将后依然坚持这一主张，在 1846 年的一份提案中还加入了烟幕，从而改进了他的计划。他在秘密计划中写道：

“在对方城墙的上风口燃烧硫黄，产生浓烟，在浓烟的掩护下所有的防御工事，尤其是海上防御工事，一定会变得模糊不清。”由于这样的攻击“不符合文明战争的感情和原则”，而且会引起对方使用同样的方法进行反击，这一计划再次泡汤。

1854 年的克里米亚战争期间，考克瑞恩重新提交了这一建议。当时他已 79 岁，这是他发起现代化学战争的最后机会——他主动提出亲自监督战场部署。但是，包括科学家迈克尔·法拉第在内的军械委员会，在审查该计划时又一次拒绝了这一提议，因为烟雾可能无法遮蔽船只，而且敌人可以使用呼吸器。在考量考克瑞恩提议的科学性方面，法拉第是不二人选；毕竟，他发现了带电荷的原子——他称之为离子，并由此开创了电化学的新领域。军械委员会得出结论，考克瑞恩的计划是“危险的，没有成功的希望。如若失败，不仅会使军队名誉扫地，还给敌人提供了自夸的机会，利用我们的挫折振奋他们日渐衰弱的力量”。

因英国在克里米亚战争中表现不力，阿伯丁联合政府倒台，考克瑞恩趁机向新政府提交了这一计划，并得到新政府的首肯。首相帕麦斯顿勋爵同意战争国务大臣潘穆尔勋爵的意见，将该计划交由考克瑞恩负责实施。“如果计划成功，”帕麦斯顿在给潘穆尔的信中写道，“英军和法军的人员损失将大幅降低；如果失败，考克瑞恩将承担大部分责任，而我们将免于责难，顶多被小小嘲笑一番，完全可以接受。”然而，还没等考克瑞恩的硫黄船冲锋，俄国的军事堡垒塞巴斯托波尔（后称塞瓦斯托波尔）就被攻陷，战争结束了。

考克瑞恩的计划没有外泄，在其去世后赠给了一位世交好友，后又传至考克瑞恩后代的手中，但只许在“国家出现紧急情况时”方可披露于世。1914 年时局紧张之时，考克瑞恩的孙子将此计划呈送英国陆军及海军。尽管军方未采纳该计划，但海军部的温斯顿·丘吉尔意识到它的潜在威力，虽然他也无意违背战争规则。丘吉尔批准部署烟幕以掩护化学攻击，并让考克瑞恩的孙子负责这一计划。但德国先发制人，发动了毒气袭击。英军随后在海岸附近的船只上部署了考克瑞恩的烟幕，以便发动化学攻击。考克瑞恩的孙子认为化学武器是“未来杜绝战争的最有力的手段”，因为“没有国家再敢冒险发动战争”。

克里米亚战争期间产生了有关化学武器与人道主义的争论。像考克瑞恩一样，一位英国化学家提倡在炮弹中使用氰化物对付俄国人。战争部门的官员禁止使用这种武器，因为这无异于给敌人的水源投毒。“这种反对是没有道理的，”化学家写道，“炮弹中填充着熔化的金属散落在敌军中，死伤惨重——这被认定为合法的战争模式。为什么导致无痛苦死亡的毒气却被认为是不正当的手段呢？这简直不可理喻。战争本是毁灭性的，用最少的痛苦带来最大的破坏性，就能以最快的速度结束这种野蛮的保护国家利益的方式。”

从此，有关化学武器的争论便不绝于耳。在美国内战期间，对于化学武器，南北双方都有拥护者及反对者。这场辩论的导火索是联邦军队的吉尔摩尔少将向查尔斯顿发射液体炮弹。联邦军队另一位将军博雷德将其称为“有史以来在战争中使用过的最邪恶的化合物”。化学武器的倡导者却对此持有不同看法。“我不认为人道主义者应该有异议，”一位在内战期间支持发展化学武器的人写道，“要在摄政公园里除掉一帮人，我们可以让他们在神秘的睡眠中不再醒来，也可以让另一群人来打断他们的骨头，扯掉他们的四肢，再用三叉戟挖出他们的内脏——两相权衡，前一种方式不是更好吗？让绝大多数人活下来，只让该死的人经历几小时折磨后死亡，不是更好吗？目前，战争已经达到了恐怖和残酷的极致，惨烈程度无与伦比。只有采用更加高效的方式，才能使战争显得仁慈一点。”1899 年在海牙举行了禁止使用化学武器的国际会议，与会的美国代表表示：“今天，针对所谓‘炮弹’，我们对其使用者的血腥残忍和背信弃义进行谴责，一如我们此前谴责火器和鱼雷的使用。然而，它们仍被毫无顾忌地使用着。设想，午夜时分，船底被炸开，四五百人掉进海里淹死，几乎没有任何逃生的希望。如果我们打算默许这种事情发生，那么对于被毒气杀死的人表示怜悯，这是不合逻辑不人道的。”

美国内战期间曾有人建议使用氯气武器，但并未被采纳。纽约的一位教师在给战争部长的信中详述了如何对南部邦联军队使用带有氯气的炮弹。一位同样有创意的北方人提议使用氯化氢气体。“我在畅想，”他写道，“有朝一日，伯恩赛德将军能够率领着被解放的黑人组成的军队，在一个漆黑的夜晚，趁着宜人的微风，攻占彼得斯堡或达林堡要塞，出其不意，兵不血刃。”

战争手段能突然间实现突破，得益于有机化学的迅速发展。1828年，年仅 28 岁的德国化学家弗里德里希·维勒意外地从氰酸和氨中合成尿素。而在这一重大的化学反应发生之前，科学家们认为，物质只分为有机与无机两种，有机物只形成于有生命力的有机体。尿素是肝脏的产物，然而沃勒在实验室里用无机物合成了尿素。如果能做到这一点，化学家或许能合成所有的有机物。在接下来的几十年里，化学家们不仅合成了一系列令人目眩的已知有机物，还制造出许多自然界中不存在的化学物质。这些惊人的成就为化学武器的发明带来了新机遇。一战中，这些武器一一亮相。

1914 年，德国在化学领域占据了主导地位，尤其在学术培训、科学成果、化学产品和工业产出等方面优势明显。以燃料为例，八家德国化学公司的产量占据了世界市场的 80%。德国在化学领域的霸权地位，其智力驱动力主要来自于两位化学家的竞争，他们是弗里茨·哈伯和瓦尔特·能斯特。

这两位伟大的德国化学家，尽管非常相像——也或许正是因为太过相像，开始了彼此之间的较量。两个人身材都不高，喜欢参加同样的文化活动，也都担任过德国赴美国考察团的特使——哈伯 1902 年赴美，能斯特 1904 年赴美。

那时的能斯特已经非常富裕，因为他发明了一种高效发光体，比爱迪生发明的新型碳纤维灯的性能更好。爱迪生的灯丝需要在真空条件下才能发光，而且亮度不高；能斯特灯则使用含有氧化铈的固体电解质，亮度更高。这给德意志皇帝留下了深刻印象，能斯特还向他演示了用火柴将灯点燃并吹气使其熄灭的过程，与蜡烛非常类似。这是因为在冷空气条件下氧化铈不导电，只有热量才使其导电。

能斯特以 100 万马克的惊人高价出售专利后，指导了一位名叫欧文·朗缪尔的美国研究生研究充气玻璃灯泡中白炽灯金属丝的变化。结果，能斯特目睹了自己发明的失败：朗缪尔完成了与能斯特合作的研究后，就职于通用电气公司，在那里他改良了白炽灯泡，取代了爱迪生和能斯特的灯泡。朗缪尔还发现了原子氢（孤立的氢原子），并获得了 1932 年的诺贝尔化学奖。

能斯特除了购买奢侈品之外，还把出售灯泡专利的所得投资到实验室中。1898 年，他在哥廷根买了第一辆车，随后又陆续购得十七辆，其中一辆车的气缸安置在驾驶座下，开动时，团团废气中冒出一道道火焰。能斯特不禁去调查汽油在内燃机中的氧化情况并加以改进。经过计算，他发现通过向气缸内注入氧化亚氮，可以增加热量输出，因此他在车上加了一个氧化亚氮气罐，然后，开着车爬上了一座陡峭的小山，一路按着喇叭开路。

不久后，能斯特在柏林大学获得了一个教职。这位尖端技术的革新者决定和家人一起开私家汽车前往柏林，结果在路上抛了锚。尽管能斯特发展了热力学理论，将热力学原理应用到了电池上，但在给汽车的电池充电时，他居然弄错了电极。

能斯特的同事们描述了上帝如何创造出这样一个超人："上帝研究了大脑，捕捉到了最完美、最微妙的思想，但是很不凑巧，他有事离开了。天使长加百列看到了这个独一无二的大脑，忍不住想为它塑造一个身体。不幸的是，由于经验不足，他只创造出一个其貌不扬的小个子男人。他对自己的作品很不满意，转身离开了。最后，魔鬼走了过来，看见了这个没有生命的东西，吹了一口气，把它激活了。"

真正激发了能斯特活力的不是魔鬼，而是他的妻子艾玛。艾玛掌管一切家务琐事，带着五个孩子，将家庭生活打理得其乐融融。她悉心招待围绕在丈夫身边的科学家和各界名人；她打字记录能斯特口述的内容；她甚至要在洗衬衫之前检查他的袖口，因为他经常在衬衫上草草记下笔记，在用肥皂和水擦洗干净之前，这些笔记必须誊写下来。

能斯特是德国最著名的物理化学家。当哈伯在莱比锡大学寻求教授职位时，能斯特成功地出手阻拦。即使能斯特没有干预，哈伯也会因为当时反犹太主义政策的影响，在职务晋升上屡屡受挫。为了有助于事业发展，哈伯皈依了基督教新教。他的一位同事后来评论说："他不适合当教授——35 岁前太年轻，45 岁后年纪太大，35 至 45 岁之间也不合适，因为他是犹太人。"

哈伯遇到的部分挫折其实无可避免，因为他身处的研究领域正高速发展，竞争对手急于互相拆台。根据哈伯在《热力学》一书中的记述，绝对零度是不可能实现的理论下限值，但能斯特在一次演讲的中途突然有了灵感，将这一理论发展成热力学第三定律。因此，他才成为发展了科学定律的极少数精英之一。能斯特说："热力学第一定律由众人发现，第二定律由少数人发现，而第三定律由我自己独立发现。"科学家们抱怨说，要想在能斯特的书中找到有关新定律的文字，必须在书的索引中搜索"我的热力学定律"。

哈伯的创造力也不可限量，但似乎仅限于幽默感。他在单身时，有一次和密友（其中有几位艺术家）聚集在常坐的桌旁，桌子上贴着一个号角和盾牌，上面写着“此桌可容撒谎”。哈伯向朋友们讲述了这样一个故事：在瑞士阿尔瓦努的一个村庄，有一口水井。有一天，天气炎热，他长途跋涉来到这里，感觉口干舌燥。同时到达的还有一头巨大的牛，他和牛都把头扎进井里的冷水中，于是头被调换了。

哈伯年富力强，精力旺盛，对无法解决的问题充满了好奇心，这也吸引了世界各地的合作者，他的实验室中一度聚集了40多位科学家。哈伯写信给他的朋友，诺贝尔奖获得者、德国有机化学家理查德·威尔斯泰特：“有些事情，虽然力所不及，但能够欣赏仰慕，也是乐事一件。”

哈伯和能斯特都在尝试完成一个看似不可实现的目标：将大气中的氮固定到氨中，用于制造肥料。这一成就将大大缓解世界性的饥荒问题。19世纪末20世纪初，世界上用于制造化肥的氮源有三分之二来源于智利开采的硝石，因此农业生产受制于智利的硝石开采量。实验初期，尽管哈伯使用了1000℃的反应温度，却只产生了微量的氨。能斯特认为哈伯在实验中误算了氨的产量。他修正了方程式，并首次提出将大气中的氮合成氨，这样更加经济节约。哈伯和能斯特之间的竞争由此更加激烈，他们都渴望成为德国乃至世界上最伟大的物理化学家。

能斯脱和哈伯都认识到，在化学反应过程中增加压力可以提高氨的产率。这一逻辑是基于亨利·勒·夏特列的化学平衡原理。1901年，勒·夏特列利用高压合成氨，引起了大爆炸，助手几乎丧命。但是，这次实验也使人更加深入地认识到压力在化学反应中的作用。能斯特和哈伯都采用高压进行实验，尤其是能斯特，在研究中几乎使用了75个标准大气压。能斯特最先在高压下成功合成氨，但合成量很小。不过，在计算同一反应过程中氨的产率时，哈伯的结果比能斯特的结果高出大约 50%。1907 年，德国“本生物理化学学会”在汉堡召开会议。在此次会议上，哈伯与能斯特的学术竞争进入白热化。因为对能斯特及其科学地位发起了挑战，哈伯的声誉也岌岌可危。二人在计算中究竟谁对谁错仍然是个未知数。

两年后，哈伯与学生们在实验中使用 200 个大气压和 600℃的高温，获得了 8% 的氨产率。为此，他们不得不建造一个能够承受这种极端压力和温度的反应室，而且必须找到催化剂加速反应。哈伯发现，铀元素和锇元素可成功进行催化，金属屋可满足实验所需的必要条件。而后，他与一位工业合作伙伴进行谈判，达成了一项不同寻常的协议，即每售出一公斤氨水，他便得到一芬尼（德国曾用辅币，一芬尼约为人民币 5 分）。如此一来，无论是价格波动还是生产效率提高都不会影响他的收入。哈伯解决了世界范围内紧缺的肥料问题，由此引发了绿色革命。而能斯特仍然坚持认为哈伯在合成氨方面的创新得益于自己的研究。双方争执不下，势同水火，都拒绝出席任何有对方参加的会议。

哈伯的合成氨技术处于德国化学界的最前沿。科学史专家大多认为，哈伯是历史上最具影响力的化学家。如果没有这一成果，20 世纪快速增长的人口中，大约有三分之一会遭受饥饿折磨。世界各地化学界的青年才俊秀纷纷寻求机会去哈伯实验室深造，能斯特实验室却门可罗雀。于是，一大批著名的科学家从哈伯实验室中脱颖而出。哈伯也拥有了自己的研究所——威廉皇帝物理化学和电化学研究所。

在工作中，哈伯充满了创造性。针对煤矿中常见的甲烷气体问题，威廉二世要求研制出一个有效的指示器，哈伯便发明了一个哨子。当矿坑空气中的甲烷含量过高甚至可能引发爆炸时，哨子的声音便会发生改变。

犹太人身份似乎不再成为哈伯职业生涯的妨碍。事实上，尽管德国社会中存在着突出的反犹倾向，但威廉二世并没有此类偏见。一战爆发时，威廉皇帝创建的科学研究所中，有三所是由犹太人（后来都获得了诺贝尔奖）执掌的：弗里茨·哈伯（1918 年诺贝尔化学奖）、里查德·威尔斯泰特（1915 年诺贝尔化学奖）和阿尔伯特·爱因斯坦（1921 年诺贝尔物理奖）。

战争开始后，威廉二世越来越受到民众拥护。在狂热的民众前，他宣布："我将带领诸位进入一个荣耀的时代。"对于能斯特而言，他所迎来的第一份荣耀便是两个儿子中的一个在战斗中殒命。他强忍悲痛，加入志愿驾驶队，将柏林总参谋部的文件交给身在法国战场的冯·克鲁克（von Kluck）军队。两周之内，能斯特跟随冯·克鲁克的部队长驱直入进入巴黎郊区。但部队突然奉命撤退，法军穷追不舍，能斯特连人带车差点被法国人俘虏。随后，双方陷入壕沟战，反复拉锯。

圣诞节时，战争进行了刚刚五个月，能斯特就告知家人及朋友，德国败局已定。这一分析和判断来自于一位研究反应动力学的科学家。德军将领原打算速战速决，未做长期战的准备，但敌军实力不断增强，而德国四面受敌，军用物资消耗殆尽。德军将领最终不情不愿地向科学家求助，以免失败。

德国政府指派能斯特设计具有威力的化学制剂来装备武器。根据战争结束三年后出版的一份有关美国毒气战的史料，使用毒气武器的想法来自于能斯特。能斯特提出将刺激物（二安锡定氯磺酸盐）和催泪剂（二甲苯基溴化物）进行混合，但得出的化学混合物并没有产生足够的威力。对于这个伟大的科学家而言，到底是无法提出还是不愿提出更具杀伤力的化学武器配方，历史上没有相关记录。

与此同时，哈伯却出色地完成了任务，生产出一种特效汽油防冻剂，确保了德军在俄罗斯的寒冬中能够继续战斗。有鉴于此，政府命哈伯取代能斯特，领导毒气研究。威廉二世指定哈伯为战争部"毒气战和毒气防护研究及测试所”的负责人。

能斯特被重新安排了工作，负责开发新型炸弹。在一次测试中，为了图方便，他没有开车去试验场，而是把炸药就近放置在大学实验室旁一口废井的井底。他推断，爆炸会向上推进，因此不会造成危险。不幸的是，这口井的底部连着通风井，为附近的教室提供换气。爆炸发生后，教室里一片黑暗，尘土飞扬。在场的物理系主任与三百名学生顿时瞠目结舌。

哈伯的新任务是领导他的研究所进行毒气研究。他的团队选择了氯气，因为当地存在大量可用的液态氯，可加压储存在钢瓶中。释放出来时，气体比空气重，可悬浮在地面上方。1914 年 12 月的一次爆炸实验导致一名主要研究人员（哈伯妻子克拉拉的密友）死亡，另有一人受伤。次月，哈伯完成了关键性研究，确定了毒气部署的最佳湿度和风力条件。他发现，如果风吹草动，那就证明风力过大，无法形成攻击力，因此，微风即可。

哈伯确信氯气是一种有效武器。事实上，他本人就在一次试射中因意外接触氯气而严重受伤。1899 年，德国签署了海牙宣言《禁止使用专用于散布窒息性或有毒气体的投射物的宣言》，但在后来的军事对垒中，德国人决定无视此前这一“天真”的约定。事实上，俄国人也曾尝试使用氯气，但因当时天气寒冷，氯渗入雪中；等到第二年春天氯气再次挥发时，德军早已撤离。

1915 年 4 月 22 日，在哈伯的督导下，德军在比利时伊珀尔附近释放了 5730 筒（约 150 吨）氯气，这是人类历史上第一次大规模使用杀伤性武器。微风将氯气输送到敌方战壕。法属阿尔及利亚士兵撤退，但法国本土军队和加拿大军队冲进了毒气。一位观察家写道：“试想象一下士兵们当时的感受和遭遇——一大片黄绿色的气体从地上冒出来，随风向他们缓缓移动，气体紧贴着地面蔓延，侵染着每一个坑洞，渐渐地弥漫了整个战壕，填满了所有炮眼。士兵们先是好奇，再是恐惧，刚一触碰气体，他们便感到窒息，痛苦地挣扎着，无法呼吸。尚能奔跑的士兵丢盔弃甲，仓皇奔逃，然而，一切都是徒劳的——一大片云团紧随其后。”

一名协助释放毒气的德国士兵如此记述：

我们真应该去野餐，而不是去干这样的事。从下午开始，炮兵就发动了猛烈的攻击，法国人不得不躲在战壕里。炮兵攻击结束后，我们派步兵用绳子拉开毒气筒的阀门。晚饭时间，气体开始飘往法军阵地，一切都悄无声息。我们很想知道会发生什么事。就在一个巨大的灰绿色云团在我们眼前形成时，我们突然听到了法国人的叫喊。刹那间，所有的步枪和机枪都开始射击。法国人的每一门野战炮，每一把机关枪，每一支来福枪，一定都在开火。我从来没有听到过这样巨大的声音。子弹从我们头顶呼啸而过，密集如冰雹，但它们根本无法阻止毒气的蔓延。风继续吹，将毒气带到法军阵营。牛在吼叫，马在嘶鸣。法国人不停地开枪，可他们根本不知道在射击什么。大约十五分钟后，枪声渐弱；半小时后，只听到偶尔一两声枪响；终于，一切恢复了平静。过了一会儿，烟消云散，我们踏过散落在地上的空空的氯气筒，眼前是彻底的死亡，无人生还。从地洞里熏出来的所有动物都死了，满地都是兔子、鼹鼠、大鼠和小鼠的尸体。空气中弥漫着氯气的味道，浓烈的气息还附着在仅剩的几株灌木上。当我们到达法军防线时，壕沟里空荡荡的。但半英里开外，法国人横七竖八躺了一地，其中还有些英国人。真是难以置信！士兵们死前抓破了脸和喉咙，只想喘口气，有的甚至开枪自杀。马厩里的马呀、牛呀、鸡呀，什么都死了。一切活物，包括昆虫也都死了。回到营地和宿舍后，我们想搞明白自己都做了什么。接下来会发生什么？我们很清楚，那天发生的一切改变了世界。

一位神职人员通过望远镜看到了这恐怖的情景，他描述了发生在协约国军队士兵身上的事情：“一片灰绿色的云彩席卷而来，掠过地面，逐渐变黄，摧毁了它所接触到的一切，连植被都瞬间枯萎。此情此景，令人不寒而栗。接着，法国士兵踉踉跄跄地冲进我们当中，双目失明，咳嗽不止，胸脯剧烈地起伏，脸色青紫，嘴唇哆嗦着，痛苦地说不出话来。他们身后就是毒气侵袭过的壕沟，据说那里还有好几百人，要么已经死去，要么还在垂死挣扎。”这次战斗，多达一万人受伤，约有五千至一万人死亡。

德军并未利用法军防线被撕裂的机会发动大规模攻击。他们根本无此打算，因为前线指挥官并不信任身为平民的科学家的指挥，他们也不信任对天气状况有特殊要求的武器。这让哈伯感到沮丧，他说：“早在 1915 年，德军和法军都使用了少量有毒气体，但都不见效果。然后，我们尝试使用一种通常被称为气体的液体，因为它在气化时才能发挥威力。我主张大规模使用毒气来加快战争的进程。然而我只是个大学教授，意见不受重视。后来他们承认，如果听从了我的建议，发动大规模攻击，而不只是在伊珀尔小试牛刀，德国早就大获全胜了。”美国化学战勤务局主任对这一说法表示赞同。

对参战人员使用毒气与使用杀虫剂有相似之处。在伊珀尔，一位德国将军说：“我必须承认，像毒死老鼠那样毒死敌人。这个任务对于我以及所有真正的军人而言，都出乎意料，简直令人作呕。”在伊珀尔遭到袭击的当天，英军司令官约翰·弗伦奇爵士给伦敦发去电报：“恳请立即为我军提供最有效的类似手段。”由此，一战战场上开始了针锋相对的毒气攻击。

哈伯的妻子克拉拉曾经也是一位极有天分的化学家，婚后，她放弃了自己的事业。她认为使用毒气是一种野蛮行为。她与丈夫争辩，恳请甚至要求丈夫不使用毒气。哈伯在伊珀尔督导了第一次毒气战，尽管也受到了精神创伤，但他依然坚信毒气可以确保德国迅速取得胜利。他向克拉拉解释说，科学家在和平时期为全世界工作，但在战争时期必须为国家工作。1915 年 5 月 1 日，哈伯和同事们在他的研究所所长官邸中庆祝了伊珀尔战役的胜利。当晚，克拉拉走进花园，用哈伯的左轮手枪饮弹自尽，奄奄一息时，他们 13 岁的儿子赫尔曼找到了她。克拉拉的自杀显然是由多种因素导致的，除了丈夫发展化学武器之外，还有自己未能继续化学家生涯的遗憾、密友的意外去世以及哈伯与其他女人（后来成为哈伯妻子）的调情。没过多久，就在 5 月 2 日，哈伯返回东线继续自己的工作。

詹姆斯·弗兰克——未来的诺贝尔奖得主被分配到柏林的哈伯研究所，他曾在东西两条战线作战，并在战场上受伤。弗兰克和古斯塔夫·赫兹合作，为玻尔的原子结构理论提供了首个实验支持；在他就这一发现发表演讲时，爱因斯坦赞叹："太棒了，好到让人想哭！"在哈伯研究所，弗兰克测试了防毒面具和过滤器的功效；上前线时，他担任哈伯的机要助理。测试小组中的其他科学家是奥托·哈恩（因发现核裂变而获得 1944 年诺贝尔化学奖）、古斯塔夫·赫兹（证明电磁波存在的海因里希·赫兹的侄子，与弗兰克一起获得 1925 年诺贝尔物理学奖）以及和汉斯·盖革（盖革计数器的发明者，在欧内斯特·卢瑟福的指导下，以实验证明原子有一个原子核）。过滤器的设计者是诺贝尔奖获得者、威廉皇帝化学研究所所长理查德·威尔斯泰特。科学家们在密封的毒气屋内戴上面具，以测试面罩和过滤器的有效时长。这个测试非常危险，因为不知道人在毒气中暴露多久会丧命。

在测试新型防毒面具的有效性时，哈伯的下属会遵循传统，充当实验的小白鼠。早在 1854 年，人们就发明了防毒面具。"木炭是这种设备中的重要成分，"有人曾这样描述 19 世纪中叶出现的防毒面具，"对于刺激性的、不可吸入的有毒气体或蒸气，木炭具有非常显著的

图 3.1.1 詹姆斯 · 弗兰克（两张照片中均为左一）和奥托 · 哈恩（两张照片中均在左二）在一战期间测试德军的毒气武器和防毒面具（见右图）。右图中的房子是二人在柏林的哈伯研究所测试防毒面具功效的场所

吸收和破坏能力。人们戴上防毒面具，吸入已经在空气中略微稀释后的氨气、硫化氢和氯气，便不会出现中毒反应。这一结果首先由斯登豪斯博士发现，后经研究人员反复实验，其中包括威尔逊博士。他曾使用上述各种气体在自己与四个学生身上进行测试，在防毒面具的帮助下，无人中毒”。一战期间，前线的马、狗和信鸽都戴着防毒面具。

由于英军广泛使用改良版防毒面具，其中的化学物质能中和氯气，氯气战不再奏效。1917 年 7 月 12 日，德军向驻守伊珀尔的英军发射了二氯甲烷（芥子气）炮弹。哈伯研究所研制的芥子气效力持久，被侵染的空气和物体都有毒性。接触后，皮肤会起水泡，4 到 12 小时内，再出现灼伤。德国用芥子气轰炸的最初六周内，英军伤亡近两万人。毋庸置疑，协约国也必须将芥子气的开发提上日程。

德军首次发动芥子气攻击的一年后，协约国终于完成了芥子气的合成。这一成功应归功于英国化学家威廉 · J. 波普以及英法两国的染料商。芥子气成了战争中使用频率最高的毒气。在比利时的尼厄波特的一次夜战中，双方发射了 5 万多发炮弹，每枚炮弹都含有 3 加仑芥子气。随后，科学家又开发出多种新型化学制剂及有毒化合物，并将其制成武器，其中包括同样由哈伯研究所研制的光气。战争结束时，四分之一的炮弹含有化学物质，化学武器工厂加足马力提高产量。哈伯写信给一位同事说，用火炮进行的常规战争类似于下跳棋，而毒气战则是下国际象棋。

军用毒气与杀虫剂
（*1914—1920* 年）

> 正如骑士抵制持枪的对手，使用钢铁兵器的士兵也同样抵制使用化学武器的对手。人们对新武器的不满源于对它的无知，尤其是新武器显得异常冷酷，人们认为它可能违反国际法的规定——即使为了文明而战，国际法也必须保持神圣不可侵犯，这更加剧了人们对新武器的仇恨。在战争期间，外国媒体无法保持公正，只能带着民族偏见去评判这一事件。经过种种喧哗后，真实的评判才能慢慢浮出水面。
>
> ——弗里茨·哈伯，1920 年

一战接近尾声时，能斯特获得了德意志帝国的至高奖章——铁十字勋章，以表彰他在战壕迫击炮研制方面的成就以及他在西线和东线进行的试验。勋章获得者的名额是固定的，当时齐柏林伯爵刚刚去世，能斯特正好填补了这一空缺。但几乎同时，他的另一个儿子也在战斗中阵亡。于是，能斯特潜心于科研，从中寻求慰藉。在他著名的热力学著作的扉页上，他写下这样一句话：“对我而言，转移注意力的最佳方法便是从事物理学研究。尽管我们取得了巨大的成就，却依然有谴责之声不绝于耳。”

早些时候，能斯特曾试图阻止德国的疯狂行动。和哈伯一样，能斯特也与威廉二世私交颇好。他以此为契机，与威廉二世以及两位战争领导者保罗·冯·兴登堡和埃里希·鲁登道夫多次会面。能斯特认为，无限制进行潜艇战将把美国拖入战争，这将使德国陷入资源失衡的困境。卢登多夫打断了能斯特的话，斥责他的分析是无能平民的胡言乱语。

1914 年，美国的化工企业只能依靠从德国购买的化学反应物生产出简单的有机化学产品。德国的化工品产量是美国的 21 倍。然而，战争将颠覆这一切：德国变得满目疮痍，一贫如洗，而美国的化学工业则是一派欣欣向荣。

1917 年，经济封锁导致德国工业面临崩溃，为了填补由此而来的市场缺口，17 家美国公司开始生产染料。其中的两家公司——杜邦公司和全国苯胺化学公司（后改名美国联合化学股份有限公司）跃居化工品市场的前列。另一家美国公司——胡克公司，1914 年时只生产漂白剂和苛性钠，而战争结束时，它能制造出 17 种化学制品，并成为一氯苯的世界主导生产商，一氯苯是生产染料、爆炸品和毒气的重要原料。1914—1919 年，美国化学制品的年产值从 2 亿美元增加到 7 亿美元。若以每日向战场投放 200 吨毒气计算，美国生产的毒气可以足足用到战后几个月。

这样的情形，与 1915 年时大相径庭。当时有美国人严肃地提出了一个大胆的想法，大家却只当是一个笑话。“这个聪明人”向美国军械防御委员会建议制造“一枚装满鼻烟的炸弹，爆炸时能均匀而彻底地散布，敌人一打喷嚏就会抽搐。在其痛不欲生时，我方士兵趁机扑到他身上，逮住他”。

在美国，17000 名化学家中有三分之一的人在战争中为联邦政府工作。这种由专业人士组成的研究部门包括 1700 名科学家，是美国有史以来规模最大的研究小组。美国战争部长曾说：“对于美国的胜利，化学家这一职业至关重要。自始至终，化学家的大脑都处于紧绷的状态，绽放出耀眼的光芒。”战争期间，这场对决被恰如其分地描述为“同盟国天才与世界其他国家天才在化工领域的竞争。无论战争的起源、目的、理想或政治环境如何，战争双方的力量都源自这群天才”。

战争促进了美国民间科学组织的发展。1916 年，一艘德国 U 型潜艇对一艘载有美国乘客的法国船只发动鱼雷袭击，促使美国国家科学院投入研究资源，以应对美国可能参战的局面。美国国家科学院随后成立了国家科学研究委员会，支持优先进行联邦政府所需的科学研究。

战争中，化学家不仅开发了毒气，还开发了杀虫剂。战争所需的棉花供不应求。军服、帐篷、绷带以及炸药推进剂都需要棉花。火药和炸药是由硝化棉（由棉花和硝酸组成）、硝化甘油（由动植物脂肪和硝酸组成）和硝基甲苯（从煤焦油和硝酸中提取）制成的。哈伯将大气中的氮固定为氨，解决了德国对硝酸的需求，成功阻止了德国在战争初期因智利硝石储备耗尽而崩溃。哈伯与工业企业博施合作生产合成氨，年产量从 1913 年的 6500 吨 / 年增长到战争期间的 20 万吨 / 年。但是合成氨的供应并没有解决脂肪和棉花的稀缺问题，于是，大量民用资源被挪作军用。“即使食用脂肪没有用于化学生产，原本的供应量也不充足，因此人们的营养状况受到损害，”哈伯写道，“而一旦食用脂肪被用于制造甘油，我们的饥饿程度更是原来的两倍。”

对战争双方而言，棉花都是紧缺物资。对棉花的需求量与日俱增，而棉铃象的侵扰更使得美国棉农不堪重负。尤其在佐治亚州和南卡罗来纳州，棉铃象对棉花的损害，导致大量美国黑人从南方农业州迁徙到工业化程度较高的北方。研究人员经过实验，决定使用砷酸钙来杀灭棉铃象。1917 年，人们开始广泛使用这种化学物质。到 1920 年，美国已有 20 家公司生产砷酸钙，年产量为 1000 万磅。

众所周知，砷酸钙的基础原料是砷，有毒性。其他的砷基杀虫剂，如砷酸铅和巴黎绿，已经广泛应用于水果、木材和马铃薯等作物的种植。除虫菊酯（从菊花中提取）也广泛用于除虫。但是，合成的有机杀虫剂尚未开发出来。

科学家在研制炸药和军用毒气的过程中首次合成了有机杀虫剂。化工企业生产了大量用于制造炸药的苦味酸，该过程的副产品是对二氯苯，也称 PDB。昆虫学家测试了 PDB 和各种军用毒气的杀虫效果，结果很乐观。在用于战争的合成化学品中，PDB 作为杀虫剂第一个进入市场。到 20 世纪 40 年代初，农药 PDB 的产量增长到每年数百万磅。

化学家和昆虫学家也测试了军用毒气对体虱的效果。由于体虱传播斑疹伤寒，所以体虱是灭虫行动的首要目标。为了找到一种“可以置于室内的毒气，在短时间内，人戴着防毒面具可以安全呼吸，而体虱和虱卵则会被全数消灭”。美国化学战勤务局、昆虫局以及其他相关政府机构对一系列军用毒气进行了测试，观察其对虱子和其他害虫的杀虫效果。战争中最常用的毒气——氯化苦（即三氯硝基甲烷，也称“呕吐气体”）很受军事家欢迎，因为它能渗透到防毒面具中，导致士兵呕吐和抓挠。士兵们不得不扯下防毒面具，最终直接吸入混有氯化苦的致命气体。而氯化苦也被证明是一种有效的杀虫剂。

科学家也进行反向研究和开发，即从杀虫剂中研制军用毒气。协约国的化学家特别是法国人，深入研究了氢氰酸（也称为氰化氢或普鲁士酸）的军事用途。这一想法源于昆虫控制技术，因为自 19 世纪以来，氢氰酸就被用于熏蒸果园中的树木，通常用帐篷或其他建筑物作为遮蔽。 这种气体的密度很低，因此研究人员将其与其他化学物质混合，使其在地面附近盘旋。这种混合物被称为文生毒气，其中包括氯仿、三氯化砷和氯化锡。法国人曾大量使用这种毒气进行轰炸，但最终放弃，取而代之的是其他类型的毒气武器。

基于砷化合物的杀虫能力，人们越来越多地使用含砷的混合毒气。这一用途耗费了美国可用砷资源的三分之一以上，农药工业大受影响。在这些砷化合物中，最强大的是路易斯毒气，以其发现者——美国人W. 李 · 路易斯的名字命名。它的出现为时过晚，未能在战场上发挥决定性作用。但它身兼起泡剂、呼吸刺激物和喷嚏诱导剂等综合功能，而且还具备杀伤力。美国化学战勤务局给它贴上了“死亡之露”的标签，只需三滴就足以杀死一只老鼠。

虽然官方对路易斯毒气的合成方法和功效秘而不宣，但各种猜测甚嚣尘上。据《纽约时报》1919 年披露的消息，克利夫兰附近的路易斯毒气制造厂被称为“捕鼠器”，在战争胜利之前，工人们不能离开这座占地 11 英亩的大院。该报纸还报道说，“据说原本安排了十架载有路易斯毒气的飞机攻击柏林，实施毁灭性打击。签署停战协议时，路易斯毒气还在以每天 10 吨的速度进行生产，由此不难想象德国可能遭受的攻击。根据原计划，3 月 1 日，驻守法国战场的美军前线应完成三千吨路易斯毒气的部署，这可能是史上最残酷的杀人工具”。

战争期间，人们故意将对抗德国人与抗击虫害混为一谈。美国著名昆虫学家斯蒂芬 · A. 福布斯在 1917 年写道，美国已经被“500 亿德国盟军”入侵；“在目前的战争中，金龟子是德军的小跟班，黑森瘿蚊本就来自德国黑森地区，而粘虫是德军的盟友”。

一战造成的死亡人数超过了 19 世纪所有战争的总和，其中约有一半是军事人员（约 1000 万士兵）。约有 9 万士兵死于化学武器，130 万士兵在毒气战中受伤。总体而言，化学武器的致死率远低于常规武器。与人们熟悉的刺刀、大炮和机枪等武器不同，化学武器引发了人类本能的恐惧反应。而事实上，与传统武器相比，毒气攻击造成的死

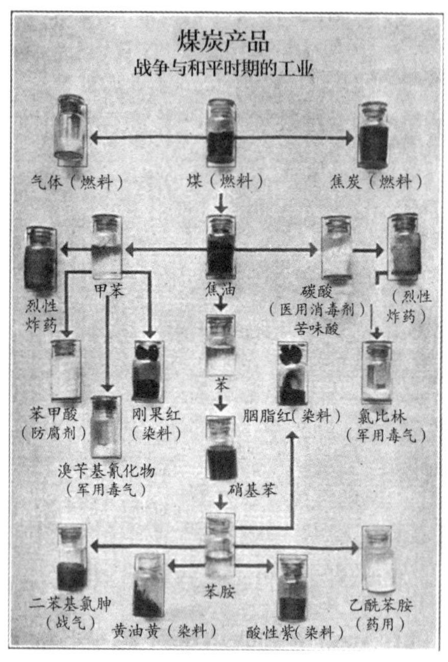

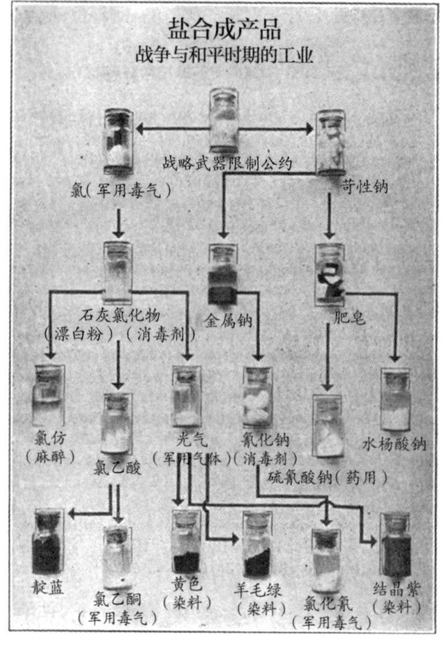

亡率反而较低。以美军为例，毒气战中，死亡率不到2%，而常规战中，子弹和炸弹导致的死亡率超过25%。

美国化学武器的一位主要支持者写道，毒气“是有史以来最强大、最人道的战争手段”。负责美国芥子气研究并开发出新型“路易斯毒气”的化学家说：“对我而言，与制造炸药和枪支相比，开发新的更有效的毒气并不会显得更不道德……我不明白……为什么人们更喜欢用高爆炮弹炸碎一个人的内脏，而不是攻击他的肺部或皮肤使他致残。”对此，哈伯深表赞同。

研制化学武器的化学家的说法，显然与公众的观点大相径庭。报纸上曾有一篇

图 3.1.2

从煤中合成的有用产品（上图），包括军用毒气和杀虫剂氯化苦；

盐合成的有用产品（下图），包括文生毒气中使用的氯仿以及军用毒气和灭鼠剂中使用的光气

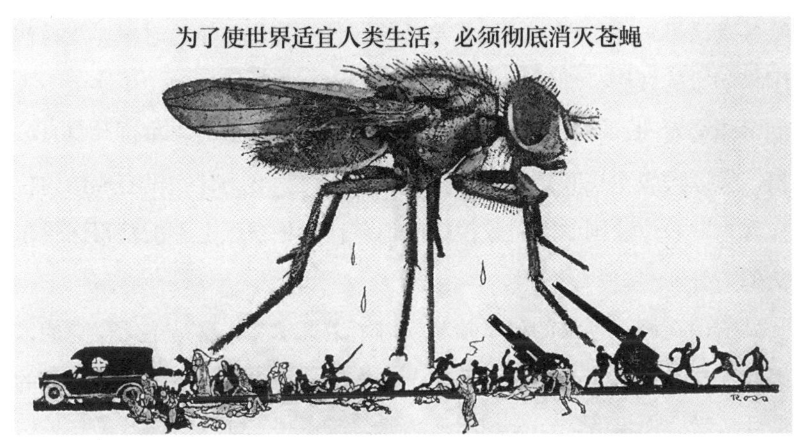

图 3.1.3　1918 年 7 月《圣路易斯邮报》上刊载的漫画：士兵正与一只苍蝇搏斗，苍蝇是对德军的影射。画面中，人员伤亡惨重，纷纷逃离

文章很有代表性："化学家建议的战争手段有何'人道'可言？毒气扩散后，侵蚀人们的肺部和皮肤，折磨英勇可敬的男人，而且还将扩散到战线之后，残害无辜的妇女儿童，甚至摧毁所有作物，使人民在战后数年内依旧忍饥挨饿。如果这就是化学家口中的人道战争，愿上帝将世界从化学家手中拯救出来！"

在战争的最后一年中，依靠哈伯的固氮技术，德国制造出超过 20 万吨的氮化合物。德国在战时建立的一个固氮工厂，沿着铁路线绵延将近 2 英里。即使美国中途参战，德国得益于这种工业产能，仍旧成功地拖延了战局。氮是所有爆炸物中的关键成分，因此，如果没有哈伯的技术革新，德国很可能早已垮台。事实上，哈伯计算过，没有固氮技术，德国只能支撑到 1915 年的春天。

战争结束后不久，哈伯和能斯特都因成就杰出而获得诺贝尔化学奖——1919 年，哈伯因将大气中的氮固定成氨而获得该奖项，能斯特则因发现热力学第三定律而于 1920 年获此殊荣。但是，哈伯因推行毒气战而受到国际社会谴责。他被科学界唾弃，法国科学家甚至拒绝接受诺贝尔奖，因为他们将与哈伯同台领奖。《纽约时报》支持法国科学家的做法，理解他们因哈伯获奖而产生的忧虑。“事实上，人们可能会发问，一战中有人专门为德军悍将鲁登道夫将军撰写每日公报，但以理想主义和想象力著称的诺贝尔文学奖为什么没有颁给这位作者？”一位法国学者抗议说，哈伯“在某种程度上不配获得诺贝尔奖的荣誉和奖金”。

哈伯在极具争议的科学领域获得了诺贝尔奖，这是绝无仅有的，因此，与其他获奖者相比，他显得格格不入。战前，哈伯努力推动的全球科学合作事业，如今却因他的恶名而止步不前。战前，为获得哈伯研究所的一个岗位而激烈竞争的精英们，如今在科学大会上甚至拒绝与哈伯握手。哈伯认为，要想重获国际声誉，他必须再次攻克科学上不可能实现的目标。

. 2 .

齐克隆

（*1917—1947* 年）

所有的现代武器似乎都以杀敌为目的，但目标能否实现取决于它们能否摧毁对方的士气。若要赢得关键战役的胜利，不在于毁灭敌人的肉体，而是通过精神震慑，在关键时刻消解敌人的抵抗力，使其想起失败的画面。军队是统治者手中的一把利剑，却会在这样的精神震慑下变成一个绝望的群体。

——弗里茨·哈伯，1920 年

“毒气与化学战争”的故事，有着最糟糕的开头。

——温斯顿·丘吉尔，1932 年

一战后，化学武器转而成为殖民者实施殖民镇压的工具。以芥子气为例，1920 年英国在阿富汗，1925 年西班牙在摩洛哥，1935 年墨索里尼部队在埃塞俄比亚，都使用了这一工具。比如在埃塞俄比亚，海尔·塞拉西皇帝的军队被击溃，他向国际联盟投诉：“飞机上洒下了致命的雨，淋到的人都痛得尖叫……成千上万的人死于意大利人的芥子气。”

然而，一战期间制造化学武器所需的大多数专业知识和基础设施，也适用于杀虫剂的生产，这一设计旨在确保和平时期也能赢利。战争使得军事活动和工业生产之间的界限日益模糊。在美国，陆军部的化学战勤务局汇集了全国最顶尖的化学家来开发化学武器。

化学战勤务局的第一任局长——威廉·西伯特认识到，化学武器将永远存在。“历史证明，”他在战争结束三年后写道，“有效的战争工具在过时之前是不会被丢弃的。”西伯特担心，化学战勤务局汇集的专门知识无法继续发挥作用。“我认为……相较于其他与战争相关的工作领域，美国的化学家和化学工程师所表现出的天才素养和爱国精神都是无与伦比的，和平时期不利用这种才能将是一种罪过。”

据化学战勤务局的专家们推断，化学武器既然能高效地使人衰竭甚至致人死亡，或许也适用于杀虫。战后，化学家们继续测试军用毒气，用来防治害虫。这样做，某种程度上是因为政治。根据威尔逊总统的命令，一旦敌对行动停止，化学战勤务局就要解散。在生存威胁中幸存下来的化学战勤务局，不得不面临着国会的预算削减，因为他们对化学武器的需求似乎已成为过去。

为了保持与国家利益的相关性，化学战勤务局进行了自我改造，努力推广毒气给平民带来的好处，尤其是毒气可用作杀虫剂。它开始称自己为“化学和平研究所”，进行的是“和平的战争”。一位分析人士指出：“我们的调查将证明，要消灭破坏庄稼的动物——无论是地松鼠、地鼠、黑鸟、乌鸦、秃鹫、老鼠还是蚱蜢，最迅捷最可靠的消灭方法是利用毒气云。”就这样，化学战争的手段变成了害虫防治的方法，目标是保护人类而不是毁灭人类。同时，虫害防治研究工作证明：化学战勤务局有继续存在的意义，因为对毒气进行改造势在必行。

化学战勤务局的这些努力与昆虫学家的需求高度契合。当时，这些昆虫学家从事的工作无人关注，社会地位也不高，但在战争中，他们在害虫防治方面成就卓著。如今，战争结束，昆虫学家“既惊讶又懊恼地发现，即使在某些高级官员的圈子里，也依然将昆虫学家当作检查腿上的刺数和翅膀上的斑点数来决定物种分化的人——这简直是故纸堆里的观点”。

昆虫学家们将自己的工作描述为一场战争，抗击的是危及人类生存的昆虫，通过频繁使用战争工具，如飞机、毒气和散布性武器，他们的威望大为提高。化学战勤务局向他们提供了这些工具和研究成果，因此，军队和昆虫学家互相吹捧，帮助对方树立公众形象。这一战略成功地推动了《国防法》于 1920 年通过，巩固了化学战勤务局在美国陆军中的地位。

1915 年发表的一篇广为流传的文章，其观点很有代表性：人类的进步取决于人类战胜“细菌载体，因为它在生活中唯一的目的似乎只是扮演无政府主义者的角色，把生活世界变成虚无和死亡——这是一场战争，不是人与人之间的战争，而是人与节肢动物之间的战争。这场战争必将进行到底，以决出这两种生命形式中的哪一种——是高度发达的脊椎动物还是野蛮进化的无脊椎动物，正统治着我们的星球。未来，这个世界的主宰会变成一只可怕的蚂蚁或虫子、黄蜂或蠓虫、介壳虫或虱子吗？还是哺乳动物——能直立行走，能观测得到星星，能计算太阳和行星的重量，甚至已经触及了无垠的宇宙？目前看来，这场人与动物的斗争，其结果与这场惨烈的人与人之间的战争如出一辙，孰胜孰败，难以预料”。

美国最负盛名的昆虫学家斯蒂芬·A. 福布斯写道：“早在人类文明诞生之前，人类与昆虫之间的斗争就已经开始，而且一直持续至今。毫无疑问，只要人类依然存在，这场斗争就不会结束。通常，我们自认为是大自然的主宰者和征服者，事实上，早在人类之前，昆虫就已经完全掌控并占领了这个世界。这就如同两国交战，一国强于武器制造，一国胜在弹药质量，因此双方胶着，胜负难分。”1915 年，福布斯谈到一种早在 1872 年就从日本传到美国的极具破坏力的昆虫——圣约瑟虫（也叫梨圆蚧），称之为“日本入侵美国的一个案例，它比日本军队依靠无畏战舰所做出的任何一次攻击都要成功，也可能更有杀伤力”。

战后，工业与战争的融合已日益成熟，公众观念也发生了转变，因此化学战勤务局逐渐找到了合适的市场定位。它承接的项目范围很广，多与社会公益有关，如生产防止海洋堆积物腐蚀的化学品；为矿工研制防毒面具；与公共卫生服务机构合作灭鼠，用毒气清除蚯蚓和地鼠。化学站勤务局甚至进军医疗领域，用氯气治疗感冒、支气管炎和百日咳。公众对此反响热烈。一则新闻标题写道：“氯气：曾是杀人工具，现为救人良方。”有 23 名参议员，146 名众议员，甚至卡尔文·柯立芝总统本人都因呼吸系统疾病在美国国会大厦接受过氯气治疗。

化工企业在战争期间建立了众多基础设施，积累了大量专业知识，战后它们利用这些资产生产杀虫剂，尤其注重研发可有效杀虫的人工合成有机化合物。这一尝试改善了化工公司的公众形象，此前他们常被指责生产毒气发战争财。然而，农药生产商仍然得面对公众对其产品的恐惧。一位化学产品管理员解释说："如果家庭主妇知道有杀虫剂这种东西，她会购买一包，可又忍不住恐惧发抖，因为她担心里面的东西会毒死她和家人。"

而此刻，哈伯的遭遇恰恰相反，其公众形象一派涂地。对哈伯而言，战争的结束就意味着他将因战争罪而受到审判。他的担心不无道理。他是盟军考虑起诉的战犯之一。于是，他蓄起胡子伪装自己，离开德国去往瑞士。能斯特也发现自己在可能被起诉的战犯名单上，他勃然大怒，责怪哈伯。能斯特变卖了房产，将其转为流动资产，并使用德国外交部提供的假护照逃离了德国。然而，最终受到审判的只有少数德国人，他俩被轻判，都得以回国。

尽管哈伯不再因战争罪行而受到被审判的威胁，其个人形象却永远烙上了毒气的恐怖印记。1921 年，位于德国奥堡的哈伯 – 博施合成硝酸盐工厂发生爆炸，造成600 多名员工死亡，2000 多人受伤。《纽约时报》推测，爆炸是"由于一些化学家在进行秘密实验"，其中包括哈伯。《自然》杂志在 1922 年发表了对哈伯的看法："人们不会忘记，就在威廉皇帝科学研究所，身为国家顾问的哈伯在伊珀尔战役前进行了毒气实验，由此带来了一种新的战争模式，使德国人永远声名扫地。"

当然，双方都声称对方使用了不公平的策略。德国人甚至声称协约国使用殖民地军队是一种残酷的手段。美国化学战勤务局局长驳斥了这一说法，从当时典型的种族主义观点出发，他写道：

我们都记得，在战争初期，德国人在广播中指控协约国军队采用不公平不人道的战斗方法，因为我们从亚洲带来了手持弯刀的廓尔喀人，从非洲带来了摩洛哥人。然而不久后，德国人就不再提及此事了。

为什么呢？因为这些军队战斗效率不高。就像黑人，白天跟随白人军官冲锋陷阵，同白人士兵一样精力旺盛、骁勇善战，一旦夜晚来临，他们便陷入恐慌。廓尔喀人和摩洛哥人也不例外。协约国军队很快就意识到了这一点，几乎把这些军队全数撤出前线。偶尔，两军对垒时，防线在敌军猛烈的炮火下必须坚守若干天，这些有色人种军队才会作为突击部队留守支援，但很快会被战斗力更强的白人替换下来。战前，德国人与我们一样，都认为近乎野蛮人的有色人种比敏感的白人更能忍受战争的严酷和恐怖。然而，战争证明这是完全错误的。

协约国向德国提出 330 亿美元的赔款，这几乎是无法兑现的天文数字。德国无法再依靠哈伯的固氮技术赚钱，因为协约国正以同样的程序自产氨气。同样，德国在战前主导的染料工业现在已被美国的新兴企业控制。在很大程度上，这是由于美国政府根据赔偿条款没收了德国的 4500 项染料和化学专利。美国化工企业随后得到了这些专利的授权，其中一项就是哈伯的固氮技术。此外，德国还失去了可以任意榨取财富的殖民地。据哈伯计算，赔偿金额相当于 50000 吨黄金。

瑞典科学家斯凡特·阿伦利乌斯为哈伯出谋划策，计划从海洋中提取黄金来支付德国的赔款。阿伦利乌斯同哈伯和能斯特一样，都是同代人中的佼佼者。早在 1884 年，他就在论文中合理地提出这样一种激进的假设：当盐溶解在水中时，它会自发地分解成法拉第提出的阴阳离子，而整个过程无需通电。因此，实现化学结合的动力是电。阿伦利乌斯的教授们无法理解这篇论文的意义，认为这篇论文“没有价值”。阿伦利乌斯原本会因此而终结自己的学术生涯，但他又陆续在一系列并无关联的问题上有了重要发现，如离子化学、温室效应、北极光以及毒素和抗毒素之间的关系，等等。其中的离子研究使得阿伦利乌斯获得了 1903 年的诺贝尔化学奖。

阿伦利乌斯对哈伯和能斯特的事业影响颇大。在他们职业生涯的初期，阿伦利乌斯说服了能斯特同自己一起在威廉·奥斯特瓦尔德的指导下工作，奥斯特瓦尔德因在催化剂方面的发现而获得 1909 年诺贝尔化学奖。根据催化剂促进化学反应而不改变其自身的性质，聪慧的哈伯找到了合适的催化剂，解决了氨合成的问题。

根据阿伦利乌斯的建议，哈伯计算出海洋中含有 80 亿吨黄金，问题是如何从水中提炼出黄金。这个提议看似荒唐，但哈伯既然能从空气中寻到财富，为什么不能从海洋中获得财富呢?

在汉堡—美国航线上,哈伯在一艘客轮上建造了一个分析实验室，并安装了黄金提炼装置。这是一项绝密工作，很快，他手下的学生们在其他各种客轮上都如法炮制。记者和旁观者猜测，哈伯在进行海上发电，或是研究腐蚀现象，或是查证阻止船只移动所需的力，或是琢磨如何给海水染色。哈伯推断世界不同地区海洋的含金量是不同的，因此他派人从全球各地运回一万瓶海水。

从 1920 年到 1928 年，哈伯一直坚持研究，最终得出结论：从海水中提取黄金，虽然存在可能性，但考虑到经济效益，并不可行。“本想帮德国减轻赔款重担，”哈伯的朋友理查德·威尔斯泰特写道，“结果却是一场幻梦。”极度失望中，哈伯意识到自己无法通过另一项革命性的创新，将德国从财政危机中拯救出来，也无法挽回自己的在科学界的声誉。他问威尔斯泰特是否有必要继续研究黄金提炼技术。威尔斯泰特回答说：“即使无法产出任何黄金，也可以成就一个精彩的故事。”哈伯没有继续书写这个故事。看上去，他更加爱惜自己的资历和成就，而不再关注未来能否实现新的突破。他随身携带的名片上印的是：“教授、哲学博士、工程学博士、农业学博士弗里茨·哈伯，诺贝尔奖得主，德国化学战勤务局前局长，威廉皇帝物理化学和电化学研究所所长。”

哈伯研究所的一个分支机构将氢氰酸制成杀虫剂，收益颇丰。自19世纪末以来，氢氰酸一直被用作杀虫剂，同时也是军用毒气的主要成分。氢氰酸比空气轻，在战场上如何稳定施放成了大问题，但也因此发现了氢气，助力齐柏林飞艇成功升空。

1909年尼柯尔发现体虱传播斑疹伤寒后，人们就一直致力于大规模灭虱。为应对该疾病在一战中难以避免的暴发做好了准备。对封闭空间进行消毒的首选方法是使用二氧化硫和蒸汽。但二氧化硫的明显缺点是易燃易爆，蒸汽则会损坏个人财物。

1917年，德国化学家测试了氢氰酸对不同害虫的功效，发现氢氰酸不仅能杀死虱子和虱卵，还能杀死臭虫。他们还通过实验确定了适宜的浓度和温度要求。氢氰酸不但在除虫性能上优于二氧化硫和蒸汽，而且拥有众多优势，如价格低廉，不会损坏个人财物，可渗透衣服或床上用品的微小褶皱，不会引发火灾或爆炸。于是，氢氰酸很快取代了二氧化硫和蒸汽，被用于斑疹伤寒暴发的高危地区，如军队医院和军营。德国人找到了密封房间的有效方法，建成了引入氢氰酸彻底消灭虱子的毒气室。

同年，德国政府成立了"害虫防治技术委员会"（简称"Tasch"）并任命哈伯为主席。委员会的任务是"通过使用剧毒物质进行害虫防治，在农业、林业、葡萄栽培、园艺和水果种植以及工业中，消灭动物害虫以保证高产；改善人类和动物的卫生状况，预防疾病"。德国军方成立了一个病虫害防治营，在重要的食品加工设施、军营、医院和军事监狱使用氢氰酸。1917至1920年间，委员会用氢氰酸对2100万立方米的建筑物进行了消毒。

很明显，这些业务利润可观，于是哈伯将其商业化，组建了一家私营企业。自一战结束当日，即1918年11月11日，哈伯就开始着手实施这项计划，他告诉战争部的官员，他打算"将毁灭的手段变成全新的振兴之源”。于是，害虫防治技术委员会演变成了德国害虫防治公司（简称“Degesch”）。其章程明确指出，“公司以使用化学手段控制动植物害虫为根本宗旨，允许进行所有符合该宗旨的相关交易”。德国害虫防治公司完全遵循社会需求，“不以利润为目标，而以公益为己任”。在1920年之前，哈伯始终是德国害虫防治领域的领军人物。

氢氰酸的不足之处也显而易见，比如需要对操作者进行广泛培训以确保使用的安全性，一旦使用不当将导致大量人员意外死亡。1920年，哈伯研究所的研究员在气体混合物中添加了一种难闻的化学物质作为安全警示。这样，新旧两种化学品采取了截然不同的策略：作为武器时，设计者会防止任何致命气体出现预警信号；但作为杀虫剂，设计者的做法恰好相反，他们采用具有刺激性气味的碳酸氢甲酯作为警示，并将这种新农药命名为“齐克隆”（先为Cyklon，后更名为Zyklon，与德语“旋风”谐音）。

除了添加警示气味提高安全性能外，齐克隆作为氢氰酸杀虫剂，除虫效率高且不污染食物。这种杀虫剂便于移动，使用简单。德国害虫防治公司控制生产过程并严守操作技术手册，这对于经济低迷的德国至关重要。这种保密性完全符合德国政府的政策，政府希望在齐克隆的使用过程中保证较高的安全标准和培训标准。操作者必须通过考核，可靠性高，绝不能触犯法律。由于预防斑疹伤寒是国家大事，因此特别立法对齐克隆的使用作出规定。

1920年，齐克隆的使用方兴未艾，但遭到了《凡尔赛条约》的制裁。该条约第171条规定：“严禁德国使用、制造和进口一切窒息性的有毒气体和所有类似的液体、材料或装置。”此条适用于氢氰酸，因此也适用于齐克隆。

1923年，德国害虫防治公司的化学家布鲁诺·特施添加了氯气和溴化物作为新的警示气味，而且添加了一种化学稳定剂，以阻止不必要的化学反应，从而规避了条约第 171 条的规定，使齐克隆重回市场。新的齐克隆被命名为齐克隆 B，而此前被禁的产品称为齐克隆 A。氯气和溴化物也增强了齐克隆 B 的杀虫能力。新配方产品更加便捷，制成丸状密封在罐内，而不是此前的液态气体。布鲁诺·特什在汉堡成立了一家公司，负责销售齐克隆 B。

齐克隆 B 的需求量大，成为德国工业利润丰厚的出口产品。在世界各地，任何可能存在虱子的封闭空间，如军营、轮船以及火车上，都会使用齐克隆进行杀虫。哈伯帮助德国害虫防治公司拓展了海外市场，并在 39 个国家长期设置代理商。

德国城市都建立了消毒室，供市民清除衣服和家具上的虱子。为了方便民众，消毒室由卡车运到社区。操作人员需接受政府和行业有关保密规则的严格培训，生产商、公共卫生人员和政府监管机构之间保持密切联系。齐克隆 B 成为公共卫生的忠实卫士，后来却沦为纳粹统治下种族灭绝的残忍工具。

齐克隆 B

（*1922—1947* 年）

他在显赫一生的最后几个月中遭到流放，远离故土，在英国受到了友好的接待。而就在 16 年前，德国和哈伯还是英国不共戴天的仇敌。这样的境遇真是让人感伤。他被流放的原因，我们不完全了解，但我们相信这是因为他是犹太人的后裔。3000 年前我们欧洲人从他们那里学到了字母表，2000 年前我们从他们那里承袭了信仰。

——英国杂志《化学与工业》刊登的弗里茨·哈伯的讣告，1934 年一战结束时，阿道夫·希特勒因遭英国芥子气袭击而暂时失明，他对德国昆虫学家在一战中使用氢氰酸进行高效灭虫深感钦佩。希特勒和纳粹上台后，发现齐克隆 B 完全掌握在魏玛政府手中，这对于一心想控制齐克隆 B 的纳粹党而言，不啻为天赐良机。于是，纳粹以齐克隆 B 为基础，在军事和民用领域都建立了严格的灭虫计划。

纳粹主义的兴起令哈伯深恶痛绝，他是虔诚的民族主义者，信仰自己年轻时德国推崇的价值观——崇尚教育，科研实力世界领先。1932 年，哈伯听到阿道夫·希特勒在电台发表演讲时说："给我一把枪，我要射死他。"他似乎无法理解，这个国家培养出了全世界最伟大的科学家，却也会助长纳粹主义。一战后的德国时局动荡，仅在 1922 年，就有 300 多名德国社会民主党领袖遭到刺杀。

在当年的遇刺者中，瓦尔特·拉特瑙是购买能斯特灯泡专利的实业家之子。一战期间，威廉二世任命拉特瑙协调德国的工业生产，以支持军队。拉特瑙是能斯特的密友，战后升任德国外交部长，致力于欧洲和平。刺客向他的车投掷手榴弹，并用机关枪扫射，把车打得千疮百孔。密友遇刺身亡，能斯特痛不欲生。

一战末期，鲁登道夫逃往瑞典，扬言若不是被犹太人"从背后插了一刀"，德国已然胜利在望。鲁登道夫自小便是基督徒，后来放弃了这一宗教信仰，只因为基督教的创立者是犹太人。纳粹分子紧随鲁登道夫，将德国战败归咎于犹太人。于是，匿名威胁接踵而至，要求暗杀"发现相对论的犹太人"爱因斯坦。鲁登道夫返回德国，成为由德意志人民自由党和纳粹党组成的联合党成员并加入议会。随即，他发起了一场反对兴登堡竞选德国总统的运动，但以失败告终。

当时，德国通货膨胀严重，一份报纸超过 1000 亿马克，而当时一美元可兑换 4 万亿马克。1923 年的 5000 亿马克相当于 1918 年的 1 马克。与此同时，失业人数超过 700 万。随着德国国内的不满情绪日益高涨，纳粹党的力量也在膨胀。

1933 年 1 月 22 日，希特勒在一次晚宴上与兴登堡的儿子进行了一次长时间的私人谈话。纳粹获得了证明兴登堡家族腐败的情报，希特勒以此进行勒索。1 月 30 日，兴登堡任命希特勒出任总理并组建政府。不到两个月，纳粹党便控制了所有的公众集会，废除了新闻自由，剥夺了德国宪法保障的公民权利，逮捕了共产党人和自由主义者，接管了警察队伍，并通过“授权法”巩固了其独裁统治。

1933 年《第三帝国公务员法》中的“雅利安条款”剥夺了犹太人（除了退伍军人）的政府职位。纳粹早期对犹太人的攻击严重影响了德国的科学发展。尽管犹太人占德国人口的比例不到 1%，但获诺贝尔奖的德国科学家中有三分之一是犹太人。纳粹大学生发表了一份反犹宣言诽谤犹太教授，以此支持该纳粹党。阿尔伯特·爱因斯坦当时在普林斯顿大学讲学，他回到欧洲，辞去了普鲁士科学院的职务。

两位德国诺贝尔物理学奖得主菲利普·莱纳德和约翰尼斯·斯塔克与纳粹为伍，攻击爱因斯坦是叛徒。他们认为，犹太人毒害了德国物理学。二人都被推举为柏林大学教授，这一殊荣能斯特在 1924 年也曾获得。如今学术界排斥著名的犹太科学家，他们正好相机而动。斯塔克接替了一位被解雇的犹太科学家，成为一所重要的物理研究所所长。莱纳德也因忠诚于纳粹而成为“雅利安物理学领袖”。他写了一部四卷本著作，称德国物理学终于摆脱了“犹太物理学，而后者营造的海市蜃楼不过是雅利安基础物理学的倒退”。纳粹学生团体为该书的出版举办了庆祝会，他们盛赞莱纳德为欢庆拉特瑙遇刺而发表的演讲，称其勇气可嘉。

一位不知名的德国物理学家威廉·穆勒出版了一本书，描述了犹太人在世界范围内阴谋破坏科学、毁灭人类的行径。不久后他被任命为慕尼黑大学的理论物理学教授，取代了拒绝与纳粹同流合污的世界闻名的物理学家阿诺德·索末菲。对此，斯塔克发表了名为《犹太人和德国物理学》的演讲以示庆祝。在所有科学家中，索末菲培养出的诺贝尔奖获得者数量最多，尽管如此，纳粹分子仍然安排了一个冒牌学者取代他执掌物理研究所，足见纳粹对科学发展的漠视。这种漠视体现在方方面面，最后的苦果便是错过了核裂变，尽管它就发生在德国的一个实验室中。

哈伯的朋友兼门生、1925 年诺贝尔物理学奖获得者詹姆斯·弗兰克也辞去了教授和研究所负责人的职务，以抗议纳粹政策。弗兰克向记者解释了自己的决定："如果学生以纳粹的方式评价我和我的祖先，我如何进行教学和测试？"弗兰克在给哈伯的信中写道："不要责怪我轻率或鲁莽。今天我向部长表达了我的愿望，希望能辞去我的所有职务，因为不满于'政府对待德国犹太人的态度'。在学期开始时，我实在无法面对学生。学生代表们对犹太人各种刁难，还表现得仿佛不是针对我。而对于政府给予犹太老兵的所谓'宽大'政策，我也无法动摇一二。"

由于任命过程过于仓促，弗兰克未能接替哈伯成为威廉皇帝物理化学和电化学研究所的所长，这令哈伯深感失望。他也曾筹划让弗兰克接任能斯特之职，担任能斯特研究所的所长。他在给弗兰克的信中写道："这几周来，这件事始终萦绕在我心里，一想到你无法成为研究所负责人，我就觉得无比苦涩。你希望留在德国，而我虽然没有这个愿望，却也看不出还能采取什么其他行动。我不知道如何体面地移居国外，也不知道如何在异国他乡安度晚年。"

终其一生，哈伯都在努力规避自己的犹太人身份。他皈依了基督教，甚至教导犹太学生也这样做。然而，哈伯的两个妻子都是犹太人，大多数朋友也是犹太人，因此，无论他如何认知自己的身份，纳粹德国认定他就是犹太人。

起初，哈伯因其身份问题被免职，为了表示抗议，他辞去了所长和教授之职。他在辞职信中写道："根据 1933 年 4 月 7 日颁布的《政府雇员法》规定（威廉皇帝研究所同样适用），尽管我的祖父母和父母都是犹太裔，但我有权继续任职。然而，我不希望利用这一权利，在我应该依照规定辞去科学和行政职务时，再做任何耽搁。"哈伯接着说，"为国服务是我此生不渝的信念，我深感自豪，而今我怀着同样的自豪感提出辞呈。四十多年来，我选择合作者的标准是他们的才智与个性，而不是他们的种族出身。这是明智之举，在我的余生中，我不会改变。"

与此同时，能斯特走马上任，他挑选了一位犹太同事。得知这名同事因其犹太身份而被拒绝进入实验室时，他勃然大怒，径直赶到哈伯的研究所，向哈伯抱怨自己的研究所环境太恶劣，要求哈伯给自己一份工作。那时，哈伯刚递交了辞呈，正打算离开，他对能斯特的要求也无能为力。很明显，与纳粹政策的严酷现实相比，这一对科学家在同时崛起的过程中激烈竞争的故事，实在是太乏味了。

这一时期，纳粹将犹太科学家从国家研究所的领导岗位上一一清除。纳粹的一份备忘录上记录："帝国物理技术研究院（P.T.R.）现有的董事会仍保留之前的人员构成。叛徒爱因斯坦被排除在外，但在剩下的成员中仍然有犹太人和旧体系的名人。今天的董事会上有詹姆斯·弗兰克教授（纯正犹太人）、哈伯教授（纯正犹太人）、赫兹教授（半犹太血统）……以及能斯特教授（自由主义和资本主义世界观的最有力的倡导者之一）。"1933 年的诺贝尔奖得主埃尔温·薛定谔，尽管不是犹太人，也辞去了教授职务，并于同年离开德国，以抗议纳粹对待犹太同事的方式。

弗兰克接受了丹麦著名物理学家尼尔斯·玻尔的邀请，与他一起在哥本哈根的研究所进行合作，随后弗兰克获得了美国的教职。他在给一位德国同事的信中写道："在德国，以我这样的出身和性情，似乎已经没有任何工作空间了，更没有成功的机会。……你知道，我觉得自己和其他人一样，也是优秀的德国人，但这于事无补；我不得不移民，尽管我很清楚自己和妻子无法在异国的土壤上扎根，但或许我们的孩子——至少是孙子——会成功。我不希望他们感觉自己是二等公民。"

弗兰克和他的朋友——德国物理学家马克斯·冯·劳厄都把金质的诺贝尔奖章留给了玻尔，以防落入纳粹手中。纳粹入侵丹麦后，就在他们占领玻尔研究所之前，玻尔一直在思考如何保证奖章的安全。此前，玻尔已将自己的诺贝尔奖章捐给了芬兰的一个救济基金，因此他并不担心。当时弗兰克身在美国，但冯·劳厄留在德国从事反纳粹活动，独自一人抗议纳粹迫害犹太同事。如果刻着他名字的奖章被发现流传在国外，那他确定无疑会被逮捕。

玻尔研究所的一位匈牙利化学家乔治·德·赫维西（后来也获诺贝尔奖）前来帮忙。"我建议把奖章埋起来，"德·赫维西写道，"但是玻尔不赞同，因为可能会被挖出来。于是我决定溶解它。当德军行进在哥本哈根街头时，我正忙着溶解劳厄和詹姆斯·弗兰克的奖章。"德·赫维西将两枚奖牌浸入王水中，但由于黄金的反应能力有限，溶解过程相当艰难。他把溶液原封不动地放在实验室的架子上，逃过了纳粹士兵的眼睛。战争结束后，黄金被从溶液中提取出来，送到诺贝尔学会，重新铸造了两枚奖章归还给弗兰克和冯·劳厄。这是历史上绝无仅有的混合而成的诺贝尔奖章。

最终，玻尔在丹麦也自身难保了，因为他曾经帮助许多著名的犹太人和持不同政见的科学家逃离了纳粹德国，而且他的母亲也是犹太人。英国情报部门获取了他的抓捕计划，于是他们用藏在两把生锈钥匙里的微缩胶片给他送了信息。英国人不希望纳粹监禁玻尔，因为他可能帮助德国加速实现核武器计划；他们希望获得玻尔的专业知识，为自己的核计划服务。从玻尔的角度，他不愿放弃自己的国家或是需要他帮助的同事们，因此他坚持留下，直到他收到德国政府中一个反纳粹分子传来的消息，说他即将被捕。

在丹麦抵抗军的帮助下，玻尔和妻子甩掉了盖世太保的追踪，乘渔船渡海到了瑞典。在接下来的几周内，丹麦抵抗军趁着夜色，用小船把国内的几乎所有犹太人都送到了瑞典。丹麦是唯一一个被纳粹占领却拯救了犹太公民的国家。玻尔的孩子也在难民船上，他的一个孙子被瑞典大使馆一名官员的妻子用购物篮带到了瑞典。与此同时，玻尔与瑞典国王和政界人士举行秘密会晤，以确保难民更方便地入境。

玻尔与家人在瑞典的斯德哥尔摩安全团聚后，他接受了英国政府的邀请，帮助英国人作战。1943 年 10 月 6 日，一架英国蚊式轰炸机载着玻尔从斯德哥尔摩起飞，穿越纳粹控制的挪威，飞往英国。因瑞典是中立国，飞机没有携带炸弹，为了躲避纳粹高射炮，飞行员实施高空飞行。由于机舱空间太小，玻尔只好穿着飞行服，绑着降落伞躺在炸弹舱里。不幸的是，玻尔的头太大，头盔无法完全戴上，因此他没有听到飞行员通过耳机发出的接通氧气供应的指令。玻尔因缺氧昏迷，直到飞机降低飞行高度穿越挪威海面时，他才恢复知觉。此后，在极其保密的情况下，玻尔与弗兰克等人合作，开展英美两国的核武器研究计划。

纳粹掌权后不久，哈伯也加入了德国犹太科学家的逃亡队伍。在去瑞士的旅途中，他拜访了生化学家和犹太复国主义领袖哈伊姆·魏茨曼，即以色列后来的第一任总统。魏茨曼曾邀请哈伯（以及詹姆斯·弗兰克）前往巴勒斯坦接受教授一职，但哈伯拒绝了，因为他不赞成犹太复国主义。随着纳粹不断巩固自己的统治，哈伯重新考虑了这一提议。他说："魏茨曼博士，我曾是德国举足轻重的人物。我不仅是伟大的军队指挥官，也不仅是工业领袖，更是德国工业的创始人。对于德国的经济和军事扩张大业，我居功至伟。我的面前是一马平川，畅通无阻。但是，与您的事业相比，我曾经拥有的辉煌地位根本不值一提。你们不是在厚实的根基上添砖加瓦，而是在一无所有的土地上赤手空拳地创造。你们竭尽所能，让一个被遗弃的民族重获尊严。我认为你正行进在胜利的大道上。在行将入土之时，我却蓦然发觉自己一文不值。我将黯然离场，而您的丰功伟绩将屹立在我们犹太人的悠久历史中，成为一座光辉的纪念碑。"哈伯最终同意去巴勒斯坦履职，并打算携妹妹一同前往。但在此之前他也接受了剑桥大学威廉·波普实验室工作的邀请。

波普邀请哈伯，是对哈伯的谅解，体现了二位学者因科学而结缘的友谊，更显示出他们对纳粹的共同仇恨。波普在第一次世界大战中为协约国军队研制了芥子气，以对抗哈伯研制的毒气。自战争结束以来，英国人对哈伯的所作所为始终耿耿于怀。1934 年 1 月底，短暂参观了波普实验室后，哈伯同妹妹返回瑞士，他们打算先在瑞士停留三天，而后启程前往巴勒斯坦。然而，就在第三天，他在睡梦中离世。

根据威尔斯泰特的说法，哈伯并非因工作强度过大而死亡："与其他性格坚毅的人一样，艰巨的任务和工作会激发他的活力。无论是战争期间，还是此前的几十年，甚至在他生命的最后几年，他从未因工作压力而损害健康，更不会因此而过早离世。然而，他对战争的结果、和平的代价，以及被盟军视为逃犯而深感失望。于是，他终于被毒药般的悲伤与痛苦吞噬了，筋疲力尽。"

曾容纳哈伯学生来自己实验室工作的冯·劳厄，为哈伯写了讣告并在德国刊登，他和编辑都因此受到纳粹的严厉指责。为纪念哈伯逝世一周年，威廉皇帝学会、德国化学学会以及德国物理学会举行了纪念仪式，共有 500 多人参加。德意志帝国科学、教育和民族文化部长明令禁止这一活动，政府通报上写道："哈伯教授已于 1933 年 10 月 1 日被免职。他递交了辞呈，这明确表达了他对现政府的不满，而公众也将其视为对民族社会主义德国所实施政策的批评。鉴于以上事实，上述学会意图在他逝世一周年之际举行纪念会，将被视为对民族社会主义德国的挑衅，因为只有在极个别的情况下，对于最伟大的德国人，这一纪念日才能获得特别承认。"这次纪念活动是对哈伯成就的肯定，也是德国学术界唯一一次有组织的抵制纳粹主义的行动。"礼堂里，人头攒动，群英荟萃，"威尔斯泰特写道，"但未参与者比参与者更加显而易见，因为每个参与者都必须表明身份并在名单上签名。"

哈伯与能斯特二人，一生都在并驾齐驱，直到纳粹统治时期才在痛苦中结束了竞争。与爱因斯坦、弗兰克和哈伯一样，能斯特也在 1933 年辞去了教授职务。他为德国的穷兵黩武付出了沉重的代价。两个儿子都在一战中阵亡，而当纳粹掌权时，三个女儿中的两个嫁给了犹太人并带着孩子流亡国外。1939 年，能斯特的最后一个孙子也逃离了德国。那一年，他心脏病发作，两年后去世，骨灰移送至哥廷根安置，同已故的著名物理学家马克斯·普朗克和冯·劳厄做伴。能斯特希望在自己去世后能够继续资助孙子孙女，因此他做了最后一个重大的财政决定，用自己可观的资产和现金进行投资，购买了可以源源不断生产木材的林地。纳粹德国垮台后，林地归属波兰。

1939 年德国入侵波兰时，德国当局担心斑疹伤寒暴发。他们迅速建起了齐克隆 B 消毒室，复制了德国在一战中成功使用的氢氰酸计划。与此同时，纳粹正努力寻找一种高效的处决方式，以对付集中营中的数百万犹太人。

1939 年，第一个用于消灭人类的实验性毒气室投入使用。当时选用的气体是一氧化碳。在首次实验中，希特勒的私人医生卡尔·勃兰特、纳粹“安乐死”计划负责人菲利普·布勒以及卫生部联络员维克多·布拉克同其他官员一起，参与观察了 4 名精神病人被毒气致死的全过程。毒气室被伪装成淋浴房，安装在多家医院内，以处死精神病患者。受害者中有一战时参加过毒气战的德国老兵，他们在接触化学武器后一直深受精神疾病的折磨。此外，数千名犹太人和集中营中的其他关押者也被带到这些医院的毒气室中进行毒杀，但是毒气室的容量依然无法满足纳粹分子的需求。

1941 年夏，纳粹灭绝营建成。海因里希·希姆莱自 1929 年起领导党卫军（纳粹准军事组织），并拥有“德国民风改善专员和种族纯洁受托人”的头衔。他指示奥斯维辛集中营指挥官鲁道夫·赫斯采取有效方法“最终解决犹太人问题”。希姆莱告诉赫斯：“犹太人是德国人民的宿敌，必须消灭。”

赫斯发现，特雷布林卡毒气室使用一氧化碳，其杀伤速度和杀伤力都不尽如人意。负责执行“最终方案”的阿道夫·艾希曼同意这一观点。在走访奥斯维辛集中营时，艾希曼与赫斯讨论了杀害犹太人的各种方法。其中的一个问题是枪杀妇女和儿童对部分党卫军士兵产生的影响，但更大的问题是，用现有的一氧化碳和枪击方法杀死数百万犹太人是否可行——这些方法既麻烦效率又低。

奥斯维辛集中营的主管卡尔·弗里茨认为，齐克隆 B 可以解决这一问题。他利用囚犯测试齐克隆 B 的杀伤力，证实了它的高效性。随后，1941 年 9 月，赫斯团队使用齐克隆 B 除虫毒气室毒杀了 600 名俄国战俘，其中包括许多犹太人以及 250 名精神病患者，这充分说明了大规模处决的可行性。赫斯对集中营囚犯又进行了一系列实验后，得出结论：齐克隆 B 的杀伤效果远远高于一氧化碳。为了进行种族清洗，党卫军对齐克隆 B 进行了改造，去除了其中的警示性气味。

德国害虫防治公司的官员最初反对从齐克隆 B 中去除警示性气味，虽然齐克隆 B 的专利已经过期，但是有关警示性气味的专利仍然有效。德国害虫防治公司能否继续垄断齐克隆 B 的生产，完全有赖于这种化学指示剂的添加。但德国害虫防治公司最终服从了党卫军的要求，专供灭绝营的新品齐克隆 B 中未添加指示剂。

毒气室建造在霍斯和艾希曼选定的农田上，上面刻有“消毒专用”几个字。奥斯维辛集中营的比尔克瑙屠戮中心新建了毒气室，每天可屠杀一万人。犹太人及其他受害者被勒令消毒除虫，他们被迫脱下衣物，在警察的鞭子、棍棒和枪支的驱赶下进入毒气室，接触毒气后的 3 到 20 分钟内便会死亡。霍斯对这一效率赞不绝口。在特雷布林卡，要达到同样的屠杀效率，以一氧化碳的杀伤速度计算，所需毒气室得增加到目前的十倍。

相较于齐克隆 B，一氧化碳的成本更高，杀伤时间更长，处理起来也更困难。它最初用来处死精神病人，经过调试后又用于移动毒气室，最后才在死亡集中营中大规模使用。但齐克隆 B 一经采用，一氧化碳便被淘汰了。

使用齐克隆 B，唯一的技术难点是控制温度。齐克隆 B 的沸点为 25.6℃，因此毒气室需保持 25.7℃，以确保气体挥发。因此，党卫军会等到受害者身体散发的热量将毒气室加热到适宜的温度后，再将成罐的齐克隆 B 从屋顶的洞孔扔下来。党卫军接受过安全操作培训，在整个行动中佩戴防毒面具。随后，通风机排出气体，犹太囚犯组成的“特别支队”被要求剥去尸体上有价值的东西，如头发和镶金牙齿，最后将尸体焚化。

1942—1945 年间，在奥斯维辛、贝尔赛克、切姆诺、马吉达内克、索比堡和特雷布林卡等集中营中，有 500 多万人被屠杀，大多死于齐克隆 B。战争结束后，英国莱茵集团军组成了战争罪行调查组，对赫斯进行审问。赫斯供述："1941 年 5 月，我接到希姆莱的命令后亲自部署，从 1941 年的六七月间到 1943 年的年底，共毒死了 200 万人。在此期间，我是奥斯维辛集中营的指挥官。"

二战的破坏力远超一战，死亡人数占过去两千年来战争死亡人数的一半以上，其中一大部分是被燃烧弹（即化学燃烧武器）击中的城市平民，另一大部分则是在集中营、贫民区以及"死亡行军"途中遭到杀害的 600 万犹太人。当艾希曼向希姆莱报告已成功杀害 600 万犹太人时，希姆莱认为数量太少，大失所望。

布鲁诺·特施创建的特施－斯塔贝诺公司为奥斯维辛比尔克瑙集中营提供齐克隆 B。1946 年 3 月，特施和他的副手卡尔·维恩巴赫在汉堡受到英国军事法庭的审判。1907 年制定的《海牙公约》第 46 条规定："必须尊重家庭荣誉和权利、人的生命、私人财产以及宗教信仰和习俗。不可没收私人财产。"德国和英国都是《海牙公约》的缔约国，战争结束时，英国负责管理德国在这一领域的事宜。特施和维恩巴赫被控"在 1941 年 1 月 1 日至 1945 年 3 月 31 日期间，违反战争法律和惯例，明知毒气的使用目的，依然在德国汉堡向集中营提供毒气屠杀盟国国民"。

在大屠杀初期德国国防军领导人曾告诉特施，大量射杀并埋葬犹太人不卫生，并询问特施对使用齐克隆的意见。特施表示赞同，认为这一方式更理想，并建议在毒气室中以类似除虫的方式进行。于是，特施的公司开始供应齐克隆 B，并为国防军和党卫军提供专业技术人员和操作培训。

如要定罪，法庭必须确定三个事实："第一，盟国国民是被齐克隆 B 毒杀的；第二，这种毒气是由特施－斯塔贝诺公司供应的；第三，被告知道这种气体将被用于杀人。"在法庭获取的诸多证据中有一张特施－斯塔贝诺公司的发票，上面写着："我们已将齐克隆B氰化物运送到奥斯维辛集中营，其中未添加警示性刺激物。"显而易见，这正是为了实施种族灭绝而对齐克隆B进行的调整，因为德国法律规定用作杀虫剂的齐克隆B必须含有警示性气味，以确保人员安全。于是，特施和维恩巴赫被法庭裁定有罪并判处绞刑。

二战末期，德国几乎土崩瓦解。希特勒自杀后，赫斯在弗伦斯堡向希姆莱汇报，希姆莱指示他"混入士兵之中以避人耳目"。于是，赫斯换上了海军制服，化名弗兰兹·朗乔装成水手长。这一身份帮他逃过了英军的检查。由于在奥斯维辛居住期间，赫斯与家人朝夕相处，因此，如今的他依旧放不下妻儿，便在距他们不远的一个农场上工作了8个月。与此同时，英国军警从未停止搜捕，却始终徒劳无功。1946年3月11日，英国外勤安全警察终于抓到了赫斯。在衣服和其他个人物品旁，摆放着他在奥斯维辛集中营使用过的马鞭。正是这个人，每天发布屠杀命令，每天目睹上万个犹太人死亡，他绝不可能丢弃自己的鞭子，因为这是凌驾于他人之上的权力的象征，即使它的存在可能将他带上绝路。

在纽伦堡，大多数被告宣称自己无罪，如特施和维恩巴赫，但是赫斯详细陈述了自己的罪行。他唯一一次表示悔恨是在1947年4月12日，也就是法庭将他送上奥斯维辛集中营绞刑架的四天前。他写道："在我被监禁的日子下，我才痛苦地意识到我的所作所为严重违背了人性。"在赫斯的心中，他对波兰人民犯下了罪行，并乞求波兰人民的宽恕；然而，他对自己摧残欧洲犹太人的罪行并未表现出丝毫悔恨。

齐克隆是哈伯一手创立的，初衷是抗击斑疹伤寒，提高公众健康水平，但在使用过程中它演变成纳粹种族灭绝的主要工具，这对于一位充满了创造力的天才而言，是残酷的命运转折——此前，哈伯曾自由游走于实验室、企业以及政府大厅之间。哈伯的侄女希尔德和丈夫以及两个孩子，与无数在奥斯维辛集中营里被害的犹太人一样，很可能也被齐克隆 B 毒害身亡。

1942 年，哈伯的儿子赫尔曼（曾在一战时发现母亲克拉拉自杀于花园）带着妻子和三个女儿从纳粹占领的法国逃到了加勒比海，并从那里前往美国。二战接近尾声时，赫尔曼的妻子去世，他自己也自杀了。哈伯的第二任妻子与其离婚，带着儿子路德维希和女儿伊娃搬到英国。英国政府把路德维希当作外敌关押在马恩岛，后又移至加拿大。战后，路德维希成为一名研究一战毒气战争的历史学家，在写作相关话题之前，他曾亲身体验毒气的影响。

哈伯去世后，尤其是纳粹垮台后，哈伯在科学界的声誉才得以挽回，当年的威廉皇帝物理化学和电化学研究所更名为弗里茨·哈伯研究所。

.3.

滴滴涕

（1939—1950 年）

军队配备了滴滴涕，斑疹伤寒不再令人谈之色变。在历史上曾与灾难、饥荒和贫穷如影随形的这一残酷角色，自出现伊始，便被冠以“瘟疫之王”的恶名，如今终于彻底失势。

——詹姆斯·史蒂文斯·西蒙斯准将，美国陆军预防医学处处长，1945 年

1941 年 12 月 7 日上午 8 点之前，183 架战斗机从日本航母舰队起飞，对夏威夷的珍珠港发动了首轮进攻。一小时后，第二波 54 架高级轰炸机、78 架俯冲轰炸机和 36 架战斗机再次发动攻击。这次突然袭击使 18 艘美国军舰和数百架飞机受到重创或者被毁。美军有 2400 人死亡，1178 人受伤；美国海军两小时内的人员损失是美西战争和一战所有战役总和的三倍。

9 小时后，飞越马尼拉的日本轰炸机摧毁了道格拉斯·麦克阿瑟将军麾下将近一半的 B–17“飞行堡垒”轰炸机以及多架 P–40 战斗机，当时这些飞机正好降落机场进行加油。日军一路凯歌，迅速攻占关岛（12 月 11 日）、威克岛（12 月 23 日）、中国香港（12 月 25 日）、荷属东印度群岛（1942 年 1 月）以及新加坡（1942 年 2 月 15 日）。经过五个月的征战，日本控制了大片区域，势力一直延伸到澳大利亚和英属印度边界，盟军还丢失了菲律宾。珍珠港事件后，太平洋战争经历了四年拉锯，双方军队从阿拉斯加的阿留申群岛一直向南打到新几内亚群岛。

尽管昆虫对北太平洋战区只是偶尔滋扰，但在南太平洋地区确实是致命的疾病传播媒介。麦克阿瑟将军写道：“成千上万的昆虫遍布各地。成群的蚊子、苍蝇、水蛭、恙螨、蚂蚁、跳蚤和其他寄生虫日夜纠缠着人类。疾病是无情的敌人。”

1944 年，美军海军陆战队第四师准备占领热带岛屿塞班岛时，军医做了简要提醒：“人在海中，要提防鲨鱼、梭鱼、海蛇、海葵、锋利的珊瑚、污染的水域和有毒的鱼，还有巨大的蛤蜊，它们会像捕熊器一样把人夹住。上岸后，会遇见麻风病、斑疹伤寒、丝虫病、雅司病、伤寒、登革热、痢疾、马刀草以及成群的苍蝇、蛇和巨蜥。不要吃本地生长的食物，不要喝本地的水，也不要接触本地居民。清楚了吗？”

一个士兵大吃一惊，问道："先生，我们为什么不让日本人守着这个岛？"

热带地区最致命的疾病是疟疾。在南太平洋地区，美军有50万人感染疟疾，而盟军部队在某些区域的发病率（包括复发率）极高，每年每1000个连队中就有4000人感染。从1942年8月到1943年4月，在西南太平洋战区前线，因疟疾住院的盟军士兵是伤亡人数的10倍。例如，在新几内亚作战的一支美国步兵部队报告，2名士兵阵亡，13人受伤，925人患病。1942年4月，美菲联军中疟疾肆虐，导致巴丹半岛失守，这是美军自南北战争以来最大规模的一次投降，随后便发生了骇人听闻的"巴丹死亡行军"，约有15000名俘虏被虐身亡。在瓜达尔卡纳尔岛（也称瓜岛），司令官命令海军陆战队只有在体温超过103华氏度（约为39.4℃）时才能获准不执行巡逻任务。1943年，麦克阿瑟将军向陆军部队中研究疟疾的专家抱怨说："医生，我手下有一个师感染了疟疾住院，还有一个师尚未从疟疾重症中康复，能上战场的只有一个师。这会是一场漫长的战争啊！"

造成这种困局的主要原因是美军官兵对疾病不够重视，而严阵以待的医务人员却又无权指挥。这种我行我素的做派从一名军官的话中可见一斑："我们是来杀日本人的，怕什么蚊子！"有人对这种态度提出批评："军人们很强悍，习惯于每天面对炸弹、子弹、炮弹和刺刀的威胁，他们认为蚊子叮咬几乎感觉不到，对此大惊小怪太过娘娘腔了。"此外，军事活动也促使了疫情的暴发。一位美国军医指出："战壕、散兵坑、坦克陷阱、炮位、车辆车辙，由炮弹、炸弹和地雷爆炸形成的坑洼，被破坏的灌溉工程，由桥梁碎石和临时挖掘堤道形成的溪流，因匆忙修建机场和公路而堵塞的排水系统，所有这些都可能为传播疟疾的蚊子提供更多的繁殖场所。"

于是，加强控制战场上的疟疾疫情成为了首要任务。军方空投宣传手册将疟疾的危险性告知士兵。一本培训小册子上说："疟疾和毒气一样，引发病痛且难以治愈。它会让你变得虚弱无力，一无是处。"在新几内亚，为了对付拒绝执行疟疾防控措施的大男子主义行为，一位机智的澳大利亚中士张贴了标语："保持男性雄风！疟疾导致阳痿！"美军军官迅速如法炮制了这一策略，成效明显。

几个世纪以来，能预防和治疗疟疾的只有从金鸡纳树皮中提取出的奎宁，而全世界金鸡纳供应量的90%以上是来自爪哇的荷兰种植园。因此，日本军队在1942年1月控制爪哇岛时，他们也控制了全球金鸡纳的生产。同时，德国军队在荷兰阿姆斯特丹缴获了库存的奎宁。盟军只占领了棉兰老岛上的一小片金鸡纳树林，培植这片树林的种子当年是装在麦乳精瓶子中从爪哇走私出来的。棉兰老岛种植园自1927年开始供应奎宁，但这无异于杯水车薪。1942年5月，棉兰老岛沦陷，获取奎宁的所有希望都已破灭。

这些挫折促使美国政府开始紧锣密鼓地组织研究工作，寻找天然奎宁的替代品。而在历史上，这样的尝试早已有之。1856年，威廉·帕金——一位年仅17岁的化学家尝试用煤焦油的副产品苯胺合成奎宁，结果析出一种黑色残留物。他认为这毫无价值，便用酒精清洗实验烧杯，打算洗掉残留物。但酒精与残留物重新作用，产生了一种紫红色染料。这一意外发现不仅为珀金带来滚滚财源，也摧毁了印度的种植业，因为在此之前，紫色染料生产一直被印度垄断。巴斯德也曾尝试合成奎宁，但未获成功。在二战期间，美国化学家成功地从煤焦油中合成了奎宁，同时测试了15000多种化合物的抗疟作用，其中也包括多种德国科学家发现的染料。

美国对来自亚特兰大监狱、伊利诺伊州监狱和新泽西州感化院的约800名囚犯进行了抗疟药物的疗效测试，这些囚犯自愿被携带复发性间日疟的蚊子叮咬。一名记者描述了志愿者的爱国热情：

他们甘愿冒着更大更多的危险，服用不同剂量的新药，从而确定这些化学品能否安全提供给深受疟疾折磨的战士，同时测试人类的身体系统能容忍多大的剂量。这些人曾经是社会问题分子，如今却深切体会到这场战争关乎每一个人的安危。一旦得知自己的合作能使成千上万的士兵免受热带疾病的蹂躏，囚犯们立刻热情回应……他们将采集血样所用的巨大针头戏称为“鱼叉”，但无人退缩，而是纷纷留下来进行穿刺并完成烦琐而频繁的检查。药物的性质以及测试的结果仍然是一项严格保守的秘密，但进入大规模人体试验阶段，其本身就表明距离长期寻求的目标只有一步之遥。

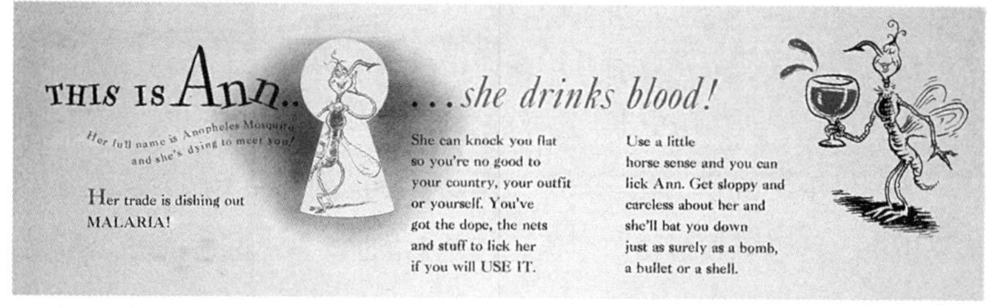

图 3.3.1　西奥多 · S. 盖泽尔（即苏斯博士）为美国军方的疟疾宣传活动专门绘制了一系列漫画，将蚊子描绘成一只雌性恶魔

图片文字内容如下：

这是安。

她的全名叫按蚊，她很想见到你！

她是来传播疟疾的！

她喝血！

她可以她能把你揍扁，这样，你对自己的国家、团队，甚至你自己，都毫无用处。如果你愿意的话，带着毒气和网，狠狠地揍她。

用点常识，你就能打败她。如果你马虎大意，她就会像炸弹、子弹或炮弹一样狠狠地轰你一顿。

显然，囚犯的爱国主义情怀具有很大的自我改造作用，这从假释后的低累犯率中可见一斑。

第一次世界大战期间及战后，奎宁均为短缺物资，这种状况促使德国人在两次世界大战之间合成了几种替代品。其中，1930 年合成的名为“阿的平”的化合物效果最理想。1943 年，美国选择阿的平作为新的奎宁替代品。同年，盟军化学家成功揭秘了人工合成阿的平的方法，随后便进行了大规模生产以确保士兵能够留在战场上。阿的平味道难闻，容易引起恶心、呕吐及腹泻，还导致皮肤变黄（又称“阿的平黄”），部分服用者还会患上精神疾病，甚至有人谣传它可能导致阳痿。因此许多士兵宁可冒险感染疟疾，也不肯服用阿的平。

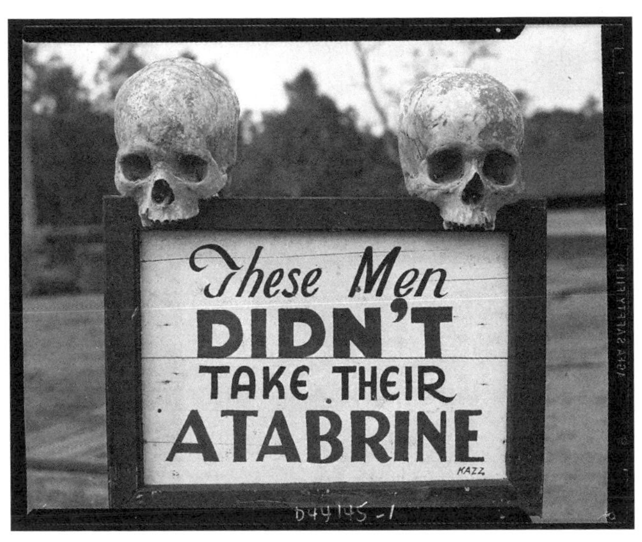

图 3.3.2　战场上开展的有关预防疟疾的士兵教育活动，颇为有效。此图为张贴于 363 号驻军医院的标识

照片来源：国家健康与医学博物馆奥蒂斯历史档案馆，OHA 220.1 展览与医疗艺术服务 (MAMAS D44-145-1)

图片文字：这些人没服用阿的平！

日军所有部队都使用奎宁预防剂、驱蚊剂和蚊帐。然而，在缅甸作战的一个日本军团报告说，所有士兵都被感染。

1941 年，德军在入侵希腊、乌克兰和俄罗斯时也遭受了疟疾的侵袭，他们同样使用了阿的平，但是，德军随后采取的行动引发了疫情。1943 年末，当美英两国军队向意大利前线发起进攻时，德军破坏海堤和泵站，并在河流和运河出口处筑坝，淹没了彭甸沼地。为了阻止盟军长驱直入，德军引入海水和淡水，不过短短几周，10 万英亩复垦农田化为一片泽地。具有讽刺意味的是，这些农田是 20 世纪 30 年代初从湿地中开垦出来的，得益于希特勒的盟友墨索里尼推行的一项雄心勃勃的计划。一名记者报道说："意大利已与三个敌人开战——德国人、地形和蚊子。"这名记者参观了一个曾被纳粹士兵占领的农场，在猪圈的墙上发现了引发瘟疫的蚊子的痕迹，而这正是德军的行动带来的恶果。盟军使用了阿的平而幸免于难，但是当地平民损失惨重。

除此之外，纳粹与疟疾的关联还体现在集中营的医学实验中。1946 年，美国军事法庭在达豪集中营以战争罪绞死了克劳斯·席林博士。二战前，席林是著名的疟疾研究科学家、国际联盟疟疾委员会委员以及罗伯特·科赫研究所热带疾病部主任，但是在大屠杀期间，他利用自己的专业技能残杀达豪集中营的囚犯。1942 年 2 月至 1945 年 4 月，席林伙同自己指导的几位纳粹医生，或是直接使用蚊子叮咬，或是注射蚊子粘液腺提取物，使 1200 多名囚犯感染疟疾，包括儿童。然后，受害者接受了各种药物实验，包括奎宁和阿的平。许多人接受了免疫接种实验，被迫反复感染，据此，德国人最终制定出了阿的平的使用剂量指南。

在战争罪法庭的审判过程中，被告的医生们一再援引美国利用囚犯进行实验来证明这是常规做法，尽管美国囚犯是自愿参与的。一位辩护律师认为，根据美国进行的囚犯实验，“我们可得出结论：对人类实施医学实验不仅在原则上可接受，而且在罪犯身上进行实验也不违反文明国家刑法的基本原则”。席林相信以治愈疟疾为目的而进行的实验，是“自己对人类应尽的责任”。他告诉法庭，“他的工作仍未完成，法庭应该尽其所能帮助他完成实验，为科学造福，也为他自己平反”。有关法庭对战争罪以及对纳粹医生的起诉，应该附加上这样一条信息：在达豪集中营利用囚犯进行实验的医生中，至少有 6 人在战后被美国的“回形针计划”秘密招募。这一行动旨在搜寻纳粹医生、科学家和工程师并将其秘密带回美国，为美国科学技术的发展提供专业知识。

虽然预防性的化学物质缓解了疟疾带来的压力，但大多数由昆虫传播的热带疾病根本无法防控。效力持久的杀虫剂也出现了短缺。战争切断了荷兰东印度群岛鱼藤酮的供应线，由于菊花歉收及英国殖民地肯尼亚的劳工动乱，除虫菊的库存也几近枯竭。而在二战前，美国的除虫菊供应主要依赖日本，是军队虱子粉和氟利昂蚊虫喷雾剂的活性成分。但是，所有这些杀虫剂，即使可用，现在也基本无效。因此，盟军对昆虫传播的疾病几乎束手无策，直到 1943 年，盟军在南太平洋、欧洲和北非战区引进了一种新武器——滴滴涕，即二氯二苯三氯乙烷。

1873—1874 年，奥地利科学家奥特玛·蔡德勒合成了滴滴涕，但并未意识到其重要性，“德国化学学会”会刊也只用六行文字略微提及。1939 年，瑞士化学家保罗·穆勒发现了滴滴涕的杀虫特性，9 年后，他因这一发现获得了诺贝尔医学或生理学奖。从穆勒发现这一特性到获得诺贝尔奖，仅仅相隔 9 年，由此可见，滴滴涕效果显著且迅速得到了公认。这标志着人类终将克服任何困难，即使是那些长久困扰人类的难题。

1935 年，穆勒受雇于 J. R. 嘉基，在巴塞尔对杀虫剂展开调查。通过回顾文献和专利，穆勒发现，相较于一直使用的天然杀虫剂，尚未能找到一种合成杀虫剂能在效果上与之相抗衡，包括砷酸盐、除虫菊和鱼藤酮。他写道："这使得我有了坚持下去的勇气。但在其他方面，情况也不容乐观，因为农用杀虫剂的要求非常严格，只有特别便宜或极其有效的杀虫剂才有可能投入使用。于是，我下定决心仔细观察，我问自己：理想的杀虫剂应该是什么样的？应该具有什么特性？"

穆勒确定了理想杀虫剂的七个要求：1. 对昆虫毒性大；2. 起效快；3. 对哺乳动物及植物无毒或毒性很小；4. 无刺激作用，无异味；5. 可广泛作用于各种节肢动物；6. 化学性质稳定，长期有效；7. 价格低廉。

穆勒用这些标准衡量已知的杀虫剂，如尼古丁、鱼藤酮和除虫菊，发现结果并不理想。

图 3.3.3　保罗 · 穆勒与他的测试设备，1952 年于诺华制药公司

穆勒在玻璃室内用蓝水獭蝇进行测试实验。他测试了数百种化合物，都没有成功。他写道："在自然科学领域，只有坚持不懈、努力工作才能产生结果，因此我对自己说'现在，比以往任何时候都更需要坚持研究'。"

当他合成并测试滴滴涕分子时，他惊讶地发现，这种化合物"杀虫效果非常明显"，远胜其他物质。"过了一会儿，我的蝇笼沾染了毒性，甚至在彻底清洁之后，新来的苍蝇一接触笼壁，就会掉下来。”穆勒由此判定，滴滴涕基本符合他为“理想”杀虫剂制定的严格标准，仅仅一条“起效快”未达到。

1939年，瑞士首次使用滴滴涕对付科罗拉多马铃薯甲虫；1940年，这种化合物获得了专利。战争期间，瑞士保持中立，国家处于孤立状态，实现国内粮食的自给自足非常重要。由于使用滴滴涕，马铃薯大幅增产，这一消息鼓舞人心。1940年，穆勒的雇主J. R. 嘉基开始销售两种产品：一种是含5%滴滴涕的盖沙罗喷雾杀虫剂，用来防治马铃薯甲虫；另一种是含3%或5%滴滴涕的新杀肽，用于防治虱子。瑞士军方最早使用滴滴涕控制因战争产生的难民身上的虱子，以防止斑疹伤寒的暴发。

1942年秋天，J. R. 嘉基将滴滴涕的有关消息透露给了战争双方，而德国人并未留意。尽管法本公司（为灭绝营生产齐克隆B，其子公司德国害虫防治公司负责销售）也生产滴滴涕以制造除虱粉，但纳粹对他们的毒气室技术更为满意，因而齐克隆B在工业生产中占据了重要地位。与此相反，美国陆军对滴滴涕饶有兴趣，他们将盖沙罗和新杀肽这两种化合物的样本交给了农业部的科学家，分析化学成分后，确定其为滴滴涕，于是，美国人对其进行了重新合成。（1943年，英国供应部将这种化合物命名为DDT，并一直沿用至今。）

随后，佛罗里达州奥兰多市的美国昆虫学和植物检疫局研究了滴滴涕的功效，确认其对苍蝇的毒性作用。为了检验化学物质除虫灭虱的效力，该部门已经测试了7500种化学物质，但仅用了几天时间，他们就意识到滴滴涕是控制疾病的新型化学品。滴滴涕可导致苍蝇、蚊子、虱子、跳蚤、臭虫等多种害虫的神经系统中毒，引发“盖罗沙颤动”或“滴滴涕反应”。一位记者欣喜地记录：“一旦接触，它就会引起四肢瘫痪，痉挛性抽搐，直至完全瘫痪后死亡。”1943年5月，滴滴涕进入美国陆军的供应清单。

为了寻找一种安全的滴滴涕混合物，可直接作用于人体皮肤杀死体虱，一系列关键性的实验随之展开。此前已进行的动物实验表明，高浓度的滴滴涕与食物一起食用会严重损害健康，甚至导致死亡，但滴滴涕能否安全地作用于皮肤，仍未可知。随后进行的人体试验非常成功。詹姆斯·史蒂文斯·西蒙斯准将写道："将这种粉末带到虱子猖獗的各个地区进行实地试验时，人们非常欢迎，调查人员常常因志愿者太多而感到尴尬。"

1943 年夏天，在新罕布什尔州的白山森林里，科学家对 35 名出于道义而拒绝参战的人进行了一项对照研究，并最终确定出理想剂量。科学家在每位参与者的内裤中放置一百只体虱。很快，每个参与者的身上就繁殖出大量的虱子，科学家每天都要仔细清点虱子的数量。参与实验的人来自各行各业，"大学教授、农民、职员、推销员、艺术家，等等。这些反战者克制而稳重，自愿前往位于白山的偏远营地，亲身体验这一过程"。

每位志愿者每两周接受一剂滴滴涕，这是精确配置的不同剂量的碱基混合物。研究人员随即监测结果。虱子先是进入"一种神经质的躁动状态，然后亢奋，再陷入瘫痪，最后昏迷并死亡"。根据政府惯例，志愿者从未被告知实验结果。那年夏天，科学家在新罕布什尔州制定出应用于皮肤的滴滴涕剂量指导方针，而这一指导方针在几个月后的与斑疹伤寒的斗争中发挥了至关重要的作用。（纽伦堡战争罪法庭的辩护律师也援引了对反战者实施的这一实验。）一旦确认滴滴涕的适当使用对人类并无威胁，总部陆军服务部队、军医局长、军需长以及战争生产委员会都会努力推动滴滴涕的大规模生产。

作为军事机密，滴滴涕实验秘而不宣。只要敌人不知道滴滴涕的效用，敌军就会继续遭受疟疾、黄热病、斑疹伤寒等虫媒疾病的折磨。滴滴涕在疾病预防领域的广泛应用，不可避免地引起了媒体关注。

1944年末，对科学成就进行年度回顾时，一位作者在题为《因战争需求而催生的发现与进步》的文章中写道："如今，一切发生在政府、工业实验室以及前线的事件都是军事机密。但有时会传出无法压制的新闻。我们也因此有机会了解到喷气推进、飞行炸弹、飞机和滴滴涕等各项进步。"

1943年7月的一份贸易杂志上发表了滴滴涕的分子结构和合成程序，这是首次出现的有关滴滴涕的新闻，但这并没有引起公众的注意。真正引发关注的是1944年2月22日《纽约时报》的报道。该报道称，战争部使用了一种"名为滴滴涕的新型除虫粉，阻止了在那不勒斯暴发的斑疹伤寒。在与疾病的抗争过程中，它被誉为最伟大的武器"。疫情始于人满为患的防空洞，"那里鼠虫成群"，环境肮脏，虱子更是随处可见。西蒙斯准将写道："斑疹伤寒适宜寒冷或温和的气候。它钻进肮脏的巢穴里，等到灾难来临，它便乘虚而入，通过令人厌恶的媒介如虱子，攻击体格虚弱的人。"

美国陆军在北非战区的预防医学科科长威廉·S. 斯通上校调动自己的资源，在洛克菲勒基金会健康团队和其他医务人员的帮助下，实现了前所未有的成就——阻止斑疹伤寒的流行。为了避免当地人受折磨，更为了保护美国第五军以及英国、法国、加拿大和波兰的盟军士兵，在1943年12月26日之后的两个月中，该小组在那不勒斯的40个灭虫站以每天50000人的速度为200万人喷射了滴滴涕粉。他们建立了隔离医院，为伤寒接触者接种疫苗；同时，他们还为600个防空洞喷洒滴滴涕，洞中有20000名那不勒斯居民为躲避城市轰炸而藏身于此长达九个月。据《纽约时报》报道，"如今，那不勒斯人向新娘投掷滴滴涕，而不是大米，或许是因为现在的意大利人不浪费食物，也或许是因为感恩"。

从1943年12月到1944年2月，那不勒斯总共只发生了1377例斑疹伤寒病例，美军士兵无一死亡，这主要得益于老式杀虫剂使用之后立刻实施了滴滴涕计划。观察者发现，本次计划的成就惊人，反观二十多年前的一战期间，斑疹伤寒曾在乌克兰和巴尔干地区夺去了900 万人的生命。

自此，随着盟军控制的领土不断扩大，灭虫站也与日俱增。1945 年 4 月，盟军在莱茵河沿岸设立了“卫生封锁”，以阻止斑疹伤寒从德国传入。《纽约时报》报道说：“来自德国的平民、流离失所者以及获释囚犯，未经检查并喷洒滴滴涕粉，一律不得过河。”对于体虱携带者，只需在内衣上喷洒一次滴滴涕，便可确保一个月内不生虱子。这项伟大的计划保护了平民以及士兵的生命安全。一名记者写道：“斑疹伤寒曾比任何军队的子弹都可怕，而如今，我们的士兵和水手却不再有机会知晓这种危险 。”

1945 年 10 月，“柏林已成为一座拥挤而凋敝的城市，居民食不果腹”。英国人发起“鹳鸟行动”，从柏林撤离了 5 万名德国儿童。冬天即将来临，为了降低死亡率，每天有两千名儿童被疏散到农村，每个孩子都喷洒了滴滴涕粉来预防斑疹伤寒。

战时滴滴涕的使用不仅限于抗击斑疹伤寒。1943 年 8 月，人们发现滴滴涕的残留物也可以杀灭成蚊。研究人员在建筑物的内表面喷洒滴滴涕时，发现按蚊被杀死。1944 年 5 月，在意大利那不勒斯以北的沃尔图诺堡，科学家首次对滴滴涕的抗疟效果进行了现场测试。联合控制委员会下辖的公共卫生委员会疟疾控制处的疟疾控制示范单位，为该镇所有房屋和建筑物的内表面喷洒滴滴涕，以测试滴滴涕对按蚊的杀伤力以及疟疾的发病率。第二次实验在台伯三角洲进行。这两项研究都持续了两年，均由洛克菲勒基金会健康委员会的工作人员开展。早在几个月前，该委员会已在那不勒斯成功根除了斑疹伤寒。随后，又有其他实验陆续展开。

1944 年 7 月底，美国陆军军医局局长诺曼 · T. 柯克少将宣布，将采用“现代最伟大的发现之一”——滴滴涕消灭携带疟疾的蚊子。美军首先选择在意大利沼泽地带的上空喷洒滴滴涕，这里曾因德军的军事行动引发了疟疾。一位记者观看了这一过程并记录：“古老的拉丁姆海岸曾是古罗马在布匿战争中海上力量的主要基地，站在此地，亲眼见证这种化学物质的神奇效果，真是一种不同凡响的体验。”这次大规模实验完成后，美军开始在各大战区部署喷洒滴滴涕。西蒙斯准将写道：“在顽强抗击疟疾的斗争中，军队的预防医学也在突飞猛进。”

因此，1944 年，通过实施综合防控措施，美国军队的疟疾感染率不断下降，只有战争开始时的三分之一甚至四分之一。在新几内亚，1943 年 1 月，盟军士兵中每 1000 个连队中约有 3300 人感染疟疾；1944 年 1 月，下降到每 1000 个连队中 31 人。战争末期，美国士兵中每年因各种疾病死亡的人数约占 0.6%，远低于一战时的 15.6%，“好于战争史上任何一支军队”。这一显著成就取决于诸多因素，如青霉素、阿的平、阿替卡因等新型麻醉剂、纤维蛋白泡沫、浓缩血浆、先进的手术技术以及滴滴涕。

1944 年 9 月 28 日，英国首相温斯顿 · 丘吉尔在下议院发表演讲时，对在缅甸与日军作战时患病的 23.7 万名英军士兵表示慰问。但是“人们经过充分实验，发现滴滴涕粉成效显著”，这使他深感安慰。他说：“从今以后，在缅甸、印度或者其他任何地区，英国、美国和澳大利亚的军队，都会大规模地使用滴滴涕。”丘吉尔还指出，日本人也遭受了“丛林疾病”和疟疾，“这抵消了盟军在印度遭受的巨大损失”。他向下议院保证，“将竭尽所能地抗击丛林疾病，抗击日军”。

1944 年 12 月，在意大利成功消灭疟疾几个月后，盟军军队出动鱼雷轰炸机，以每小时 125 英里的速度在 150 英尺的高空飞行，对面积为 6400 英亩的太平洋某岛屿实施滴滴涕溶液喷洒，每英亩用量为

2 夸脱，旨在帮助刚刚占领该岛的盟军部队实施疟疾预防措施。一位记者写道："岛上有 7000 多具日军尸体，清点掩埋后，喷洒了大量滴滴涕。"

这类行动之所以得以实施，不仅得益于滴滴涕的发明，还由于美国化学战勤务局开发的毒气扩散设备已在各个战区部署完毕，这为滴滴涕和其他杀虫剂的应用提供了条件。例如，M-10 烟雾罐只需要更换一个喷嘴即可进行滴滴涕喷洒，而用于中和毒气残留物的去污喷雾器也能成功喷洒滴滴涕。

一个复杂的问题是，部队在登陆作战前将滴滴涕喷洒在滩头，从医学角度而言是谨慎行为，但敌军很可能会将此误解为生化战争，并首先使用生化武器，因为在敌军看来，这不过是一种报复性打击。而后便是一场针锋相对的冲突，犹如一战时的对峙。因此，盟军通常在部队实施占领之后才使用滴滴涕。

助理军医长雷蒙德 · W. 布利斯准将在访问塞班岛时说，让他深感意外的不是"消灭了大约 8000 名日本人"，而是岛上完全不见蚊子和苍蝇。他回忆说，美军第一次占领太平洋岛屿时，昆虫如阴云密布，遮蔽视线。"现在，要找到一只蚊子，几乎像发现一棵长了四片叶子的三叶草那样难得。"一名记者写道，"首批登陆的海军陆战队伤亡惨重，如果他们的亡魂还在瓜达尔卡纳尔逗留，他们一定会对两年来所发生的变化报以宽容的欢笑。"海军基地的助理指挥官告诉记者："见鬼去吧，我们再也不用吃阿的平了！"

经历了战争初期热带疾病带来的严重伤亡，如今，出人意料的好消息接踵而至，美国人仿佛迎接将士凯旋般欢欣鼓舞。西蒙斯准将写道："几乎每天都有滴滴涕的进展报告送到军医局办公室，受关注程度不亚于前线的战报。这样的报告激发了大众的想象力，滴滴涕这个名称正被赋予一种神秘而浪漫的光环。它在飞速普及，很有可能加入到诸如‘吉普车’‘雷达’以及‘火箭筒’等著名的战争术语行列。”

1944 年 1 月，美国的滴滴涕月产量不足 6 万磅，年底时却猛增到每月 200 万磅，几乎完全军用，但仍旧极度短缺。战争结束时，产量达到每月 300 万磅。1944 年 1 月，那不勒斯正在抗击斑疹伤寒，杜邦公司为其供货，每磅收费 1.60 美元。到了 1945 年 1 月，由于产量大幅提高，成本降至每磅 60 美分。当月，西蒙斯准将写道：“滴滴涕的潜能足以激发最迟钝的想象力，即使研究不再继续，我们已取得的成就也足以令人自豪。在我看来，滴滴涕是这场战争留给世界的一大贡献，为人类未来的健康事业保驾护航。”

战争时期，人们对于病媒昆虫的防治取得了众多突破性进展，不仅仅只是发现并使用了滴滴涕和阿的平。避蚊胺（DEET）的加入改善了驱虫性能；喷洒巴黎绿毒杀幼虫的飞机，最大载荷从 700 磅增加到 3000 磅，大大提高了疟疾的防控效果。1944 年，一位飞行员往科西嘉岛上喷洒了 50 多万磅巴黎绿，工作量之大，令人惊叹。还有一种使用液体氟利昂 -12 作为推进剂的压力瓶可使除虫菊弥漫在细雾中，便于杀死封闭空间内的蚊子。盟军在战场上部署了 3500 万枚此类防虫弹。

也许最值得注意的是，各种机构和组织在断断续续的合作中，始终在协调行动，以便根除病媒传播疾病，特别是疟疾。美国陆军、美国海军、公共卫生局、国家科学研究委员会、昆虫学和植物检疫局、战争生产委员会和美洲事务研究所等机构共同努力，并与化学品制造商、大学以及基金会合作，设法在战场上消灭疟疾。美国、英国和澳大利亚等国家也在国际上开展了合作。

这些合作行动与日俱增，加之战场上需求旺盛，滴滴涕的生产量持续暴涨。到 1945 年 8 月，仅西屋公司一家企业，滴滴涕防虫弹的月产量就高达 130 万枚，专供太平洋战区使用。这种炸弹的外壳由轻质钢制成，内含 2% 的除虫菊酯、3% 的滴滴涕、5% 的环己酮、5% 的润滑油以及 85% 的扩散剂氟利昂 –12。它的创新之处不仅体现在滴滴涕的使用方式上，还在于使用氟利昂分散杀虫剂。1945 年，美国一位著名医生写道："在未来几年里，单是氟利昂防虫弹一项的收入就可以抵消二战的耗费。"氟利昂后来被《蒙特利尔议定书》列为受控物质，因为它破坏了地球平流层中的臭氧层。

与此同时，欧洲仍然迫切需要滴滴涕来根除疟疾。战争刚结束，希腊就暴发了疟疾。据报告，部分地区的居民无一幸免。1945 年 8 月，联合国善后救济总署作出回应，发起了有史以来最大规模的空中抗疟战斗。

同月，保罗・穆勒与他的同事——J. R. 嘉基公司的研究部主任保罗・劳格，第一次通过媒体发表了公开声明，宣布滴滴涕每年可保护 100 万到 300 万人免受疟疾的侵害，"可以最终消除地球上所有由昆虫传播的疾病"，能够"消灭美国所有的苍蝇和蚊子"，让按蚊和携带斑疹伤寒的虱子"加入渡渡鸟和恐龙等灭绝物种的行列"。

滴滴涕的奇迹

（*1945—1950* 年）

> 如果滴滴涕创造的种种奇迹和传说的确属实，那么所有的虫媒疾病必将不复存在。家蝇会成为一种罕见的奇物；小狗不会受到跳蚤的骚扰，过上幸福的生活。
>
> ——《纽约时报》有关那不勒斯消灭斑疹伤寒的报道，1944 年

战争期间民间也被允许开展滴滴涕的小型试验。例如，1945 年 7

月 8 日，长岛国家公园委员会和拿骚县灭蚊委员会在纽约琼斯海滩测试了托德杀虫喷雾器，这是一种在前线使用的喷雾设备的改装版。《纽约时报》的一名记者写道：“今天有 6 万人来琼斯海滩州立公园观光。较早到达的游客突然发现自己被一团团带着甜味的烟雾团团包围。一辆敞篷卡车上安装着喷雾装置，缓慢前进，每分钟喷洒一英亩。一层雾状的轻油混合物覆盖着海滩，其中混有 5% 的滴滴涕溶液，随后变成极小的微粒飘散。”该记者指出，这些烟雾“不会对人类造成伤害或不适”。委员会还聘请了模特凯·赫弗农在滴滴涕大雾中吃热狗、喝可乐。《纽约时报》报道说：“15 分钟后，云雾消散，苍蝇和蚊子统统不见踪影。”实验表明，只需要每英亩 17 美分的成本，就可以为海滩消灭蚊蝇。

滴滴涕在战场上捷报频传。战争接近尾声时，有密切关注者写道：“战后滴滴涕将拥有无限潜力。”1945 年 8 月初，战争生产委员会允许在民用和农用领域使用少量滴滴涕。几天后，美国在广岛和长崎分别投放了一颗原子弹。《时代》杂志将原子弹首次爆炸的照片与允许滴滴涕民用的消息登载在同一页上。

此后不久，战争结束，滴滴涕的生产不再局限于军事用途，美国化学公司以民用要求为导向，提高产量。仅 1945 年，美国就生产出 3600 万磅滴滴涕。同年，飞射枪牌杀虫剂开始在配方中加入滴滴涕。在广告中，士兵朝日本兵背后射击的画面与某人用喷雾器喷洒苍蝇的画面并置，广告配文：“打苍蝇如同打日本人，关键是要动作快！”到 20 世纪 50 年代末，美国的滴滴涕年产量为 1.8 亿磅，相当于人均 1 磅。

能够进行如此大规模的生产，部分原因是杀虫剂制造商使用了化学战生产设施。这些设施是从化学战勤务局购买或租赁的，该机构在 1946 年被国会升格为化学部队。军用气体生产设施转变为私营杀虫

图 3.3.4　左图为 1945 年 7 月 8 日在琼斯海滩进行的滴滴涕试验；右图为模特凯 · 赫弗农的现场演示

图片来源：海滩喷洒图片现存于贝特曼档案馆；凯 · 赫弗农照片由乔治 · 希尔克拍摄，现收藏于《生活》图画杂志。图片均由盖蒂图片社提供

剂工厂，其中最著名的是落基山军火库。这家新成立的杀虫剂公司利用生产芥子气的工厂设备开发了两种类似于滴滴涕的杀虫剂——艾氏剂和狄氏剂。公司的领导也由前任指挥官担任。

在美国，滴滴涕和其他新型杀虫剂的开发促进了化学工业的迅速发展。1939 年，有 83 家美国公司将生产重点放在杀虫剂和杀菌剂上。到 1954 年，这一数字已上升到 275 家。

战后，人们狂热地推崇滴滴涕，将其带入生活的每一个角落，甚至在制作墙纸和涂料的过程也加入滴滴涕，以便“将苍蝇、蚊子和其他昆虫从房间中驱逐出去”。滴滴涕涂料本身有很多用途，可以用于保护家中的门廊、屏风、垃圾桶和排水管等物品，还可以保护船体，使其免受甲壳动物藤壶的损伤。舍温 · 威廉姆斯（宣伟涂料公司创始人）在克利夫兰博览会上向 15 万人展示了滴滴涕涂料的功效。他放出 1 万只苍蝇，让它们落在几周前涂过涂料的屏风上；苍蝇一只接一只经历着“滴滴涕反应”，然后死去。

1945 年 7 月，在一场流行音乐会前，康涅狄格州农业实验站和美国农业部的昆虫学和植物检疫局用直升机向“耶鲁碗”体育馆喷洒滴滴涕，“这样，音乐爱好者就不必一边欣赏节目一边拍打蚊子了”。1945 年 3 月 30 日，新泽西灭蚊协会建议在该州的沼泽和草地上发射装有滴滴涕的迫击炮。8 月 4 日，一架军用飞机在泽西盐沼的上空喷洒了滴滴涕。8 月 9 日，密歇根州卫生部在麦基诺岛上空喷洒了滴滴涕。一名记者写道：“如今，这里的苍蝇已经灭绝。人们欢欣鼓舞，在公共区域点燃篝火，烧毁了数百个灭蝇器；著名的四轮双座游览马车的车夫们收起了网状防蚊马衣……对苍蝇而言，（滴滴涕）的影响如同原子弹。”

1945 年 8 月中旬，为了阻止脊髓灰质炎引起的小儿麻痹症的蔓延，一架米切尔轰炸机以每小时 200 英里的速度飞行，在伊利诺伊州洛克福德市的半个城区喷洒了 1100 加仑的滴滴涕，以消灭可能将病毒从人类粪便转移到食物的苍蝇。为了评估滴滴涕的效能，另一半城市并未喷洒，但只有当局和细心的居民知道城市的哪一半是试验区，哪一半是非试验区。负责这一项目的耶鲁大学脊髓灰质炎专家说：“公开这些信息可能会导致人们蜂拥进入保护区。我们必须避免这种情况发生，还必须避免由此引发的歇斯底里的情绪。”受该项目启发，一些科学家在陆军嗜神经病毒委员会减蝇小组的领导下，也在美国东海岸行动起来。

高档百货公司将滴滴涕产品列入奢侈品行列。梅西百货于 1945 年开始以每夸脱（约为 0.946 升）49 美分的价格出售 MY-T-KIL 杀虫剂；布卢明代尔百货商店则打出广告：半品脱（一品脱约为 0.473 升）1.25 美元。到 1945 年 9 月，滴滴涕供不应求的状况已经大为改善，甚至动物园的动物也可以享受滴滴涕带来的舒适感。3.5 磅的滴滴涕与 11 加仑的二级燃料油混合，加入松油气味，再使用琼斯海滩的同

文字内容如下：

图 3.3.5 标题：

保护您的孩子

免受携带病菌的昆虫叮咬

图 3.3.5 右上部分文字：

特里姆兹 滴滴涕

儿童房墙纸及天花板贴纸

图 3.3.5 右侧文字：

可消灭苍蝇、蚊子、蚂蚁

……蛾子、臭虫、衣鱼以及一切室内昆虫

医学告诉我们：许多常见的昆虫在污秽中繁殖、生活并携带疾病。医学也告诉我们，这些携带疾病的昆虫若是入侵家庭，会带来极大的危险。经过测试，一只苍蝇可以携带多达 660 万个细菌！它可能传播猩红热、麻疹、伤寒、腹泻，甚至小儿麻痹症，试想一下：它将给孩子带来怎样的威胁？而某些蚊子携带着疟疾和黄热病。只需轻轻一口，便会又痒又痛，不停抓挠，便很容易感染。

图 3.3.5　企业将滴滴涕加入各种各样的消费品中，包括托儿所的墙纸

绝对无害！家中无论有孩子还是老人，不论有衣服还是宠物，本产品经认证绝对安全，可放心使用。《家长杂志》倾情推荐。

保证有效！防治昆虫，一年无忧。经实际测试，2 年之后，杀虫性能仍然有效。

使用方便！无需喷雾，没有液体，不沾粉末。滴滴涕固定在纸上，方便，安全，擦不掉！

美观大方！多种图案可供选择：“杰克与吉尔”系列及“迪斯尼最爱”系列。全新花型，欢乐上市，保护健康，美化房间。

滴滴涕天花板贴纸，为孩子的房间提供额外的保护。两种颜色可供选择，适用于家中的所有房间。

图 3.3.5 左侧大图内的圆形图片内文字：

《家长杂志》消费者服务部检测推荐

图 3.3.5 左侧文字:

即贴墙纸!浸入水中,再贴上墙!

无需他人帮助,无需经验指导。快速、干净、简单——用过的人都知道!特里姆兹墙纸,方便易贴,不用工具,不用糨糊。只需将纸条剪成合适的尺寸,浸入水中,再挂上墙,20 分钟后即可干燥。粘贴持久,赏心悦目,不满意可退款。关键是物美价廉!一般而言,只需 8 到 12 美元,即可为孩子提供安全保护(具体价格,视房间大小而定)。

特里姆兹滴滴涕儿童房墙纸,特里姆兹滴滴涕杉木衣柜贴纸,各大百货公司、连锁店、五金店、油漆店和墙纸店均有销售。

常规特里姆兹即贴墙纸,图案丰富,价格公道,每盒 1.98 美元、2.49 美元或 2.99 美元。

图 3.3.5 左下方文字:

特里姆兹 即贴墙纸

特里姆兹公司最新出品

设计顶尖,规模最大的生产商 伊利诺伊州芝加哥商品市场

图 3.3.6 吉贝尔斯百货公司介绍了一种新奇的滴滴涕使用方法

文字内容如下:

图 3.3.6 最上方左侧:

吉贝尔斯最新品

图 3.3.6 最上方右侧:

昨日上新!

明日开卖!

吉贝尔斯最快!

图 3.3.6 中间标题:

3.98 美元订购方式:写信、电话、电报

阿莱索 1-1b “炸弹”

3% 滴滴涕 杀虫剂

图 3.3.6 正文:

它不易燃烧,但可消灭苍蝇、蚊子、蚊虫、蚂蚁、蟑螂、臭虫、飞蛾、衣鱼等一切爬行、跳跃、蠕动或飞行的虫子!

众所周知,滴滴涕在军队中制造了众多奇迹。它剿灭了瓜岛上携带疟疾的蚊子(喷洒滴滴涕后,疟疾死亡率从 70% 下降到约 5%)。它不仅能即刻杀死飞蛾、苍蝇、蟑螂、蚊子等动物,而且在使用过后很长时间内仍然有效。老式杀虫剂没有这种持久性。滴滴涕是新颖而奇特的东西,正如我们一个月前在吉贝尔斯百货的广告中所说的那样。现在吉贝尔斯又要推出一种滴滴涕的使用新招。一款名叫阿莱索的炸弹含有充足的滴滴涕,足够喷洒 100

个普通大小的房间，而喷洒一个房间只需 6~8 秒。阿莱索炸弹除了含有滴滴涕，还有除虫菊。除虫菊能立即毒死昆虫，而无毒氟利昂推进剂则会产生细雾，弥漫整个房间。因此，只需少量即可消灭室内所有的昆虫（包括飞蛾）。这些就是我们的军队使用的滴滴涕炸弹吗？没错！布里奇波特·布里斯公司为军队制造了数以万计的阿莱索炸弹。就在政府取消订单的那一刻，他们立刻给吉贝尔斯打电话。吉贝尔斯百货总是能迅速带给你流行的、稀缺的以及和不易得到的东西。饭店、旅馆、营地、船舱等等，均可适用。我们在吉贝尔斯百货的八楼，可写信订货或电话订货，每箱 25 枚炸弹，99.50 美元。订单 10 日内发货。

款喷雾器直接喷洒在中央公园动物园的动物身上，如大象、长颈鹿、野牛、麋鹿以及马鹿。此外，公园部门还使用蒸汽管网和水管网将滴滴涕雾剂吸入鸟舍。就这样，苍蝇和其他讨厌的昆虫就从动物园中消失了。

同年 9 月，西屋电气公司宣布，“在不久的将来，越来越多的家庭主妇会使用战争期间的滴滴涕‘防虫弹’杀死家里的苍蝇、蚊子和其他昆虫”。每颗防虫弹含有 1 磅容量的喷雾，足够为 15 万立方英尺的空间（相当于 10~15 个家庭）灭虫。一旦阀门打开，“杀虫剂就会以微粒的形式进入空气中，而一滴液体中就可能含有 1000 万颗微粒”。格外便利的是，“使用防虫弹时，家庭主妇不必穿任何特殊的防护服，也不必戴面具”。

滴滴涕进入民用市场后，也出现了各种各样的欺诈性索赔。滴滴涕产品上架后不到一个月，即 1945 年 9 月，美国农业部在全国范围内采取行动，制裁违反 1910 年《杀虫剂法案》规定的公司和个人。这些公司和个人销售的所谓“滴滴涕产品”实际上只含有 0.01% 的滴滴涕，而国家要求剂量为 5%。纽约市商业改善局在回应虚假广告投诉时，发现了两个值得关注的方面：“一是商品标签和新闻报道中过分强调滴滴涕成分，表明它是杀虫剂的主要成分；二是有些或暗示或明说的表达，声称滴滴涕能杀死所有害虫。”

滴滴涕的敞开供应，标志着战时物资限制全面解封。经历了 20 世纪 30 年代的经济大萧条以及二战，美国人的消费欲望压抑了十多年，如今一发不可收拾。《纽约时报》的一篇文章推荐用手榴弹形的滴滴涕防虫气雾弹作为圣诞礼物。梅西百货公司在 1945 年 10 月 1 日刊登了一则广告，标题是“梅西百货何时到货？”货品单包括：

你何时才能拥有品质优良的美式手表？

埃尔金和汉密尔顿牌手表上周到货。一个月内，其他品牌大量到货。

割草机何时到货？

几周前首批到货，现在仍有存货。

有法式翻边袖口的男士白衬衫吗？

你可曾注意上周四的上新？敬请继续关注。

玩具飞机有售吗？

几日之内到货。

吸尘器有货吗？

几周后取样。11 月前可能大量到货。

有滴滴涕“防虫气雾弹”吗？

梅西百货有货，最新低价。

有留声机吗？

8 月 6 日到货。最近四年的最大进货量，一如既往型号齐全。

有床单吗？

有货，但非本次主推货品。三至四周后再行推荐！

有洗衣机吗？

10 月或 11 月到货。绝非预售，现场可买！

有口琴吗？

新货登场！ 9 月 14 日到货，重磅推荐金属口琴。

图3.3.7　二战前和二战后，家用喷雾枪中加入滴滴涕。此为西奥多·S.盖泽尔（即苏斯博士）为其创作的广告配图

图片文字内容如下：

亨利，快点，拿喷雾枪！

加入了滴滴涕！

喷雾枪能消灭蟑螂、臭虫、蚂蚁、苍蝇和蚊子。

滴滴涕的力量赋予了它隐喻性的含义。1945 年，无协议党的市长候选人纽伯德·莫里斯发表广播演讲，其技巧深得纽约市长菲奥雷洛·H.拉瓜迪亚称赞，将其称为“一份令人印象深刻、心悦诚服的声明，以真诚为基础，时而猛烈如重型火炮发射，时而有益如滴滴涕喷洒，切换灵活，手法纯熟”。在有关起诉战犯的新闻报道中，甚至也能发现滴滴涕的踪影。一名记者写道：“大森战俘营，日本战俘的住处虫蝇遍布，用滴滴涕粉清理后，东条英机将军和其他知名的日本战犯都搬了进来。若还需改善，就需要一种效力更强的粉末了。”

滴滴涕的产量居高不下，导致其价格进一步下降。19 世纪 60 年代末，业余昆虫学家利奥波德·特鲁维洛特出于兴趣，将吉普赛蛾子从法国带到马萨诸塞州，用于吐丝毛毛虫的杂交实验。在他搬回法国时，幼虫从他家的后院逃出，先是沿着街道传播，然后蔓延到美国东部的大部分地区，所经之处，珍贵树木均遭破坏。1946 年，二战结

图片文字内容如下：

标题：滴滴涕，好处多！

（左右两段是一整体）

人们对滴滴涕的殷切期望已经实现。在1946年，大量的科学试验表明，如果使用得当，滴滴涕可以杀死许多破坏力极大的害虫，造福全人类。宾夕法尼亚盐业公司是美国最大的杀虫剂生产商之一，生产符合各种标准的滴滴涕及相关产品。今天，得益于该公司滴滴涕产品的杀虫能力，人人都可尽享舒适、健康和安全。而他们的化学品种类丰富，远不止滴滴涕一种，可以为工业、农业和家庭生活带来诸多好处。

图 3.3.8 “滴滴涕是全人类的恩人。”这则宾夕法尼亚盐业公司的广告刊登在1947年6月30日的《时代》杂志上

有益于牛：牛肉更加肥美鲜嫩！滴滴涕防止牛蝇以及其他昆虫的叮咬，这样养殖的牛，比没有使用滴滴涕驱虫的牛增重50多磅，这是科学事实。

有益于水果：没有了看不见的虫子，水果结得更大，水分更多……这一切都得益于滴滴涕的喷洒。

有益于家庭：滴滴涕有助于打造更健康、更舒适的家，保护你的家人免受害虫的侵扰。使用诺克斯·奥特滴滴涕粉和喷雾剂，虫子立刻毙命！

有益于行栽作物：每英亩土地多收25桶土豆……滴滴涕实地测试显示，作物产量可以如此增长！多亏了滴滴涕粉尘和喷雾剂的帮助，农民才能用卡车装载着这沉甸甸的收获与你共享！

有益于奶牛厂：牛奶增产20%……黄油也增产……奶酪也增产……实验证明，使用诺克斯·奥特滴滴涕为奶牛驱赶虫蝇，奶制品的产奶量就会大大提高。

有益于工业：食品加工厂，洗衣店，干洗店，酒店……十几个行业都采用宾夕法尼亚盐业公司的滴滴涕产品，有效控制了虫害，工作环境更加舒适。

左下角商标下面的文字：

化学品

九十七年，全心全意服务于工业、农业及家庭生活

宾夕法尼亚盐业公司

宾夕法尼亚州 费城 怀德纳大厦

束一年后，为了消灭吉普赛蛾子，美国联邦政府在大片土地上喷洒滴滴涕，每英亩成本仅为 1.45 美元。然而，使用大功率地面喷雾器喷洒效力较低的铅砷酸盐，成本则高达每英亩 25 美元。

到 1946 年，美国已有 25 家公司从事滴滴涕防虫气雾弹的生产。滴滴涕促进了战后的经济繁荣，其生产、分销、营销、销售、应用和医疗保健等各个领域都提供了大量就业机会。

滴滴涕能够有效防治的节肢动物害虫，列成清单，足以抵得上昆虫学家一生的所学。1947 年，著名昆虫学家克莱·莱尔在给该领域的专业人士写信时这样描述滴滴涕的现状："可以说，昆虫学家与化学家和工程师合作，其成就具有如此之大的价值，这在历史上还是第一次。因此，几乎是一夜之间，在任何穷乡僻壤之处，杀虫剂的名字都已尽人皆知。在外行人眼中，昆虫学家是一个巫师，事实上，有些成就似乎确有魔力。对于昆虫学家来说，这不正是绝好机遇吗？他们意志坚决地发起运动，打算彻底消灭长期侵扰人类的一些害虫。对于战后的这一宏伟计划，让我们拭目以待吧，它将挑战全世界的想象力。"

战争结束后，滴滴涕立即成为一种重要的农业商品。在华盛顿，苹果种植者用砷酸铅和六氟铝酸钠（冰晶石）代替了滴滴涕，能够更高效地杀死飞蛾，使其数量大幅下降。在堪萨斯州，根据农场主的计算，每用一磅滴滴涕控制苍蝇数量，肉制品产量就会增加 2000 磅。在食物生产领域，滴滴涕提高农业产量的相关报告比比皆是。1920 年的美国，一个农场工人种植的粮食仅够 8 人食用，但到了 1957 年，其产量可供 23 人食用。若使用砷酸铅和其他金属基杀虫剂，未清洗的农产品上会有残留物，人员中毒的现象不绝于耳；而使用滴滴涕取而代之后，消费者得以免受侵害。

爱达荷州发起了一项使用滴滴涕的灭蝇计划，其口号是"爱达荷，无苍蝇"，标语张贴在上万处公共场所。"如果明年春天早些时候大力推行这项运动，”莱尔预测说，“不到1948年，市县卫生官员就会要求见到苍蝇的人进行汇报，并立即派出一名喷洒人员前往该地寻找并销毁繁殖源。这并非白日做梦，而是必将发生的现实。”

类似的计划在美国各地方兴未艾。到1950年，在45个州的600个城市中，人们使用化学战勤务局所开发的喷雾设备来喷洒滴滴涕。大量经验丰富的飞行员驾驶着军用飞机喷洒廉价的滴滴涕。从市、州和联邦政府实施的昆虫控制计划到农业生产直至家庭生活，无一不与滴滴涕息息相关。

战后不久，其他合成杀虫剂也相继进入市场，如氯代化合物氯丹、毒杀芬、林丹、六六六、甲氧基氯以及有机磷化合物对硫磷，等等，总共有25种之多。氯丹被誉为“滴滴涕之后最伟大的发现”，极为畅销，生产商24小时不停运转才能满足需求。“开始，人们对这些新型杀虫剂极为看好，”穆勒写道，“纷纷预言滴滴涕的流行不过是昙花一现。然而，纵观市场，（这些新型杀虫剂）如今少有人提，而滴滴涕——特别是在卫生领域——依然保持甚至提升了自己的主导地位。”

事实上，滴滴涕作为防治疟疾的良策，继续活跃在世界范围。1944年7月，美国的西蒙斯准将把战区疟疾控制计划加以扩大，成功地在全国范围内地掀起了一场疟疾防治运动。在该计划的基础上，1946年美国建立了传染病中心，后来发展成位于亚特兰大的疾病控制和预防中心。

英国人在英属非洲殖民地的抗疟运动中也使用了滴滴涕，却不得不面对年长者因怀疑滴滴涕的安全性而进行的抵制。1946年，在肯尼亚的基普西基部落保护区进行的抗疟运动中，英国昆虫学家保证滴滴涕有效且安全，而基普希吉族首领依然将信将疑。“起初，非洲人对此印象不佳，”在一部纪录片中，叙述者如此说，“有些人担心滴滴涕会毒死他们，而另一些人则认为这是巫术。”为了说服他们，昆虫学家吃了一碗喷洒了滴滴涕的粥，但“即便如此，也没能说服大家”。一位老者说，这是一种可以消灭整个部落的毒药。然而，不出意外，滴滴涕在肯尼亚最终也得到了认可。不可否认，这种新型杀虫剂对于害虫具有致命效果，终于，战胜疾病、减轻饥饿的大门敞开了。

在一个又一个国家的公共卫生领域，滴滴涕都取得了卓越的成就。1945 年 12 月至 1946 年 1 月，它与杀鼠剂氟乙酸钠（“1080”）一起使用，迅速遏制了在秘鲁暴发的淋巴腺鼠疫；在印度，使用滴滴涕 20 年后，死亡率下降了 50%；在锡兰（斯里兰卡），实施了喷洒计划后，滴滴涕覆盖过的家庭，其死亡率在一年内就下降了 34%。

在世界范围内，人们接受了滴滴涕在公共卫生、粮食安全和家庭病虫害防治等领域提供的机会。大到瘟疫，小到家庭琐事，它总以极低的成本解决各种问题，不啻为一剂灵丹妙药，无论卫生部长还是家庭主妇，都对此留下了深刻的印象，足以证明人类拥有无限的创造力。在战争结束后的 23 年内，化学公司和消费者热情高涨，生产并喷洒了 10 亿磅滴滴涕。在人类历史上，还从未有过一种化学品得到过如此广泛的传播。滴滴涕的成功激发了全世界化学实验室的活力，科学家们迅速开发出了一系列合成杀虫剂。这些杀虫剂推动了绿色革命、提高了企业利润，也为穆勒这样的科学家赢得了声誉——他们是预防病媒传播疾病、消除饥荒的功臣。

· 4 ·

I. G. 法本公司

（1916—1959 年）

看哪，这是世界的敌人，文明的毁灭者，国家的寄生虫，是混乱之子，邪恶化身，是腐朽物的发酵，是导致人类毁灭的恶魔。

——德意志宣传部长约瑟夫·戈培尔在纽伦堡纳粹党集会上的演讲，1937 年 9 月 9 日

上帝赠予我们这块土地，让我们培育出一座花园，而不是制造一堆残垣断壁。

——特尔福德·泰勒准将，纽伦堡美国军事法庭负责审判法本公司的首席检察官，1947 年 8 月 27 日

一战后，评论家纷纷指责化工企业不仅从战争中牟取暴利，而且还鼓动战争。1934 年，《财富》杂志刊载文章，讨论战争中的杀戮代价——据计算，每杀死一名敌军士兵约耗费 2.5 万美元。该杂志指出，“每当爆炸的弹片进入前线人员的大脑、心脏或肠道时，2.5 万美元产生的大部分利润都会落入武器制造商的口袋”。一位法国经济学家指出，军备工业中的竞争，其作用非常独特：“军火贸易是独一无二的交易。竞争的双方中，如果一方获得订单，其对手也将增加相应的订单。敌对国的大型武器公司仿佛是同一拱门的柱子，彼此对立，却又相互支撑。政府之间剑拔弩张，军火公司却共同繁荣。”

北达科他州参议员杰拉尔德·奈在《国会议事录》上重新发表了《财富》上发表的这篇文章，《读者文摘》也为订阅者节选了这篇文章。畅销书《死亡商人》重点描述了一战为美国创造了 2.1 万个新的

百万富翁。当年此书吸引了大批读者，因此类似出版物也接踵而至。参议员奈组织了一个调查军火公司的参议院委员会，唆使杜邦家族的一位成员指控共产党煽动民众反抗杜邦和其他化工企业。杜邦公司在一战期间赢利2.28亿美元，因此首当其冲受到民众的批评。奈打趣道："我们可以预测，在下一场战争中，杜邦公司便能富可敌国，成为安定世界的'杜邦政府'。"

富兰克林·D.罗斯福总统也表达了类似的观点，他说："私人企业随心所欲地制造并贩运武器弹药，已成为国际形势的不和谐甚至冲突的严重根源，严重威胁世界和平。从根本上来说这是由于企业和商人的行为不受控制，拉动了毁灭的引擎，因此各国人民必须团结一致，共同应对。"

二战爆发之前的几年里，化学武器和杀虫剂的发展继续互相促进，齐头并进，在德国尤其如此。德国化工集团I.G.成立于1916年，由化工巨头巴斯夫、拜耳、赫斯特，以及规模较小的公司如爱克发、卡塞拉、卡勒、韦勒和格里斯海姆联合而成，是"德国染料工业利益集团"。1925年，这八家公司将战后的资源合并为一家公司，简称法本公司。它是世界上最大的化工企业，股票价值在第二年增长了两倍多。该公司将业务扩展到军需品领域，根据炸药行业硝酸盐的消费需求，整合其硝酸盐工厂。它还积极推动煤炭合成石油的生产计划，但成本太高。最终，德国石油的匮乏成为其战败的主要原因。

随着纳粹崛起，法本公司向纳粹党领袖献媚，并在1933年初为希特勒的竞选活动提供了重要的资金支持。作为德国最大的公司，法本公司为希特勒提供了最大的一笔捐款。

起初，公司领导层有意保护犹太科学家。卡尔·博施，第一位因化学高压方法而获得诺贝尔化学奖的工程师，在1933年3月大选后与希特勒见面，探讨了法本公司煤炭合成石油这一计划的重要性。他告诉希特勒，若将犹太科学家驱逐出德国，德国的物理和化学将倒退一个世纪。希特勒立刻反驳："那我们就在没有物理和化学的情况下奋斗一百年！"此后，希特勒再也没有会见过博施。

1933 年 4 月，博施得知，他的前合伙人哈伯被迫辞去柏林大学教授职务和威廉皇帝物理化学和电化学研究所所长职务，尽管哈伯已经皈依了基督教，而且是德国最著名的科学家之一。博施试图把德国的非犹太裔诺贝尔奖获得者召集起来组成一个团体，抵制对犹太裔科学家的迫害。然而，哈伯的一个学生说："我们不为犹太人拔剑战斗！"

1937 年，法本公司彻底纳粹化。几乎所有董事会成员都加入了纳粹党，公司的犹太裔高层（包括监事会成员）被解雇，博施也从领导人的实职跌到了荣誉职位。该公司是纳粹党的财务靠山，提供各种战争物资支持纳粹主义的扩张，例如，合成石油、合成橡胶、润滑油、炸药、增塑剂、染料以及数千种含有其他化学成分的战争必需品，包括毒气。

1938 年 3 月 11 日，德奥合并，法本公司初尝扩张成果。几天后，公司给纳粹驻奥官员写了一张便笺，请求授权兼并奥地利最大的化工公司——斯柯达 - 韦茨勒公司。法本高层认为，这次收购将打击犹太人在奥地利工业界的影响力，因为著名的犹太裔金融家族罗斯柴尔德持有能控制该公司的多数股权。到 1938 年秋天，斯柯达的犹太裔高层被解雇，斯柯达的总经理被纳粹突击队踩踏而亡，罗斯柴尔德家族逃离奥地利，公司被法本公司吞并。

下一个落入纳粹和法本公司扩张版图的是捷克斯洛伐克。1938 年 9 月 29 日，纳粹要求兼并捷克斯洛伐克的德语区苏台德地区，英国首相内维尔·张伯伦和法国总理爱德华·达拉第采取绥靖政策，签署了《慕尼黑协定》，实质上也就是向纳粹投降。这一事件也促成了法本公司吞并捷克斯洛伐克最大的化工公司——布拉格化学与冶金生产协会（简称布拉格协会）。

由于捷克公司的董事中有 25% 是犹太人，法本便拥有操控收购的优势。苏台德经济委员会向法本公司提供咨询时，确认了这一政治现实："捷克犹太人在布拉格的管理已经结束。"《慕尼黑协定》签署后的第二天，法本公司负责人赫尔曼·施密兹给希特勒发电报，暗示对该地区的公司感兴趣。他写道："您——我的元首——令苏台德回归德意志帝国，行动令人印象深刻。"施密兹又在电报中补充说，法本"将奉上 50 万德国马克，供您在德国领土——苏台德地区使用"。

第二天，即 1938 年 10 月 1 日，德军进入苏台德。由于公司管理层的抵制，收购布拉格协会的"谈判"陷入僵局。在 12 月 8 日的一次会议上，法本的领导人格奥尔格·冯·施尼茨勒告诉布拉格协会领导层，他们的行为是在破坏法本收购重点化工厂，他对此一清二楚，而且他将提醒德国政府，由于他们的态度，"苏台德地区的社会和平正受到威胁，动乱随时可能发生"，而骚乱的责任将由他们承担。第二天，布拉格协会领导层同意出售这些重点工厂。

波兰是德国的下一个目标。与此前一样，在入侵前，法本公司准备了一份欲收购的波兰化工公司清单。1939 年 9 月 1 日，德国入侵波兰，二战由此拉开帷幕。三周后，应法本公司要求，法本的管理人员被任命为被收购波兰化工厂的受托人。

博施成功合成了硝酸盐、石油和橡胶，而这些化工成就如何成了德国发动战争入侵他国的帮凶呢？博施一直在痛苦地思索。1940 年 2 月，他从威廉皇帝研究所迁到西西里岛，由于健康状态每况愈下，又于 4 月返回德国。他预言了法国的沦陷，也预见了德国和他亲手建立的公司的最终毁灭。1940 年 4 月 26 日，博施逝世，享年 65 岁。

德国于 5 月 9 日入侵法国，到 6 月下旬，几乎控制了整个欧洲。法本公司兼并了法国、挪威、荷兰、丹麦、卢森堡和比利时的化工企业后，甚至计划收购未征服国家的化学公司，无论是中立国、盟国还是敌国，包括苏联、瑞士、英国、意大利和美国。“法本公司正处于权力的巅峰，”一位研究该公司的专家写道，“从巴伦支海到地中海，从海峡群岛到奥斯维辛集中营，它控制着一个闻所未闻的工业帝国。”

如果被征服领土上的化学公司领导人不愿意把控制权让给法本公司，他们就会受到威胁，被列为“犹太企业”，所有资产将被立即没收。欧洲第二大化工公司——法国化工巨头库尔曼，就遭此命运。在德国占领前，库尔曼由犹太人管理——毫无疑问，按照处理犹太人的方式，资产将被没收，这迫使库尔曼领导层屈服于法本的要求。

法本公司也是大屠杀的参与者。它掠夺犹太人的财产，为集中营生产齐克隆 B，此外，还利用集中营囚犯测试化学品。法本的一位主管后来辩解人体实验是合理的，理由是“集中营的囚犯最终会被纳粹杀害”，而“不计其数的德国工人却因此获救，所以实验具有人道主义的一面”。

也许法本公司最臭名昭著的罪行就是使用奴隶劳工。纳粹与其企业盟友利用集中营的奴隶来制造战争物资和武器。奴隶很廉价，随时可抛弃，而且绝对保密。在计划使用奴隶劳动时，海因里希·希姆莱曾向希特勒解释：使用集中营奴隶的好处是“与外界失去一切联系，囚犯甚至不准接收邮件”。

法本公司的化学家奥托·安布罗斯选择奥斯维辛集中营作为该公司大型合成工厂所在地，生产合成橡胶与合成石油，这是世界上最大的奴隶工厂，也是法本公司最大的生产项目。安布罗斯作此选择，是因为奥斯维辛集中营中奴隶劳工数量多，煤矿近在咫尺，水源充沛（索拉河、维斯瓦河和普热姆夏萨河），铁路网和公路网也很便捷。

安布罗斯与希姆莱就“租借”奥斯维辛集中营奴隶劳工一事进行了谈判。二人本为小学同窗，对法本公司和党卫军而言，这也是个双赢项目。法本公司同意每天向党卫军支付每个奴隶3马克的“酬劳”。安布罗斯在信中向老板详述了这一安排：“在集中营管理层为我们举行的晚宴上，我们进一步敲定了集中营将为合成橡胶厂提供的所有出色安排。事实证明，我们与党卫军新建立的友谊是非常有益的。”安布罗斯选择参与大屠杀，尽管他的博士生导师是哈伯的朋友——犹太裔诺贝尔奖获得者理查德·威尔斯泰特。1939年威尔斯泰特逃往瑞士后，安布罗斯甚至与他通过信；1942年，威尔斯泰特在流亡中去世。

奥斯维辛的I.G.法本公司建筑群被命名为“I.G.奥斯维辛”，其用电量甚至多于柏林。建造该建筑群时有两万五千名囚犯死亡。囚犯们被迫从集中营长途行军到达建筑工地，不少人死于途中，这大大降低了生产力。于是法本公司为奴隶劳工建立了专属集中营——莫诺维茨集中营，入口处也有奥斯维辛的座右铭：“工作使你自由”。到此时，整个奥斯维辛集中营已经完工，包括奥斯维辛一期（关押着数十万名囚犯的最初的集中营）、奥斯维辛二期（位于比克瑙的灭绝营）、奥斯维辛三期（生产橡胶和燃料的法本厂区）以及奥斯维辛四期（莫诺维茨法本集中营）。

囚犯的去向通常由党卫军军医“甄选”决定，而法本公司管理层对这一过程造成的劳动力短缺非常不满。由于党卫军对执行“最终方案”情有独钟，能够在法本工厂工作的犹太人经常被选中去往比克瑙毒气室。例如，一批犹太人运到奥斯维辛集中营，5022人中，81%的人被挑选去毒气室，剩下的19%去往法本工厂。为了增加法本的劳动力储备，一名党卫军官员改变了方案，将犹太人下火车的地点安排在I.G.法本附近，而不是火葬场附近。于是，下一批4087名犹太人中，59%被选去毒气室，41%被选去法本作劳工，从而提高了劳动力储备。1941年至1945年，法本公司奴役了27.5万名集中营囚犯，其中不包括死亡的囚犯或与其他使用奴隶的企业进行交换的囚犯。

法本公司管理层始终对劳动力储备量不够满意。一名管理人员说："从柏林运来的囚犯中有大多数是妇女、儿童以及老人，如果情况一直如此，对于劳动力分配问题，我无能为力。"一般而言，为法本公司工作的奥斯维辛集中营囚犯在莫诺维茨劳动几个月后，会因为身体条件恶化而被送往比克瑙。一名党卫军军官告诉莫诺维茨的囚犯："你们同样被判死刑，只是推迟一段时间执行。"

在奥斯维辛集中营中，法本囚犯的伙食略强于灭绝营，但仍是食不果腹，每周体重会减轻3~4千克。法本管理层规定，在特定时间内，囚犯的患病人数不得超过5%，而且一个人患病不得超过14天。任何违反这些规定的人，都将被送到比克瑙。

法本工头参照党卫军纪律条例来确保奴隶劳工遵守规定。受到党卫军纪律处分的行为包括"懒惰""逃避""拒绝服从""拖延服从""工作拖拉""吃垃圾桶里的骨头""向战俘乞讨面包""抽雪茄烟""离岗十分钟""工作时间坐下""偷柴生火""偷汤""持有金钱""与女囚犯交谈"以及"暖手"。对以上行为，党卫军采取的惩罚措施包括扣留食物、鞭打、绞刑以及送往比克瑙。

1945年1月17日，苏联红军向奥斯维辛集中营挺进，安布罗斯火急火燎地忙着销毁与法本公司战时活动和暴行有关的文件。第二天，党卫军强迫莫诺维茨集中营中的幸存囚犯长途跋涉，转移到德国内地；两天之内，60%的囚犯殒命于这场"死亡行军"中。1月23日，安布罗斯逃离了莫诺维茨，只剩下些患有传染病的囚犯，他们身体太过虚弱，无法强行推进"死亡行军"。在这些囚犯中，有一人是意大利化学家和作家普里莫·莱维。四天后，即1月27日，苏联红军解放了全部奥斯维辛集中营。而此时，安布罗斯又回到德国，销毁了法本公司的其他记录，并改造了一家化学武器工厂，使其看起来像是生产洗涤剂和肥皂的场所。

纽伦堡的美国军事法庭以战争罪起诉了20名法本公司管理人员。最严重的指控是“第三项：奴役和大规模谋杀”，内容是：“在此期间，数百万人被赶出家园，被驱逐、奴役、虐待、恐吓、折磨，甚至谋杀。”1947年8月27日，首席检察官特尔福德·泰勒准将在法庭上进行起诉，他的陈述令人不寒而栗：

本案中的严重指控并非随意或未经考量而提交法庭的。起诉书中被指控的人对这场人类历史上最惨绝人寰的战争负有重大责任，他们曾进行大规模的奴役、掠夺和谋杀。

这是些可怕的指控。若对自己所要承担的责任没有深刻而谦逊的认识，任何人都不该轻率地或报复性地承担这些指控。本案中，没有笑声，也没有仇恨。

泰勒将军强调，法本公司管理层的所有行动均有条不紊：

被指控的罪行并非由愤怒驱使，也并非源于突如其来的诱惑，更不是那些遵守指令的人犯下的无心之失。人不会因一时激情建造起一个巨大的战争机器，也不会因转瞬即逝的残暴心理而在奥斯维辛集中营里建造工厂。这些人的所作所为是为了彻底地摆脱束缚……在这种不可一世的穷凶极恶的行动中，这些被告人是热切的参与者与领导者。他们扑灭自由的火焰，将德国人民置于第三帝国的残酷暴政之下。他们使国家残酷无情，使人民活在仇恨之中。他们以举国之力，集天才之能，制造各种武器及征服性工具，将德国的恐怖统治散布到欧洲各地。他们编织着死神的黑色斗篷，笼罩欧洲。

战争结束时，德怀特·D.艾森豪威尔将军派遣了一个调查小组来调查法本公司如何帮助纳粹扩张其军事力量，其中包括被法本公司兼并的被征服国家的化工企业。泰勒将军在纽伦堡审判中指出：“矿场和工厂遍及欧洲各地，他们对此垂涎欲滴。在军事征服的过程中，每一步都伴随着一个迅速而残酷的工业掠夺计划。”艾森豪威尔的调查组总结道：“如果没有深入的科学研究、丰富的技术经验、高度集中的经济力量以及法本公司强大的生产能力，德国不可能在 1939 年 9 月发动侵略战争。”

法庭判处安布罗斯 8 年监禁，罪名是“战争罪、参与奴役和强迫劳动的危害人类罪”以及“虐待、恐吓、折磨和谋杀被奴役者”。其他 11 名法本管理人员公司也被判有罪，被判处一年半至八年的监禁。一名首席检察官义愤填膺地表示：量刑“过轻，简直像惩罚一个偷鸡贼”。

“塔崩”

（*1936—1945* 年）

将硝石、（木炭、）硫黄混合，即可制造电闪雷鸣。

——罗杰·培根，约 13 世纪 70 年代

此刻，我们希望能毒死昆虫，因为它们威胁着军人的健康。巧合的是化学战勤务局……正在积极工作，试图改进毒杀德国人和日本人的方法。无论是毒杀日本人，还是毒杀昆虫、老鼠、细菌或癌细胞，所需的基本生物学原理大致相同。适用于以上任一课题的基本信息肯定也适用于其他课题。

——威廉·N. 波特，化学战勤务局局长，1944 年

随着纳粹在德国全面得势，在战争爆发之前，法本公司的管理层

主张加大化学武器的生产。他们认为，在即将到来的战争中，化学武器可以用来恐吓敌方平民。当人们发现“每一个门把手、每一道栅栏、每一块铺路石都是武器”时，就会惊慌失措。法本公司管理层指出，即使盟军对德军令人闻风丧胆的战斗力进行报复，德军也会占据优势。

德国之所以生产化学武器，也因为无力负担进口杀虫剂（主要是尼古丁）的昂贵费用。1937 年的德国法律规定农民必须使用杀虫剂，因此，如果德国化学公司能够发现具有除虫效果的廉价化学品，就可以销售给农民并从中获利；如果他们在杀虫剂研究过程中发现了对人体有害的化学物质，还可以出售给军队以获利。

法本的化学家格哈德·施拉德在寻找新型杀虫剂时，分析了有毒化合物氯乙醇的结构。施拉德替换了分子中的不同原子，并测试了所得化合物的毒性。在这一过程中，他发现了一类名为有机磷酸酯的化学物质，其中的大部分物质都对昆虫有剧烈毒性

1936 年 12 月 23 日，施拉德合成了一种带有氰化物的有机磷化合物，发现它能百分百杀死蚜虫，即使浓度只有极微量的万分之二。施拉德花了几周时间做了大量实验，发现新化学物质“具有令人类难以忍受的毒性”。他回忆说：“第一个明显症状是人的视力在人造光下大大减弱，这是一种无法解释的现象。那是在一月初，天黑后使用电灯看书，或下班后开车回家，几乎完全不可能。”施拉德记录：“我不慎将 7 号物质遗落在长凳上，即使极其微量，也对我的角膜产生了强烈刺激，胸部有强烈的压迫感。”

这次意外使施拉德暴露于世界上第一种有机磷神经毒气中，他最终康复。1937 年 2 月 5 日，施拉德将这一发现的样本寄给了埃尔伯费尔德工厂卫生研究所中的一位教授。3 月，施拉德申请了包括“7 号物质”在内的系列化学品的专利保护，他希望这些化学物质能够用于生产杀虫剂。1935 年，纳粹颁布法令，要求对具有军事潜力的专

图3.4.1 格哈德·施拉德在法本公司实验室内

图片来源：拜耳公司历史档案馆

利申请进行严格保密。就在《德国专利 第155/39号决议（绝密）》发布前，施拉德的同事对小鼠、豚鼠、兔子、猫、狗和灵长类动物进行了测试，证实“7号物质”对哺乳动物有剧毒，因此，它作为杀虫剂的潜在商业价值也就消失了。

施拉德的同事将这一发现转达给了陆军武器办公室，后者立即宣布将“7号物质”的研究和生产列为绝密。“几天后，”施拉德说，“有人通知我到柏林的斯潘道城堡陆军防毒实验室去演示氰化物（7号物质）的制备。吕迪格上校当时是有关部门的负责人，他认识到这种新物质的军事价值。于是，他安排对斯潘道化学实验室进行改造，并提供了一个现代化的技术实验站，确保氰化物的生产。”

纳粹随即发现了施拉德新化学物质的优点。它无色无味，吸入或接触皮肤都可致死。1937年，施拉德搬到法本公司的一家新工厂，可以“不受干扰地进行有机磷化合物的研究”。他获得了50000马克的奖励，是德国工人平均年薪的16倍。

施拉德按时间顺序详述了随后发生的事件：

从1937年到1939年，H.W.A.（德国陆军武器局）一直忙于研究氰化物（7 号物质）的生产技术。我给这种制剂定的编号为 9/91。格罗斯教授称之为“Le 100”，H.W.A. 将其命名为“Gelan”，后来也称为“83 号物质”。1939 年，H.W.A. 在穆斯特拉格（海德克鲁格，兰布卡麦尔）建立自己的工厂生产 83 号物质。1939 年底，安布罗斯局长接到最高司令部命令，要为大规模生产建立一个专门工厂，选址定在布雷斯劳，距离奥得河畔的戴赫福斯约 40 公里。新工厂名为阿诺加纳，于 1940 年秋开始建造，1942 年 4 月开始投入生产。产品称为“Trilon 83”，后简称为“T.83”，最后定名“Tabun”（“塔崩”）。

赫尔曼·戈林是首批纳粹部长之一，曾担任盖世太保（纳粹秘密国家警察部队）的指挥官以及德国纳粹空军总司令，并全权负责纳粹

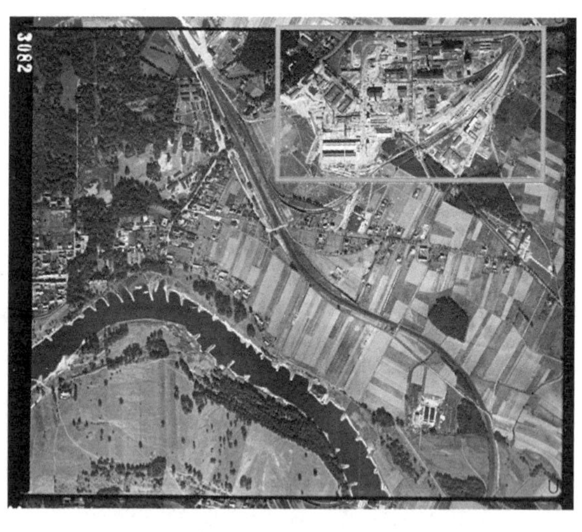

图 3.4.2　一架英国间谍飞机于 1941 年拍摄的法本公司的“塔崩”工厂（照片右上角）。工厂位于波兰下西里西亚省的戴赫福斯，奥托·安布罗斯设计并管理着这个秘密设施。在这里，三千名奴隶用“塔崩”填充炮弹和弹壳；也是在这里，集中营囚犯被喷洒了神经毒气，测试党卫军少将兼化学家沃尔特·希伯研制的防毒面具的性能。1945 年 2 月 5 日，苏联军队占领了戴赫福斯。但那时，党卫军已经将这些奴隶押送到格罗斯 - 罗森集中营（只有三分之一的人在长途跋涉中幸存），藏起了军火，销毁了文件证据，法本公司的雇员也全部逃走。苏联军队遭到了纳粹部队的炮击，法本公司的一个技术小组趁机清洗了“塔崩”生产设施。苏联人发现这座工厂时，里面空无一人，“塔崩”也不见踪影，但苏联人把工厂拆分，运回国内后重新组装，在斯大林格勒郊外的一个新工厂内重新生产“塔崩”

图片来源：英国国家航空摄影图片（ncap.org.uk），图片编号 NCAP-000-000-036-543

全面备战的“四年计划”。他在纳粹指挥部位列第二，仅在希特勒之后。战后，戈林也是纽伦堡法官判处死刑的主要战犯之一，他要求由行刑队执行死刑，而不是绞死。盟军控制委员会拒绝了他的请求。戈林用氰化钾自杀，他把氰化钾置于小瓶内，交替藏在肛门和肚脐里长达18个月。战争期间，戈林参与了纳粹有关战争的各种决定，包括“塔崩”的生产。“塔崩”（Tabun）一词来源于“禁忌”（taboo）。

发现“塔崩”后，戈林委托法本董事会主席卡尔·柯罗茨提交了一份报告。柯罗茨写道：“塔崩”是“一种武器，是卓越智力和先进科技思维的结合体”，在“进攻敌人的腹地”时将大有作为。戈林同意这一评估，并回信说：神经毒剂会“摧毁贫民的心理，使其因恐惧而疯狂”。1938年8月22日，戈林任命克劳奇为他的全权代表，负责处理化学生产的特殊问题，而“塔崩”是重中之重。

施拉德的研究取得了突破。1938年12月10日，他发现了一种比“塔崩”毒性强十倍的化合物。“相较于目前已知的用于战争的有毒物质，这种物质的毒性更是高得惊人。”测试显示，“这种有趣的物质对温血动物的毒性超过了‘塔崩’，不能被视为杀虫剂”。

和“塔崩”一样，这种新物质也有一系列标签。施拉德称之为“Le 213”，并介绍说：“H.W.A.先给此物质编号‘Stoff 146’，后来称其制剂为‘Trilon 146’或‘T.46’，最后定名为‘Sarin’(‘沙林’)。”“Sarin”是相关研究者的姓名字母结合体：来自法本公司的施拉德和安布罗斯以及来自德国军方的吕迪格和范德林德。

1939年6月，施拉德将沙林配方准备就绪；9月，德国国防军在柏林的实验室生产出第一批沙林样本。与此同时，德国击溃波兰，希特勒在一次言辞激烈的演讲中宣布，他拥有的新武器所向披靡。

“塔崩”和沙林的大规模生产带来了财政压力，也带来了技术上的巨大挑战。为了淡化法本公司的角色，建造“塔崩”工厂的资金来自于德国国防军，名义上由新成立的公司承担。事实证明，技术问题更加棘手。合成“塔崩”的过程中，难题层出不穷。“塔崩”原料对钢铁有腐蚀性，因此必须镀一层银。但“塔崩”的毒性给工人和工厂的操作带来了特殊困难。蒸汽和氨气被用来净化设备，工人们使用呼吸器，身上的橡胶套装只能使用十个工作班次。然而，生产出第一批“塔崩”前，发生了300多次意外泄漏，严重时会导致人员在两分钟内死亡。高脂肪可以降低沾染“塔崩”的副作用，因此工厂为工人提供脂肪含量高的食品。工人和奴隶劳工的伤亡为纳粹科学家研究“塔崩”对人的毒性影响提供了数据。

一旦解决了技术问题，工厂的生产能力便提高到每月1000吨。首先，生产出原料，合成“塔崩”，然后转移到一个巨大的地下室，用于填充炸弹和炮弹。待到安装部署时，便将“塔崩”军需品悄悄运出，储存在上西里西亚省的一个地下军火库中。

纳粹在一座名为“144号楼”的秘密建筑物中设立了神经毒剂研发中心，雇用1200名工人制造沙林。对其超常的杀伤力，纳粹格外满意。沙林和“塔崩”被巧妙地安置于各种武器装备中，包括一把每分钟能发射2000发沙林或“塔崩”子弹的机关枪。

到20世纪40年代初，施拉德已经为纳粹政府筛选了一百多种有毒的化学物质作为军用毒气。纳粹在集中营囚犯身上测试由法本公司生产供应的神经毒气和其他化学品的毒性。他们建立了一个博物馆，展示被“塔崩”毒死的动物的器官，还有四千张照片，均是意外接触“塔崩”或实验中被强行沾染“塔崩”的人。

施拉德还制造了大量的有机磷杀虫剂，包括对硫磷和马拉硫磷。他发现对硫磷对昆虫的毒性比滴滴涕大；而且与滴滴涕不同，它能杀死每一种沾染它的昆虫。就在科学家发现这些化合物对昆虫和人类均有毒性时，纳粹宣传机器恰好将犹太人比作需要消灭的昆虫和其他害虫。

纳粹从19世纪的德国文本中汲取灵感，称犹太人是“害虫、蜘蛛、成群的蝗虫、水蛭、巨大的寄生虫以及毒虫”。19世纪德国著名的学者保罗·德·拉加德曾对犹太人说过：“人不与害虫和寄生虫打交道，不养它们，也不珍惜它们，而是竭尽所能迅速消灭它们。”希特勒扩展了这类描述，称犹太人为“瘟疫”以及“携带着比黑死病更严重的细菌”。戈培尔说：“既然跳蚤不是一种令人愉快的动物，我们就没有义务饲养它，保护它，让它繁衍生息，让它刺痛我们折磨我们。正相反，我们的责任是消灭它。这同样适用于犹太人。”

最终，纳粹每月生产出12000吨军用毒气，包括“塔崩”和各类芥子气，还有一种名为“N物质”的可燃性气体，它甚至可以燃烧沥青。纳粹空军储备了近50万枚毒气弹，大小从15千克到750千克不等，填充了光气、氰化氢、芥子气、“塔崩”以及其他各种毒气、酸和碱。

纳粹领导人对使用这一武器库有一种强烈的紧迫感。战争伊始，领导纳粹化学部队的赫尔曼·奥切斯纳将军就表示，这些毒气是一种强大的恐怖武器。“毫无疑问，”他说，“像伦敦这样的城市将陷入无法忍受的混乱状态，这将给敌国政府带来巨大压力。”

1944年，纳粹向英国发射飞弹（V系列导弹），每波多达200枚。进攻的头两周内，两千枚火箭弹雨点一般落在英国。盟军将其称为“十字弓行动”。每天，大约有50吨的飞弹在伦敦爆炸。英国空军投入了一半兵力，尝试击落这些火箭弹，战斗极其惨烈。尽管德军可在火箭弹中填充“塔崩”或用各种方法发射“塔崩”，但他们没有这样做。事实上，德军差一点就采用了这种方式。1944年诺曼底登陆前，希特勒告诉墨索里尼，他拥有的武器“足以将伦敦夷为平地”。希特勒的亲随，如马丁·鲍曼（希特勒的私人秘书）、约瑟夫·戈培尔（德意志帝国宣传部长）和罗伯特·莱伊（纳粹工会主席），都主张使用

“塔崩”。

德国掌握了神经毒气，但盟国对此一无所知。伯纳德·蒙哥马利将军在诺曼底海岸登陆时，甚至把自己的防毒气装备留在了英格兰。诺曼底登陆之所以没有遭遇毒气袭击，很可能是纳粹低估了盟军的能力。

安布罗斯与施拉德合作开发沙林，并担任最大的“塔崩”生产公司的董事。因此，对德国化学武器能力的了解，无人能出其右。1943年5月，斯大林格勒战役失败后，希特勒会见了安布罗斯和身为装备部长的纳粹建筑师阿尔伯特·斯佩尔。大约两年后，斯佩尔密谋刺杀希特勒，将“塔崩”引入希特勒地堡的通风孔中，遗憾的是，他未能攻克以这种方式使用“塔崩”的技术难题。战后，他是在纽伦堡受审的22名主要战犯之一，也是唯一认罪的人，法官判处他22年监禁。

1943年5月的那次会议，议题集中于能否使用化学武器逆转苏联前进的势头。安布罗斯指出，盟军在化学武器生产方面具有优越条件。根据前几代毒气武器的发展，希特勒承认了这一事实，然后补充：“但目前德国拥有一种特殊毒气——‘塔崩’。在这一点上，我们德国处于垄断地位。”安布罗斯提出了相反意见，可惜判断失误。他说：“我完全有理由假设‘塔崩’在国外也广为人知。我相信，如果德国方面能够使用这些气体，其他国家很快就会跟上步伐，不仅能仿制出这些特殊气体，甚至可以大量生产。”这一错误评估使人相信：如果德国首先使用毒气，将遭到敌方的报复性打击，造成更大的损失。这很可能是纳粹没有在战场上使用化学武器的原因。

战争期间，一切与神经毒气有关的化学物质，美国《科学》杂志都停止发表相关文章。纳粹跟踪美国的技术出版物，认为这些突如其来的出版禁令源于国家审查制度，这确实是事实。然而，被禁止出版的科学领域正与滴滴涕的实验相关。具有讽刺意味的是，尽管穆勒的雇主 J.R. 嘉基早在 1942 年就向纳粹透露过滴滴涕的情况，但美方对滴滴涕的保密工作仍然产生了意想不到的结果——纳粹科学家由此推测盟军也已研制出有机磷神经毒气。

盟军距离使用化学武器也仅有一步之遥。1940 年 6 月，大英帝国总参谋长约翰·迪尔爵士主张，如果德国士兵在英国登陆，英国应首先使用化学武器。他在一份军事备忘录中写道："我们的国家正处于生死存亡之际，我们被丧心病狂的敌人威胁。这些人阴险狡诈，不承认有任何规则，我们应该毫不犹豫地采取任何可能带来成功的手段。"迪尔手下的一名资深官员并不赞同这一主张，在他看来，如果英国人首先使用化学武器，"我们之中将有人质疑这样的胜利是否真的有价值"。而温斯顿·丘吉尔选择支持迪尔。

两年多来，尽管丘吉尔和战争内阁不断施压，英国的化学武器计划依然进展缓慢，令人沮丧。丘吉尔认为这一失误将使得英国在德国的进攻下险象环生，不堪一击。"对这些命令充耳不闻的原因是什么？"他写道，"谁应对此负责？应当对有关人员严惩不贷。"

到 1944 年 7 月，英国的化学武器储备不仅足够用于防御，甚至能够用于进攻。丘吉尔在给参谋总部的一份备忘录中写道，对于使用哪些武器是道德的，哪些是不道德的，公众的观念往往在短期之内发生突变。"这就像一个时尚话题，比如女人喜欢长裙还是短裙。我不明白为什么我们这样的绅士总是吃亏，而无赖却总能得利。我相信，可能要等几周甚至几个月之后，我才能够要求你们向德军喷洒毒气。一旦决定这么做，我们就要百分之百地做好。同时，我需要有人对此进行研究，他们得是些睿智而冷静的人，而不是如今随处可见的那种唱着圣歌、穿着制服的失败主义论者。"

英国人为化学战争积极备战，不仅生产大量的防毒武器，而且还制造了 7000 万个防毒面具、4000 万个防毒油膏和 4 万吨漂白剂。到战争结束时，盟国和轴心国已经积累了大约 50 万吨的化学武器，但没有一种曾在战场上使用。整个一战中使用的毒气总量只占二战储存量的 20%。

在欧盟战区，化学武器造成的唯一一次大规模伤亡（不包括集中营囚犯）是 1943 年 12 月 2 日德国空军在意大利巴里港突袭盟军舰队。被摧毁的船只中包括一艘名为“约翰·哈维爵士号”的美国自由轮，它运载着 2000 枚芥子气炸弹到了巴里港口。这是自珍珠港事件以来盟军在海上遭受的最严重损失。美国竟然下令船只驶入易受攻击的意大利海域，这令丘吉尔感到非常震惊。艾森豪威尔将军试图用罗斯福总统和英国战时内阁所颁布的严格的审查制度来隐藏此次灾难的缘由，但平民和士兵大规模伤亡，其原因根本无法遮掩。因此，参谋长联席会议宣布：“盟军的政策是，除非或直到敌人先使用毒气，我们绝不会（此处需强调）首先使用。这是一场有预谋的攻击，我们不否认这一事件，但我们已做好充分准备实施报复。”

在整个战争期间，纳粹始终对“塔崩”和沙林秘而不宣。科学家们只知道自己负责的特定阶段的化学合成步骤，而不知道完整的配方，即使是施拉德本人也无法完全接触到由自己发起的研究。在讨论这些化学物质时，一般使用各种代号，甚至“塔崩”和沙林的成分也被假名称指代，且不停更换。战争结束时，纳粹掩埋了记录这些信息的文本。

然而，这个密不透风的秘密差一点遭到泄露。1943 年 5 月，英国军方在突尼斯抓获了一名德国化学家。该人透露了他所知道的 Trilon 83（塔崩）的相关信息：它是“一种无色透明液体，几乎没有味道”，“由于是一种神经毒药，所以不能归类于任何其他军用气体”。它会导致瞳孔缩小到“针头大小、呼吸困难，一旦加大浓度，一刻钟内将导致死亡”。这个德国化学家提供了成分、作用、使用方式和防御手段等详细信息。英国审讯人员在一份绝密备忘录中记录了这一信息，研究人员也检测出了某些化学物质拥有与“塔崩”类似的效果，然而，英国的情报官员并未对此多加理会。

有机磷酸酯类
（1944—1959 年）

> 对农民而言，植物能自行杀灭害虫是一种奇思妙想；而今，这个梦想已找到了实现的可能性，那就是新型内吸杀虫剂，即磷化合物。这种杀虫剂由德国开发，作用于植物内部而不是外部。
>
> ——科学简讯一则，出现于评论施拉德内吸杀虫剂的社论中，1951 年

直到 1945 年 4 月，人们才意识到“塔崩”的存在，并深感震惊。当时，蒙哥马利领导英军第 21 集团军占领了一个被遗弃的德军试验场，称为劳布卡姆莫尔（德语 Raubkammer，意为“强盗巢穴”），附近还有多座掩体。试验场内里有一个动物园，用来在动物身上测试化学武器，而掩体内藏有填充了不明物质的炮弹。来自英美两国的化学武器专家来到现场，在一个移动实验室内对兔子进行了实地测试，发现它身中剧毒。专家们小心翼翼地把这种物质运回英国，化学武器专家对其成分进行了分析。科学家们不顾意外暴露导致瞳孔收缩的潜在危险，只花了一个周末的时间就发现了“塔崩”的成分和毒性，并找到了解毒剂阿托品。

随着欧洲战场接近尾声，美国化学战勤务局以吸收纳粹化学家为首要任务，并将他们的磷酸酯类神经毒剂纳为己有，以推进美国化学武器的开发。战争重心也从击败德国转向攻击苏联和征服日本，因此，被俘获的德国化学家以及实验室是不可多得的资产。“强盗巢穴”试

验场存有260千克重的“塔崩”炸弹，美国化学战勤务局局长威廉·波特将军下令将其中的5千克运往美国进行实地测试。几个月内，美军已经将530吨的“塔崩”陆续运回美国进行测试。化学战勤务局甚至不顾国务院反对，将德国化学家带回美国协助开发化学武器。

1945年3月，盟军部队占领了勒沃库森并俘虏了施拉德，将他与其他著名的德国科学家一起关押在克兰斯堡城堡——一座位于陶努斯山脉的中世纪城堡，曾是德国空军的总部。盟军给这座城堡编码，称其为“垃圾桶”。他们在那里关押了来自法本公司的20多位化学家和6名董事会成员以及其他纳粹科学家、医生和实业家。1945年8月至9月，英国情报目标小组委员会（BIOS）在“垃圾桶”对施拉德进行了问询。

施拉德与联合调查人员合作，编制了一份有关有机磷神经毒气的机密报告以及一份有关有机磷杀虫剂的非机密报告。应BIOS调查人员要求，施拉德编写了那份非机密报告，促使自己的科学发现实现商业化。非机密报告的导言说：“本报告中的所有信息都已记录在BIOS报告中，但由于涉及其他数据的相关内容，BIOS报告必然被定为‘机密’。因此，为了使信息具有更大的适用性，以下叙述仅涉及施拉德在杀虫剂方面的研究工作。对于本报告所涉领域的研究人员而言，有必要进行以下警告。本报告所描述的化合物，虽然主要用于杀虫，但对温血动物也有毒性。众所周知，其他同类型的物质对高等动物的毒性更大，而且，从事该系列物质合成与研究的工人，很可能制造出一种危险的物质，对自己和附近的人员构成威胁。”BIOS调查人员释放了施拉德，使其回到工作岗位，重建被毁的实验室，改进有机磷杀虫剂。

与此同时，德国于1945年春天战败投降，德国东部的“塔崩”和沙林工厂被苏联控制。苏联人还在占领区发现了一种更强大的纳粹神经毒剂——梭曼，是有机化学家里夏德·库恩及其合作者康拉德·汉高发现的。库恩和安布罗斯一样，在犹太裔诺贝尔奖获得者理查德·威尔斯泰特的指导下获得博士学位。尽管库恩与他的犹太导师关系密切，但 1938 年获得诺贝尔化学奖时，他并未接受，因为希特勒将这个奖项称为犹太奖。

1944 年夏天，库恩在为德国军队研究"塔崩"和沙林的毒理学特性时合成了梭曼。库恩和研究人员发现"塔崩"和沙林有毒，因为它们抑制了一种重要的神经递质，可迅速导致实验对象死亡。他们还发现阿托品可以用作解毒剂。

施拉德向英国调查员描述了梭曼的发现过程："1944 年，H.W.A. 在我不知情的情况下，将我的工作交给了库恩教授。库恩将异丙醇引入沙林中，所获物质被陆军部编号'梭曼'。1944 年 8 月，我将其制造出来并进行了研究。对于温血动物，梭曼的毒性可能是沙林的两倍；而对于植物保护，沙林 – 梭曼系列由于带来的生理作用过强而不具备重大价值。"后来，盟军称"塔崩"为"GA"（"德国毒剂 A"），称沙林为"GB"（"德国毒剂 B"），称梭曼为"GD"（"德国毒剂 D"）。

库恩在战争末期才发现梭曼，因此纳粹来不及将其销毁。战后，盟军调查人员审问库恩，但库恩否认曾参与纳粹化学武器计划。一位审讯者总结说库恩的说法不可信："在我看来，里夏德·库恩的过往并不清白。身为德国化学学会主席，他崇拜纳粹，忠实地执行纳粹仪式。上课之前，他一定会向希特勒敬礼，并且像一个真正的纳粹领导人一样高呼'胜利万岁'。"

确认无疑的是，库恩批准了奥托·比肯巴赫"关于化学毒剂和细菌毒物对蛋白质血浆物质影响的生物及物理化学实验"的拨款申请。比肯巴赫利用这笔资金在纳茨维勒集中营用化学武器光气进行人体实验。纳粹还在萨克森豪森集中营和诺因加默集中营的囚犯身上测试化学武器。战争结束后，比肯巴赫的律师在对库恩的战争罪行审判中，要求库恩为其辩护。库恩说："我认识奥托·比肯巴赫先生，他以个人名义在海代尔堡实习多年，进行纯粹的科学研究。他的六亚甲基四胺实验极其精确，是杰出的科研成就，他追求的是全人类的福祉——对此，我毫不怀疑。我了解到他曾英勇地进行自我实验，这证实了我的观点。我的意见是，他已取得的成就以及他将不负所望取得的成就，一定会造福人类。"

苏联人把研究重点放在开发梭曼上，而英国人集中力量攻克沙林。英国研究人员对志愿军人以及黑猩猩、山羊、狗和其他哺乳动物进行了暴露试验。尽管有志愿者死亡，但英国人很快便能达到每小时 6 千克沙林的产能。美国人也有类似的沙林生产计划，不过规模要大得多，且每千克成本只需 3 美元。

欧洲战场结束时，美国各大政府机构利用"乌云行动"正式招募纳粹科学家、医生和工程师，协助美国在科技和武器装备领域进行秘密研究和开发。1945 年 7 月 6 日，美军参谋长联席会议在一份名为"利用在美国的德国科技专家"的机密备忘录中批准了这项行动。这项行动起初并未告知哈里·S. 杜鲁门总统，不过，杜鲁门仍在 1946 年末批准了这一行动。

由于德国科技人员的家庭把他们的军事住所称为"阴天营"，这个高度机密的"乌云行动"后来改名"回形针计划"。新名称来源于陆军情报官员的做法——将回形针附在纳粹专家档案上作为标记，表明国务院无需审查该档案，因为国务院官员必定反对招募纳粹分子。招募德国科学家、医生和工程师时，最初的要求为"非著名的或被指控的战犯"以及"非活跃的纳粹分子"，后来转为避免招募那些"计划复苏德国军事潜力"的人。

回形针计划从不紧不慢转为积极争取，从为纳粹专家提供临时签证转为提供永久居留权，主要是因为苏联日益崛起，不仅对美国构成了新威胁，还加入了抢夺德国专家的竞争。这一计划共招募了 600 多名纳粹科学家、医生和工程师进入美国各个机构，例如美军化学部队（前身为化学战勤务局）。安布罗斯也位列其中，他由菲利普・R. 塔尔中校负责招募。在战争期间，塔尔中校担任化学战勤务局陆军情报处驻欧洲的首席官员。

塔尔还率美方成员加入了美英联合情报目标小组委员会（CIOS）。该委员会由 3000 多名技术专家组成，负责翻译和解释已发现的纳粹科研文档，其中部分文档与化学武器有关。塔尔与英国的埃德蒙・蒂利少校共同领导该委员会，但蒂利却对塔尔招募安布罗斯的事一无所知。

美国化学部队要求安布罗斯提供有关“塔崩”和沙林生产的详细信息，他们认为这远比为了正义而对其治罪更有价值。战争刚结束，塔尔就解除了对安布罗斯的看管，秘密派遣他获取生产“塔崩”所需的镀银设备的设计图。为保证合作，塔尔同意安布罗斯的要求，尽力确保能释放“垃圾桶”中的所有纳粹化学武器专家。为了这一计划，塔尔甚至伪造了英国供应部的上校的命令。安布罗斯最终溜进了法国军事占领区，并提出用自己掌握的信息交换一份法本工厂的管理工作。据一名英国军官报告，塔尔“已采取措施协助（安布罗斯）逃避抓捕”。塔尔从陶氏化学公司借调了一名化学家作为化学战勤务督察，1945 年 7 月 28 日与安布罗斯在法国军事占领区会面。这次会面收获巨大，这位美国化学家对安布罗斯说：“期待在和平条约缔结后，我能继续作为陶氏公司的代表与您合作。”

美国陆军的其他官员曾多次试图将安布罗斯从法国军事占领区引诱出来，以执行逮捕行动。反谍报部队的卧底探员跟踪了安布罗斯的行踪。他们在美国军事占领区设下埋伏，打算诱使安布罗斯自投罗网，但这一计划并未得逞。对于跟踪自己的美国特工，安布罗斯命令手下的特工进行了反跟踪，并派一名身形相似的人代替自己落入陷阱。第二天，安布罗斯给设计圈套的美国官员送了一张写在法本公司信笺纸上的便条："抱歉未能赴约。"

1944 年底，德国连续溃败，安布罗斯命令副手朱尔根·冯·克林克销毁所有军用气体的相关文件以及法本公司与德军之间的合同。

冯·克林克把一些关键文档藏在钢鼓中埋在一个农场里，安布罗斯对此并不知情。然而正是这些藏匿起来的文件最终将安布罗斯推入绝境。

蒂利少校发现塔尔有自己的工作计划，这与他们联合领导 CIOS 的宗旨背道而驰。蒂利对塔尔保护安布罗斯并利用他发展美国化学武器的行为感到怒不可遏。1945 年 10 月 27 日，蒂利发现了藏着法本文档的钢鼓，终于找到了反击机会。文档中，安布罗斯的罪恶铁证如山。两天后，BIOS 自行发布了对安布罗斯的逮捕令。

安布罗斯在法国军事控制区又安全停留了三个月，1946 年 1 月 17 日，就在他试图离开时遭到了逮捕。在被转移到纽伦堡监狱之前，蒂利少校在"垃圾桶"对他进行了审问。虽然在纽伦堡审判的第六个案件——法本公司案中，安布罗斯被判犯有反人类罪，但安布罗斯仍于 1951 年提前出狱，这使他有机会供职于美国化学部队。正如许多狂热的纳粹分子和战犯一样，在冷战带来的全新竞争秩序中，安布罗斯表现异常活跃。

战争即将结束时，美国化学部队仅在一年之内就生产出五种有机磷酸盐，并改进了沙林合成设备，提高了合成效率。使用昆虫进行毒气测试，一方面可以确定这些毒气作为杀虫剂的功效；另一方面，当这些毒气用于战场作为神经毒气时，确定昆虫作为生物指示标识的可能性。他们还与约翰·霍普金斯医学院签订了一项分包合同：化学部队对志愿者进行了有机磷杀虫剂的测试，以完善对神经毒气中毒进行识别和治疗的各种方案。

因此，化学部队利用其战时经验和专业技术，通过实验和实地测试，将新的杀虫剂引入市场，从而扩大其对社会的吸引力。同时推广的还有净化装置、迫击炮和烟雾发生器等使用杀虫剂时所需的工具。化学部队的火焰喷射器和最新的化学物质可以用来除草或融化冰雪；烟雾发生器可以保护果园免受霜冻；军用毒气则可以用于控制暴乱。军用毒气技术似乎拥有无穷的应用潜力，拥护者越来越多，政府也因此继续为化学部队提供资金。与此同时，美国政府通过税收优惠政策对化学制造商进行补贴，国防部也为其提供了大量合同。

与此同时，有机磷杀虫剂的研究仍在继续。1952 年，英国帝国化学工业公司（ICI）在寻找新型杀虫剂时开发了一种名为胺吸磷的杀虫剂。该杀虫剂对蜘蛛螨具有剧毒性，因此具有巨大的商业潜力。然而，进行田间试验时，使用胺吸磷的农民出现了神经冲动损伤。这种杀虫剂毒性很强，几毫克即可使一人死亡。ICI 意识到无法确保该化学品的市场安全，因此向英国当局提供了一份样本，英国当局又将这一发现转给了美国化学部队。

英国的波顿唐化学防御实验机构测试了胺吸磷作为化学武器的效力。研究发现，胺吸磷比施拉德和库恩开发的 G 型毒剂更容易通过皮肤发挥毒性。波顿唐的一位化学家修改了胺吸磷的结构，制造出一种有毒化学剂，即 V 型毒剂，用于皮肤时，其毒性是沙林的千倍，只需针头大小的一滴，15 分钟内即可致人死亡。

运用 V 型毒剂制造出的最重要的化学武器是 VX 毒气。不同于德国的神经毒剂，这种新的化学物质沉重而黏稠，战场很可能在相当长的时间内不适合人类生活。1956 年，美国和英国合作开发了一种高效的 VX 毒气制造工艺；1959 年，美国工厂开工生产。到 20 世纪 50 年代，这家企业已从开发新农药演化为制造化学武器，且是制造迄今为止最具毒性的化学武器。运载 VX 毒气的武器包括地雷、火炮、喷雾罐和导弹。

另一个创新性发展是二元化学武器，即将神经毒剂的化学成分进行分装，储存在火箭或炮弹中。武器发射时，成分之间的隔墙破裂，化学反应在飞行过程中发生，合成神经毒剂。这项技术避免了直接使用神经毒剂的风险，相对无害的成分由人工处理，化学反应发生在运载工具内，生成化学武器。

战后，几乎在同时，一部分科学家和工程师改进了有机磷化学武器，另一部分科学家为农药制造商工作，改进了有机磷农药。施拉德关于杀虫剂的非机密报告中存在一些空白，因为法本公司管理层销毁了施拉德的部分记录，还有一些记录遗失。但是对于英国的化学公司而言，报告中可采用的细节已经足够充实，他们在 1947 年 2 月，就开始生产并出售对硫磷。美国的化学公司甚至在此之前就已经利用施拉德的非机密报告制造有机磷农药，不受任何专利或许可限制。

孟山都公司生产出第一种有机磷杀虫剂，称为 TEPP，自 1946 年起作为灭鼠剂出售。据化学部队报告，1 磅 TEPP 可杀死 200 万只老鼠。随后，赫拉克勒斯、美国氰胺、壳牌、尼亚加拉、斯塔夫、化学农业、维克多和威尔斯科尔等化工企业也迅速跟进，开始生产有机磷农药。

战争期间，施拉德发现部分有机磷农药进入植物根部，再穿过茎叶，传导到植株各部位，成为“内吸性杀虫剂”。在啃食喷洒过该农药的作物时，害虫会摄入毒剂并死亡。最初，施拉德着手研究基于氟乙基酒精的杀虫剂，在此过程中他发现了这种神奇的“不妨碍植物生长发育的化学治疗剂”。实验时，他用 0.1% 的杀虫剂溶液浇灌玉米植株。八天后，用茎叶喂食兔子，不到 24 小时，兔子死亡。同样，毛虫（吞食性昆虫）和蚜虫（吸食性昆虫）在食用树叶后死亡。施拉德写道：“这次试验确凿无疑地证明 XLVII 物质可被根叶吸收。它明显存在于植物汁液中，因为它可以抵达植物的每一个部位，在一段时间内对昆虫有毒，在某些情况下甚至对温血动物也有毒性。基于这一发现，一个存在了几十年的研究难题即将迎刃而解。”

这种方法具有一个独特的优点：喷洒杀虫剂时即使无法覆盖植物的某些部位，这些部位上存在的昆虫也能被消灭，因为植物的循环系统可将毒剂传导到所有部位。施拉德发现了多种内吸性杀虫剂，在相当长的时间内保护了植物免受虫害。

施拉德第一时间采用这一新技术消灭危害德国葡萄园的根瘤菌。在此之前，如果要根除根瘤菌，需要封锁侵染区周围的大片区域，使用喷洒器在植物上喷洒二硫化碳。此举导致葡萄园被毁，土壤荒芜达四年之久。对葡萄园主而言，这仍是一场灾难。采用施拉德的方法后，葡萄树依然坚挺，葡萄也依然生长，尽管葡萄偶尔也会吸收毒液。即使是在最糟糕的情况下，葡萄藤也能在来年结出健康的葡萄。不仅如此，施拉德发现的内吸性杀虫剂还适用于各种农作物，为其除虫提供了新途径，因此，该技术在全世界引起了极大的反响。

施拉德还运用这项技术攻破了科罗拉多马铃薯甲虫难题。二战期间以及二战后，德国出现食物匮乏。然而，就在 1944 年夏天以及 1945 年战争结束后，德国最重要的农作物马铃薯受到了马铃薯甲虫的危害。为消灭马铃薯甲虫，施拉德潜心研究，于 1945 年发现了新的有机磷杀虫剂。相较于原先使用的砷酸钙杀虫剂，新杀虫剂的浓度低但效率高。“砷酸钙只能杀死成虫和幼虫，”施拉德写道，“新杀虫剂却可以连同产在植物叶片背面的虫卵一同消灭。这意味着很可能找得到一种消灭马铃薯甲虫疫病的有效方法。”

二战结束后，施拉德对化学武器研究兴趣寥寥，但是热衷于开发高效杀虫剂。他受雇于拜耳公司继续从事相关研究。拜耳公司从二战后法本公司的残骸中重新崛起，成长为化工巨头之一。它将这些化学制品推向市场，包括 1952 年推出的内吸磷、1954 年的甲基内吸磷以及此后的敌百虫、谷硫磷和对硫磷。科学家中掀起了一阵合成有机磷化合物制造新款杀虫剂的热潮，到 1959 年，共合成了大约 5 万种此类化学物质并进行了杀虫能力测试，其中已有 40 种投入市场。

战争期间，对施拉德的赏识只来自于纳粹领导人，虽然他在化学领域有众多发现，但出于保密原因，他本人并不为人熟知；战争结束后，施拉德因使用强效杀虫剂对付害虫，得到了广泛认可。他获得了德国政府和德国化学家协会以及公司的奖励。1967 年，他从拜耳植物保护实验室的管理岗位退休，1990 年去世，享年 87 岁。

施拉德在二战前研究出的有机磷系列杀虫剂与保罗·穆勒在战争开始时研究出的有机氯系列杀虫剂，在战后的和平时期展开了竞争。最终，施拉德系列将大获全胜，但没人预测得到帮助其取得胜利的竟是一本薄薄的书——作者是一位温柔的女士，对于杀虫剂尤其是滴滴涕引起的环境破坏，她深感震惊。

第四部分　生态

.1.

杀虫剂抗性

（1945—1962年）

最近你去人间漫游过吗？我到处走了走，同时研究了人类的奇妙发明。我告诉你，有关生命的艺术中，人类没有任何建树；但有关死亡的艺术中，人类超越了自然，用化学和机械制造出所有惨绝人寰的疾病、瘟疫和饥荒。

——地狱中的魔鬼对唐璜所说的话【选自萧伯纳戏剧《人与超人》（1903）】

鸡蛋躺在那里，浑身冰冷，闪烁了几天的生命之火如今熄灭了。

——蕾切尔·卡森，1962年

一战后，众多关心粮食安全和病媒传播疾病风险的专家达成共识：征服自然必须慎之又慎。1922年，美国农业部的首席昆虫学家莱兰·奥希恩·霍华德曾用简练的语言描述了这一挑战："很少有人意识到目前存在的危机。人与人之间、国家和国家之间始终在相互争斗。战争似乎是人类勃勃野心的必然产物。希望全世界的人都能从1914—

1918 年的战争中吸取教训，避免国际战争再次爆发。也许，这是不必要的担忧，但无论如何，即使人类彼此不再争斗，人类与某些对抗力量之间，仍然存在着一场角逐。”

这些力量中最主要的是昆虫。霍华德写道，我们对大多数生物怀有一种“共生于地球的休戚与共的情谊”。昆虫则不然，“与生俱来的是不属于地球的习俗、精神和心理，有人说它来自另一个更可怕、更亢奋、更麻木、更残暴、更邪恶的星球”。与昆虫开战，人类胜算不大，因为昆虫“拥有更强大的武装、更精良的装备，人类无法与之抗衡，而它们体内积聚的能量和活力更使其成为人类最神秘的敌人，甚至是人类子孙后代最强悍的对手”。

霍华德是在与昆虫抗争的漫长的职业生涯中得出以上观点的。沃尔特·里德在着手调查蚊子是否是古巴黄热病的传播媒介之前，曾咨询过霍华德；此外，霍华德在 1901 年出版的书《蚊子小史：生存、传播疾病、分类及消灭》，成为威廉·戈加斯少校在哈瓦那和巴拿马运河地区开展灭蚊行动的指导手册。但难题在于两次世界大战之间或者更早的时间，人类始终未能找到有效的化学物质来对付昆虫这个天敌。

二战改变了这一切。人类不再仅仅使用砷酸盐、石灰和硫黄的混合喷雾、植物提取液或是石油乳状液来对付昆虫。有机化学的发展势如破竹，不断产生新的有效的化学杀虫剂，对此人类受益匪浅。昆虫学家们热情地挥舞着这些利器，高呼着战斗口号，号召民众采取行动消灭昆虫。

但并非所有人都对大规模使用化学药品防治昆虫的前景感到乐观。早在战争期间滴滴涕首次使用时，已有人在支持的同时呼吁谨慎行事。坚定拥护滴滴涕的詹姆斯·史蒂文斯·西蒙斯准将写道：“人们充分意识到，如此强大的杀虫剂可能是一把双刃剑，如果使用失当，可能会对某些有益于农业及园艺的益虫产生危害。更重要的是，它可能会扰乱动植物王国的平衡，从而打乱各种基本的生物循环。”尽管西蒙斯已经提出了预警，这种不加区分、随意使用滴滴涕和其他新杀虫剂的情况仍在二战结束后立刻出现，一些科学家和专业的公共卫生人员用文字表达了内心的担忧。

1948 年，美国传染病中心（后改为疾病控制和预防中心，CDC）的科学家写道：“在 1946 年至 1947 年间，尤其是 1947 年，人们普遍抱怨滴滴涕远不如 1945 年首次大面积使用时的效果明显。人们认为投诉主要由心理原因导致。由于早前使用过滴滴涕，人们已有一年甚至更长时间未曾受到大批苍蝇的侵扰，因此，即使现在只出现少量苍蝇，人们也无法容忍。”尽管公众的疑虑被归结于期待值发生了转变，但科学界的领军人物同样忧心忡忡，担心杀虫剂对野生动物产生影响。“只要杀虫剂仅在自家附近使用，”他们写道，“就不会破坏生物平衡。然而，一旦这些化学物质在广阔的无人居住区使用，就必须考虑人类的经济发展和生活享受给野生动物带来的严重危害。这些危害可能是明显的、直接的、立竿见影的，也可能是隐蔽的、间接的、延迟发生的。”同样，一位英国疟疾专家主张使用滴滴涕来对付蚊子，但他说：“滴滴涕是一种粗鄙但威力强大的武器，按照常规从空中喷洒而下。我看着它，既恐惧又厌恶。”

疾控中心的科学家们还指出，这些新型杀虫剂是否将导致人类的慢性中毒，“尚未可知”。目前只有人类急性滴滴涕中毒病例的报告，其症状与昆虫和鸟类相类似：“即刻出现的毒性反应为呕吐，发麻，四肢出现部分瘫痪，轻度抽搐，无法感知身体的朝向和位置以及四肢震动，膝关节反射过激。”普通民众使用滴滴涕仅两年，因误用而死亡的人数不断增加。疾控中心的科学家们写道：“关于中毒死亡的最完整的描述为——一名 58 岁的男子喝了 120 毫升商业制剂，内含 5%

的滴滴涕、2% 的丁氧硫氰醚、7% 的二甲苯、86% 的脱臭煤油，随后又喝了一夸脱牛奶和几杯啤酒。症状包括迅速发作的上腹部疼痛和呕吐带血的物质，这些症状一直持续，直到第 7 天昏迷死亡。”

人们担心杀虫剂会危害人类和动物的健康，用来回应这一疑虑的证据是杀虫剂的选择性。1946 年，一位著名专家写道：“那些一直致力于研制武器对付成群害虫的人，早就认识到杀虫剂具有选择性——几分钟内可使一只昆虫痛苦丧命，而另一只却毫发无伤。”不过这位作者也在同一篇文章中承认：“滴滴涕是如何杀死昆虫的，目前仍不得而知。”

在相当长的时间内，滴滴涕及其他有机氯杀虫剂一直非常有效。一位专家写道：“滴滴涕最突出的特点就是持久性。”但这种持久性也导致了一系列问题。一家滴滴涕生产商的首席昆虫学家指出：“我也曾与一些军人交流过。他们在登陆南太平洋的一个蚊虫丛生的岛屿前，看到低空飞行的轰炸机在喷洒杀虫剂，即使只喷洒了一次，岛上也只剩下一只孤孤单单的蝴蝶。根据这一说法，我认为滴滴涕在战后应当交由训练有素的人进行操作。与其他杀虫剂相比，滴滴涕杀死的昆虫种类最多，因为它的残留物毒性最持久，甚至殃及昆虫后代。而这正是危险之所在。昆虫中有许多是人类的朋友，而滴滴涕的杀伤力不分敌友。昆虫世界的自然平衡一旦打破，必将危及人类。”

1951 年，有研究人员报告，柑橘类害虫数量激增，因为其天敌已被滴滴涕消灭。人们这才注意到生态平衡已遭破坏。甚至在更早些时候，人们就注意到了昆虫对滴滴涕逐渐产生了抗性。事实上，早在 1914 年，就有学者首次提出昆虫对杀虫剂产生抗性这一观点，并在 1916 年使用早于滴滴涕出现的氢氰酸进行了相关论证，但是，这一假说并未得到重视。

在希腊，1947 年，即全国范围内喷洒滴滴涕的一年后，出现了对滴滴涕产生抗性的家蝇。随后几年内，产生抗性的蚊子、跳蚤、臭虫和蟑螂逐渐淘汰了不堪一击的同胞。到 1952 年，包括美国在内的世界许多地区，人们发现携带众多致命病菌的虱子、苍蝇和蚊子对滴滴涕和其他新型杀虫剂产生了抗性。例如，1946 年在南加州引进滴滴涕后，不到两年时间家蝇就产生了抗性；又过了仅仅两年，家蝇对滴滴涕的替代品，如甲氧基氯、林丹、氯丹、毒杀芬、艾氏剂和狄氏剂等，也产生了抗性。朝鲜战争中，美国军队发现虱子对滴滴涕产生了抗性，不得不重新使用除虫菊这一老办法。

由于杀虫剂抗性成为严重的军事问题，政府不得不投入大量资源进行研究。1951 年召开的国家科学研究委员会会议上发布了首个重要研究结果。著名的进化生物学家狄奥多西·多勃赞斯基在会上解释说，抗性是自然选择进化的必然结果，一个世纪前达尔文已经对此做过详尽的阐释。他认为："生物学家应该摒弃那种继承自前进化论时代的思维习惯，即把每一个物种、种族或人群都看作是某种'类型'或'规范'的体现。"

为了阻止昆虫形成抗性，化工企业认为"必须不断开发出更多品种和规格的新型杀虫剂"。因此，不断生成的杀虫剂抗性为源源不断生产出来的新型杀虫剂提供了市场。由此，一系列有机磷酸酯杀虫剂被引入市场。美国氰胺公司的广告声称马拉硫磷"可以杀死对滴滴涕和其他氯代烃杀虫剂产生抗性的苍蝇"。一旦昆虫对有机磷也产生了抗性，化工企业又引进了全新的氨基甲酸酯杀虫剂。1957 年，美国联碳公司宣布：其公司的新产品氨基甲酸酯杀虫剂西维因（或称甲萘威），是一种"安全便宜、性能稳定、广谱高效的杀虫剂"。

到 1962 年，科学家发现大约有 140 种害虫对滴滴涕产生了抗性。"现在用得多，"一位专家说，"今后就需要用更多。我们制造了比以前更严重的虫害问题。"一位野生动物专家写道："可悲的是，我们为了一己私利而置他人福祉于不顾，执意使用杀虫剂达到最佳杀虫效果。这种行为已经毒害了整个世界，侵害了动物种群。”

野生动物受到的侵害最早发生在南太平洋的海岛上，战争期间，海岛上空喷洒了滴滴涕。一位昆虫学家写道：“塞班岛正濒临毁灭——没有鸟类，没有哺乳动物，没有昆虫，只剩下几只苍蝇。”二战临近结束，自然作家艾温·威·蒂尔发出警告：战后应当禁止大规模使用滴滴涕消灭昆虫。他写道：“战争结束后，如果还有足够的杀虫剂、飞机和笨蛋官员，我们将欢呼雀跃地向所有昆虫发起征讨。从空中喷洒农药清除一块田地或一片树林中的昆虫，这真是一种无与伦比的远见卓识，就像我们为了杀死一个逃跑的强盗而用机关枪射杀一大群朋友。”结果将是——他继续写道：“一座单调而沉闷的纪念碑，镌刻着人类不可理喻的愚蠢。”

战争结束一年后，美国民间环保组织“国家奥杜邦学会”提醒美国人关注大规模喷洒滴滴涕对环境造成的危害，美国鱼类和野生动物管理局发表了一份研究报告，阐述野生动物接触滴滴涕导致死亡的现象。除了野生动物（特别是鸟类和鱼类）急性中毒的案例外，20 世纪 50 年代，人们还发现，滴滴涕在环境中的持久性和稳定性会使其毒性产生延迟效应。例如，喷洒在榆树上的滴滴涕，第二年依然能毒死新来的知更鸟。

滴滴涕和其他有机氯农药在脂肪中溶解度很高，在自然环境中存在时间较长，毒性从猎物转移到捕食者体内时，浓度会提高。例如，1948 年，为了消灭蚊虫，加利福尼亚州的莱克县灭蚊区将浓度为十亿分之十四的苯氯乙烷（DDD，滴滴涕的代谢物）溶液喷洒到克利尔湖中；1954 年和 1957 年，再次用十亿分之二十浓度的溶液进行喷洒。这导致浮游生物体内的苯氯乙烷浓度是湖水的 265 倍。以浮游生物为食的鱼类积累的苯氯乙烷浓度是浮游生物的 2 倍，而以食草鱼为食物的鱼类和鸟类，其体内累积的苯氯乙烷浓度是湖水的85000倍。随后，西部䴙䴘繁殖失败并大量死亡。在世界范围内，凡是有机氯农药使用频繁的地区，鸟类特别是高营养级的鸟类，也都出现了类似的繁殖失败、数量下降的情况。种群数量严重下降的物种包括出现在美国国徽上的白头鹰和地球上速度最快的动物游隼。鸟类极易成为滴滴涕及其代谢物的受害者，因为蛋壳会因此变薄，最终导致繁殖失败。

对野生动物的侵害，最为疯狂的是联邦政府制定的一大批杀虫剂喷洒项目，其中之一是在美国南部9个州的2700万英亩土地上使用杀虫剂控制火蚁。美国农业部发起了一场宣传活动，希望美国人意识到火蚁的威胁以及火蚁对农作物和牲畜造成的不可估量的损失。随后，该部门于1957年发起了灭蚁运动，而事实上，火蚁只是一个小麻烦。因此，一位野生生物学家说："这就像是剥下头皮治头屑，得不偿失。"《星期六晚报》刊文："火蚁无疑是一种令人烦恼的害虫，但该计划是否有充足的理由屠杀成千上万的鸟类、鱼类和小型动物？这很值得怀疑。"事实上，火蚁生活在巢穴中，实施局部喷洒即可消灭，然而农业部却在南部各州广阔的土地上播撒了狄氏剂丸剂。

1959年，美国发行量最大的杂志《读者文摘》警告读者大规模使用杀虫剂的危险性。"美国正在与害虫展开激烈的战争，使用的武器威力巨大，分布广泛，由此引发的争议也是巨大而广泛的。数十亿磅的毒剂播撒在一亿英亩的农田及森林中。今年，在全国范围内，将会继续投放更多的杀虫剂以消灭北部森林中的云杉天蛾、中西部900万英亩小麦地中的蚱蜢、东南部的白羽甲虫，以及沙蝇、蚊虫、日本金龟子、玉米螟和吉普赛飞蛾。"在同一篇文章中，还引用了一位著名动物学家的话："目前广泛开展的杀虫剂喷洒项目已成为威胁北美动物生命的最大危险因素，比毁坏森林、非法猎捕、排水、干旱、石油污染更为严重，甚至可能比所有这些毁灭性因素累加在一起还要糟糕。”这篇文章还指出人类似乎越来越依赖化学杀虫剂：“既然杀虫剂消灭了以老鼠为食的老鹰、猫头鹰、狐狸和啮齿动物，还有益虫和害虫，我们在与害虫的战争中，是否再也不需要自然盟友而完全依赖日益强大的化学物质了呢？”鉴于昆虫对杀虫剂产生抗性的速度越来越快，该文章提出问题：“此后，要对付超级昆虫，我们是否要付出更大的代价才能赢得胜利？”

两年后，即1961年，《读者文摘》在《告别花园害虫？》一文中呈现了完全相反的观点。文章盛赞了滴滴涕、林丹、氯丹、马拉硫磷和其他著名的新农药以及在该领域做出杰出贡献的公司，如杜邦、美国氰胺、威尔斯科尔、埃索、壳牌、陶氏及联碳等，它们实现了“懒惰房主的终极梦想——花园无需打理却美如天堂”。

杀虫剂的负面作用引起了民众的强烈不满，抗议活动在美国各地时有发生，政府官员却对此非常恼火。公众首次集会表达愤慨是在1957年。当时，为了消灭纽约南部的吉普赛飞蛾，美国农业部使用飞机喷洒滴滴涕。除了在300万英亩的农村地区，该机构还对威斯切斯特县和长岛的城市社区进行了喷洒。溶解在煤油中的滴滴涕形成烟雾，落到火车站的通勤者、操场上的儿童以及打理花园的家庭主妇身上，这种情况时常出现。最终，中止联邦政府实施空中喷洒计划的提议未获成功。法官裁定，“为了消除邪恶的吉普赛飞蛾，大规模喷洒药剂是实现这一公共目标的合理行为，在指定官员适当行使警察权力的范围内”。

这些滥用杀虫剂的情况并没有引起广泛关注。这需要转变文化观念，还需要出现一个声音，能将这一阻力重重的话题糅合成引人入胜的信息。

这个声音来自“温和的颠覆者”蕾切尔·卡森，她引起了公众对环境的关注，也引发了工业界的强烈抵制。1918年，年仅11岁的卡森发表了自己的第一篇小说。从此，写作成为她一生的痴好。在宾夕法尼亚女子学院读书时，在一场雷雨中，她读到丁尼生的《洛克斯利大厅》的最后几行诗时，对从未见过的大海着了迷，一如她对写作的热情：

它的面前堆满了爆炸物，它的胸膛里闪起一道霹雳。
让它落在洛克斯利大厅吧，有雨有冰雹，有火有雪；
因为大风刮了起来，怒吼着冲向大海，我就随它而去了。

巧合的是，就在卡森阅读《洛克斯利大厅》时，丘吉尔称赞这是有史以来最有先见之明的作品。毫无疑问，卡森赞同这一观点。1929年大学毕业后，卡森实现了自己的梦想——在马萨诸塞州伍兹霍尔的海洋生物实验室学习了一个夏天，然后进入约翰·霍普金斯大学攻读生物学硕士学位。

入学后的第一学期，股市开始暴跌，卡森的大好前程也受到了冲击。她的研究生津贴为每年200美元，这微薄的收入突然成了这个贫困家庭的经济支柱，她的父母、哥哥、姐姐（一位单亲母亲）和姐姐的两个女儿都搬到了巴尔的摩的一所房子里居住。父亲辞世后，姐姐也去世了，留下了两个女儿。当时的卡森只有29岁，与年迈的母亲一起，承担了孩子们的养育重任。

在经济危机中，为了养家糊口，卡森为美国渔业局撰写有关海洋的报告和小册子。她的老板告诉她，其中的一本小册子非常精彩，不适合渔业局使用，他建议将其交给《大西洋月刊》——有这样的一位老板真是幸事一件！她旋即获得了成功，这篇题为《海底》的短文刊发在1937年的《大西洋月刊》上，稿酬为100美元。这篇文章文辞斐然，令人刮目相看，西蒙与舒斯特出版社的一位编辑和一位著名的纪实文学作家鼓励她将这四页纸的文字扩充成一本书。

卡森既要照顾家庭，又要为政府工作，因而写作速度缓慢，但西蒙与舒斯特出版社仍于 1941 年 11 月出版了《海风下》。尽管这部文笔优美的作品在评论界广受褒扬，但出版时间却很不理想。刚出版一个月，这本关于海洋生物的书恰好撞上了日本袭击珍珠港的新闻，未能得到读者的关注，因而在商业上并不成功。战争物资紧缺也使得这本书的销售举步维艰，比如，计划出版的英国版就因纸张短缺而受阻。这本书在书店的五年上架期快要结束时，卡森的版税收入还不到 700 美元。

卡森继续为联邦政府写作，在如今称为“美国鱼类和野生动物管理局”的机构中工作并升职。这一政府机构与动物保护事业的关系最为密切，作为这一机构的作家，卡森最先留意到 1945 年滴滴涕转为民用后引发的越来越多的担忧。该机构指派卡森编辑关于滴滴涕危害的报告，因此她也是首批意识到其风险的人。

“关于滴滴涕能迅速消灭害虫的消息，我们都有所耳闻。”她给《读者文摘》的编辑写信，打算为该杂志撰写有关滴滴涕的文章。但她也指出，研究人员正在测试“滴滴涕对益虫会产生什么影响；它会如何影响水禽或以昆虫为食的鸟类；如果使用失当，是否会破坏整个自然界微妙的平衡”。或许，她受到了艾温·威·蒂尔的影响，因为蒂尔在 1945 年也曾有类似表述：“今天，人们用滴滴涕重塑一个更接近于他们内心梦想的世界，将天堂想象成一个没有昆虫存在的领地。他们对古老的幻想念念难忘，尽管已有千万个惨痛教训在前，仍然认为自己能从大自然的编织物中任意抽丝却不破坏大自然原本的网络结构。”卡森提议为《读者文摘》撰写一篇关于滴滴涕的科普文章。可惜，与其他做大众科普的计划一样，这一提议同样被拒绝。不得已，卡尔森转到了其他话题。

1951 年，在第一本关于海洋的书出版十年后，卡森出版了第二本书《我们周围的海》。这次，一切顺遂，此书大获成功。《纽约时报》的一篇评论写道："从古希腊的荷马到英国的梅斯菲尔德，这些伟大的诗人都曾试图召唤海洋深处无尽的神奇与魅力，但最擅长于此的莫过于柔弱温和的卡森小姐。在世界范围内，每代人中总会出现一两位有文学天才的物理学家。卡森小姐的《我们周围的海》无疑是经典之作。"《纽约时报》的另一篇评论在感慨中收尾："很遗憾，这本书的出版商没有将卡森小姐的照片印在封套上。她竟能以如此美妙而精确的笔触进行严谨的科学写作，如果能够得见真容，那就太好了。"《波士顿环球报》写道："一位女性用文字书写了七大洋的壮丽与神奇，你是不是认为她精力充沛且体格健壮？不，卡森小姐恰恰相反。她身材瘦小，有一头栗色的头发，眼睛则混合了海水的绿色以及蓝色。她优雅而娇柔，涂着柔和的粉红色指甲油，精心装扮，却只略施粉黛。"《纽约客》向卡森支付了 7200 美元，将这本书节选后编入"海洋概览"系列；《耶鲁评论》支付 75 美元出版了其中一章，帮助卡森获得了美国科学促进会颁发的 1000 美元奖金；"每月一书"俱乐部将《我们周围的海》选入推荐书单，《读者文摘》出版了该书的节选版。卡森获得了古根海姆奖，《星期六文学评论》专门介绍了卡森。纷至沓来的荣誉中还包括"国家非虚构类图书奖"。这本书稳居《纽约时报》畅销书榜的榜首，时间长达创纪录的 86 周。它被翻译成 32 种语言出版，首版就售出 130 多万册。卡森在 44 岁那年迎来了成功，她终于可以心无旁骛，全身心地投入写作。

在"国家图书奖"的获奖感言中，卡森透露了她将要写作的作品。她说："我们一直从望远镜的错误一端看世界。如果我们不曾犯这样的错误，会看见什么呢？我们首先看到的是人类的虚荣和贪婪，看到暂时或长久地困扰着他的难题；然后，从这种偏颇的视角出发，我们观察地球，再观察宇宙——地球只是其中一小部分。然而，这些都是伟大的现实，参照这些现实，我们得以从全新的角度看待人类的问题。如果我们把望远镜倒过来，人类落在遥远的视野中，我们会感觉自己距离毁灭还有很长时间，无需提前做准备。”

《我们周围的海》好评如潮，于是出版社趁热打铁，在 1952 年重新发行了《海风下》。这本书很快就与《我们周围的海》一起登上了畅销书的榜单。《纽约时报》称，这样的出版模式在“在出版界如同日全食一般罕见”。

1955 年，《海的边缘》出版。该作品在《纽约客》上发表首期连载时，艾温·威·蒂尔不禁感叹：“你又一次创造了辉煌！”这本新书同样得到了广泛的赞誉，斩获各种奖项，并在《纽约时报》畅销书排行榜上占有一席之地。《纽约时报》书评人这样评论：“她的理解方式具有极大的感染力，即使你对多刺、多黏液的生物一直深恶痛绝，你也会情不自禁地对它们产生好感和兴趣。”卡森成功地使读者接近这些不太讨喜的主题，正是凭借这种卓越能力，她又引领着读者进入她最为关注的终极话题——杀虫剂。

卡森提出这一话题，最初希望能引起儿童作家埃尔文·布鲁克斯·怀特的写作兴趣。怀特为《纽约客》撰稿，覆盖的话题很广泛，其中就包括环境。怀特又把这一建议返还给她，提议由她自己写写杀虫剂。他在信中写道：“我认为污染是个庞大的话题，是每个人最感兴趣、最关心的问题，吉普赛飞蛾的情况只是其中的一小部分。污染从厨房开始，一直能延伸到木星和火星。总有人会代表一些特殊的群体为了争夺某些利益进行发声，但从未有人为地球本身说过话。”1957 年，卡森再次为家庭重负所困扰，写作受到严重影响。她的侄女去世了，留下了一个 5 岁的非婚生男孩。卡森当时 49 岁，既要照顾年迈的母亲，又要照顾年幼多病的侄孙。尽管如此，卡森有关杀虫剂的写作项目在第二年就已酝酿成形了。她在收集信息时，内心常被恐惧支配，因为政府滥用杀虫剂对付火蚁和吉普赛飞蛾，完全不顾及这些化学物质对人类和野生动物可能产生的意外影响。

卡森充分意识到20世纪50年代美国令人窒息的政治气候——对政府权威的绝对尊重以及对爱国主义等的狂热。当她开始整理自己对杀虫剂的观点时，她尊敬的作家约翰·肯尼斯·加尔布雷思对消费主义提出了批判，总结了卡森面临的文化挑战："在这个时代，无论推崇哪种社会学科、拥有哪种政治信仰，所有人都渴求舒适，希望被人接受。有争议的人常被视为一种令人不安的影响力；独创性被视作不稳定的标志，就像是稍加更改的寓言——一切都平淡无奇。"作为拥有独创精神却又深陷争议的女性，卡森一定对此深有共鸣。

在《寂静的春天》出版之前的几年里发生了一系列事件，使得卡森曾给这本书定名为《人与地球的对抗》。1954年，美国在比基尼环礁测试氢弹，爆炸后产生大量放射性尘埃。一艘名为"幸运龙"的日本渔船恰巧在此地逡巡捕捞金枪鱼，不幸受到辐射，船员非死即伤。辐射带来的致命危险震惊了全世界。1957年，苏联掌握了携带核弹头的洲际弹道导弹技术。美国人得知放射性尘埃中的锶-90（半衰期近29年）可能出现在牛奶中，然后渗入孩子的骨骼和牙齿，导致癌症，这一点也让美国人感到非常惊惧。事实上，有记录表明，1961年婴儿的牙齿中就检测出锶-90。美国国家核政策委员会号召人们反对核试验和"意外降临的灭绝行动"。家庭主妇组织妇女和平罢工，目标是"结束军备竞赛，人类继续生存"。而此时，苏联在古巴部署了核导弹。

20世纪50年代，美国人从扬扬自得中警醒，因为他们知晓了放射性尘埃的威胁，更惧怕化学品的危害。在1959年感恩节期间，杀虫剂污染食品的消息引起了媒体和公众的关注，当时美国食品和药物管理局（FDA）禁止喷洒过除草剂氨基三唑的蔓越莓上架销售。美国氰胺公司曾向美国食品和药物管理局申请制定食品中的农药残留标准，但由于氨基三唑导致大鼠甲状腺癌，这一请求遭到了拒绝。蔓越莓虽然丰收，但种植者却面临着严重的经济损失，他们要求卫生、教育和福利部部长阿瑟·弗莱明辞职，因为他发表了关于蔓越莓污染的声明。种植者写道："为了公正地对待数千名蔓越莓种植者和经销商以及数百万名消费者，我们要求你立即采取措施，纠正由于不明真相而发表的具有误导性的新闻声明，挽回这一事件给我们造成的不可估量的损失。你的行为无异于因噎废食。"这件事提醒了美国人：政府没有阻止受污染的食品进入市场。这也许是政客们利用食品作为政治工具的最早例子，因为理查德·尼克松和约翰·肯尼迪在总统竞选期间都曾热切地吃着蔓越莓，以赢得新英格兰地区的农村选民的支持，那里的蔓越莓作物没有受到污染。

1961 年，美国总统艾森豪威尔在告别演说中的言辞也影响了美国的政治环境：

维持和平的一个重要因素是我们的军事建设。我们必须拥有强大的武器，随时准备采取行动，使任何潜在的侵略者都不敢冒着自我毁灭的风险以身试法。我们必须建立一个庞大的永久性武器工业……这其中凝结着我们的辛劳，蕴藏着丰富的资源，也关系着我们的国计民生。我们的社会结构也是如此。在政府层面，我们必须防止军工联合体获得不合理的影响力——无论是否主动寻求。因权力错位而导致灾难的可能性，一直存在并将持续存在。我们决不能让这种军队与工业的联合力量危及我们的自由制度和民主进程。我们决不能掉以轻心。只有警觉而睿智的公民才能确保庞大的军工防御体系与我们谋求和平的方法和目标以适当的方式结合起来，使安全和自由得以协调发展。

这一“军工联合体”的核心部分正是化工企业。

一场由药品引起的恐慌也为《寂静的春天》提供了契机。1960年9月，弗朗西斯·凯尔西刚刚入职美国食品药品监督管理局，就收到美国理查森－梅雷尔制药公司的申请，要求在美国销售镇静剂“反应停”。该药品最初由格兰泰公司在西德合成，并获得生产许可，可由制药公司在全世界46个国家进行生产。它用于缓解孕妇的孕吐反应，也广泛用于治疗睡眠问题、呼吸系统疾病和神经痛。医生还将其作为儿童的镇静剂，在检查脑电图之前使用。格兰泰公司将其宣传为“孕妇及哺乳期妇女的良药”。

动物实验显示该药品是安全的，因此理查森－梅雷尔公司要求加快审查进度。但令凯尔西感到不安的是，这种药物在动物身上的表现不同于人。在食品药品监督管理局规定的六十天期限内，凯尔西发布了评审决定，认为没有充足的证据证明该药品的安全性。理查森－梅雷尔公司深感沮丧，不断提供更多的安全证据。一位记者写道：“她极其严肃地看待自己的职责，并严格履行职责。有人含沙射影地说她官僚主义、吹毛求疵、蛮不讲理，甚至如她自己所言——愚不可及。”

1961年春，德国突然暴发了一大批海豹肢畸形案例，但原因不明，研究人员一筹莫展。此前，这种先天性缺陷几乎闻所未闻——没有手臂，肩部下方出现未发育完全的手指，“如同海豹的鳍状肢”。不仅在德国，在世界各地，都出现了这样的情况：数千名婴儿出生时没有双臂或双腿，甚至根本没有四肢，同时还伴有多种其他缺陷，此外，还有数千名婴儿死亡。1961年11月3日，一位德国儿科医生将病因归结为药品“反应停”，因为有医生妻子在服用了制药公司赠与丈夫的“反应停”样品后，所生婴儿也出现了同样症状。理查森－梅雷尔公司在向美国食品药物监督管理局提交申请后，向美国1200名医生派发了250万粒“反应停”药片，导致美国也出现了先天缺陷的案例。

11 月 29 日，有公司收到证据，证明是“反应停”导致了这一缺陷，并于次日报告给凯尔西。理查森－梅雷尔公司随即撤销了申请，尽管该公司声明“此类假设缺乏确凿证据”。调查人员还发现该公司与格兰泰公司都欺骗了监管机构。

由于凯尔西不厌其烦的努力，美国人基本上逃脱了“反应停”导致的先天缺陷的劫难。更值得反思的是，制药公司和医疗专业人士在没有进行充分测试的情况下，肆无忌惮地将一种新的化学药品推向市场；一位女性以谨慎的态度处理这一情况，却遭到了批评。从中，卡森看到了与自己类似的处境。她在一次采访中说：“‘反应停’和杀虫剂其实是同一个问题。它们表明人类总是迫切而盲目地尝试新事物。”

在接二连三的灾难面前，公众终于接受了卡森想要传递的讯息，但卡森前进的步伐却被个人家事拖住了。1958 年底，母亲病重辞世。1960 年初，卡森自己的健康状况也亮起了红灯，她感到了完成这本书的紧迫性。到了 3 月，整本书的架构开始成形。随后，一系列疾病接踵而至，到了 12 月，她意识到尽管在前一年春天做过根治性乳房切除术，但癌细胞仍然转移了。“如果有人迷信，”她写道，“就会相信有某种力量正在对我的工作施加恶毒的影响，好让这本书无法完成。”她一有可能就继续写作：“也许我比以往任何时候都更渴望完成这本书。”在卡森的描述中，放疗机器是一个“两百万伏的怪物”，却是她唯一的“盟友……但这是一个多么恐怖的盟友啊！尽管它正在杀死癌细胞，可我也很清楚它对我的影响”。

·2·

《寂静的春天》

（1962—1964年）

害虫只是一种活的有机体，之所以区别于许多其他形式的生命，仅仅是因为它们的主要竞争对手——人类对它们极为不满……智人消灭了与自己同一种族的其他智人。一种又一种文明，形成了，又消失了。但是，除了在局部地区，人类是否曾经彻底消灭过一种他称之为害虫的竞争性物种，这还是个疑问。

——乔治·C.德克尔，著名科学家，蕾切尔·卡森《寂静的春天》的评论员，1962年

化学战争从来没有赢家，激烈交火时，所有生命都毁于一旦。

——蕾切尔·卡森，1962年

书名是一扇大门，可将读者拦在门外，也可邀请读者登堂入室。在卡森的脑海里，除了“人与地球的对抗”之外，书名还有诸多的可能性，例如“人与自然的对抗”“如何保持自然平衡”“掌控自然”或是“为人类着想的异议”。其中，最后一个标题中的“异议”涉及一桩司法案件：最高法院判定长岛居民反对喷洒滴滴涕是非法行为后，大法官威廉·O.道格拉斯对此裁决持有异议。但以上所有标题都会限制这本书的读者群，因此卡森一直在寻找一个更合适的书名。霍顿·米夫林出版公司的主编保罗·布鲁克斯曾建议将《寂静的春天》作为鸟类章节的标题，后又建议将其拓展为书名。卡森的文学经纪人玛丽·罗德尔建议在书的封面印上诗人约翰·济慈的两句诗：“湖中芦苇已经枯萎，也没有鸟儿在歌唱。”

卡森的前作多是美丽、欢愉而抒情的，带领读者漫步于海岸边或是徜徉于海浪下，不会引起任何争议。然而，在《寂静的春天》于1962年秋季出版之前，争议已然铺天盖地。卡森刚刚着手写作时，布鲁克斯就预见到了这本书的影响："毫无疑问，全世界都在等待它的出现。"之所以如此瞩目，部分原因是书中涉及的危机已经遍及各地。到1962年，化工企业已在美国市场注册了大约500种化合物，可用于制作54000种杀虫剂；当年，仅在美国，9000万英亩的土地上就使用了3.5亿磅杀虫剂，数量之大，令人瞠目。

卡森很清楚这本书将面临来自相关行业的激烈抨击，于是她联合知名专家审查了所有事实，而且霍顿·米夫林出版社的律师向她保证，其中不存在任何诽谤行为。卡森的团队向国会领导人、美国政府官员、政治组织以及园艺种植及保护组织派送了预出版样书。《纽约客》在6月出版这本书的精缩版时，论战的大幕已然拉开。该文章收到的读者来信比《纽约客》历史上任何一篇文章都要多。《纽约客》拥有43万读者，为《寂静的春天》提供了一个声势浩大的开场。该杂志的编辑威廉·肖恩在这本书的编辑过程中起到了关键作用，他指出："通常，我们不会自诩《纽约客》改变世界，而这一次，或许会成为事实。"《纽约时报》宣称《寂静的春天》带来了"喧闹的夏天"。对于《纽约客》上的连载文章，"无论天气多热，人们都在阅读中感到寒意凛然"。

尽管只是连载，《纽约时报》已然准确预测到这本书将会产生的影响："卡森小姐将被指责为危言耸听、缺乏客观性、只关注杀虫剂的副作用而无视其好处，但我们认为，这是她的写作目以及写作方法。我们不会因为统计数据中安全返家的驾车者高达数百万，就停止打击公路上的违章行为。"

有许多知名人士同卡森并肩战斗，包括《华盛顿邮报》的老板阿格尼斯·E. 迈耶以及妇女选民联盟、犹太妇女全国委员会以及美国大学妇女协会等女性团体的负责人。她还得到了一些著名人士的支持，包括自然保护组织的领导者、科学家和公众人物，如大法官威廉·O. 道格拉斯以及内政部长斯图尔特·尤德尔。道格拉斯称赞《寂静的春天》是“《汤姆叔叔的小屋》之后最具革命性的一本书”。书的封底引用了他的话，称这本书是“人类在本世纪最重要的编年史”“如果能够引起公众关注，敦促政府机构抵御商家的甜言蜜语并加强控制，作者将与滴滴涕的发明者一样，获得诺贝尔奖”。

这本书注定会成为商业奇迹：它入选“每月一书”俱乐部的十月推荐读物，内容节选将在杂志上发表，消费者联盟为其会员订阅了一份特别版，哥伦比亚广播公司的节目《CBS 独家报道》计划就该书推出一期电视节目。

与这些积极迹象相抗衡的是，九月份之前，书籍尚未出版，卡森和她的书已然遭到了唇枪舌剑的攻击。生产杀虫剂七氯和氯丹的威尔斯科尔化学公司威胁说，如果继续印刷精缩本，他们将起诉《纽约客》。《纽约客》没有退却。威尔斯科尔公司又以同样方式威胁霍顿·米夫林出版社。在给出版社的信中，威尔斯科尔宣称：“不幸的是，除了反对天然食品的狂热分子、奥杜邦学会之流的真诚意见外，美国和西欧的化工企业还必须应对一些邪恶势力的影响。他们攻击化学工业，其目的有二：1. 制造一切商业都是贪婪和不道德的错误印象；2. 让美国和西欧国家减少使用农用化学品，使我们的食物供应减少。许多无辜的团体正是受到这些邪恶势力的资助和引导，开始攻击化学工业。”

《寂静的春天》以《明日寓言》开场：

从前，美国的中心地带有一座小镇。在那里，似乎所有的生命都与周围的环境和谐相处。小镇的四周是星罗棋布的兴旺的农庄，田野里长满了庄稼，山坡上遍布着果园。春天来了，白色的云朵在空中盛开，飘浮在绿色的田野上；秋天到了，橡树、枫树和桦树色彩斑斓，如火焰般在一片松林前燃烧闪烁。山间狐狸在吠叫，田野上小鹿静静地跳跃，所有的一切都在秋天清晨的薄雾中若隐若现……不知不觉地，一种奇怪的枯萎病蔓延到了这个地区，一切都开始改变。一些邪恶的咒语降临到这个社区：神秘的疾病前，鸡群一只不剩，牛羊在劫难逃。一起都笼罩在死亡的阴影下……眼前只有几只奄奄一息的小鸟，浑身剧烈地颤抖着，无法再次展翅飞翔……这是一个无声无息的春天。无边的寂静笼罩着田野、树林和沼泽。小径两旁曾经如此迷人，如今只剩下焦黄枯萎的植被，仿佛被烈火吞噬过……没有巫术，也没有战争，但这个灾难深重的世界再也无力孕育新生命。而罪魁祸首就是人类自己。

如此惨象由飘浮在绿野上空的白色云朵引发。马铃薯大饥荒时期曾有牧师穿越爱尔兰，当时所见的残酷，与此遥相呼应。“遍地都是腐烂的植物，触目惊心。绝望的农民随处可见，坐在腐烂菜园的篱笆上，绞着双手，痛苦地哀号。这场灾难令他们颗粒无收。”卡森的寓言也让人想起了一战期间肆虐欧洲战场的氯气云，很容易在冷战时期引起人们对核辐射的恐惧。事实上，她在书中确实先提到锶 –90，再谈及杀虫剂，并将辐射作为隐喻贯穿全书。卡森写道：“化学杀虫剂和辐射之间的相似性是确凿无疑、无可回避的。”她引用了 1952 年诺贝尔和平奖得主阿尔贝特·施韦泽的话：“人类甚至连自己亲手创造的魔鬼都认不出来。”卡森发问：“如果不毁灭自己，甚至能够继续被奉为文明，那么，是否任何文明都能对生命发动无情的战争呢？”作为回应，孟山都公司推出了广为传播的荒诞剧《荒芜的一年》，展示了一个没有杀虫剂却充斥着疾病与饥饿的世界。“到处都是虫子，看不见它们，也听不见，但到处都有。在地下，在水下，在主枝、细枝和茎秆上，在岩石下，在植物、动物和其他昆虫的体内——当然，还在人体内。”由于没有杀虫剂，“大自然的绞刑绳索开始越勒越紧”。最终，“一个属又一个属，一个物种又一个物种，一个亚种又一个亚种，昆虫开始繁殖。它们蠕动着、爬行着、飞舞着从虫卵中出来，从南部各州出发，向北方进军”。人“一旦被宿主蚊子攻击就会感染，遭受可怕的寒热折磨和世界上最惊悚的灾祸痛苦”。而疟疾，绝对不是人类唯一的祸患。“后来，最臭名昭著的恶棍——恐怖的爱尔兰晚疫病到来了，坚硬的棕色‘土豆’不见了，变成了黑色的黏液。”由于缺乏杀虫剂，爱尔兰马铃薯饥荒的再一次暴发导致饿殍遍野。随后便是昆虫：白蚁毁坏了建筑物，吞噬了图书馆。“黄热病像幽灵一样”笼罩着美国南部。“老鼠大量繁殖”，导致斑疹伤寒和黑死病的暴发。

同样，《美国农学家》杂志有一篇专题报道，内容是祖孙二人去森林中寻找橡子为食。祖父说，那本反对使用化学农药的书出版之后，“我们就只能这么‘自然而然’地生活。你母亲‘自然而然’地死于蚊子传给她的疟疾；你爸爸在那可怕的饥荒中‘自然而然’去世了，因为蝗虫吃掉了所有的食物；现在我们‘自然而然’挨饿，因为晚疫病毁了我们去年春天种下的土豆”。

一大批化学公司，如孟山都、杜邦、陶氏、壳牌化学、古德里奇-海湾、联化以及格雷斯等等，通过贸易组织联合起来对这本书及其作者提出批评；还有一些公司，如威尔斯科尔和美国氰胺，让自己的销售代理发起攻击。这些公司通过大量的广告宣传精心树立了企业声望，如杜邦公司的广告宣扬“化学手段提高生活品质”，而《寂静的春天》对这些公司的声誉构成了威胁。化工行业也担心这本书会导致政府部门实施不必要的监管。《化学与工程新闻》援引新泽西州农业部负责人的话说：“在这一地区，要实施任何大规模虫害控制计划，都会立即遭到反对，反对者声势浩大却信息闭塞，倡导自然平衡、有机园艺、爱护鸟类，都是些不讲理的公民团体。”还有一家杂志言简意赅地评价：“她的书比她反对使用的杀虫剂更毒。”而推崇卡森的一位评论家则揭露了化工行业此番攻击的荒谬性，他写道：“他们以情绪化的态度批判他人的真情。”

卡森写道:“如今滴滴涕广泛使用,因此该产品的益处深谙人心。”政府机构和个人团体不加区分地使用杀虫剂，除了对自然的影响外，还带来了严重的伦理问题，而这正是《寂静的春天》的核心主题。普通民众，无论是否知情，也不论是否同意，都不得不接触杀虫剂。到1950年，美国人体内脂肪中的滴滴涕平均含量已经超过百万分之五，妇女的母乳也受到了污染。20世纪60年代初，美国成年人体内脂肪中的滴滴涕及其代谢物的含量上升到百万分之十二。卡森认为，民众应对农药的使用有知情权和决定权，但这两种权利都被剥夺了。她写道，我们生活在“一个工业主导的时代，挖空心思挣钱的行为不会受到苛责。杀虫剂的使用带来显而易见的毁灭性后果，公众对此提出抗议时，官方却总用一些半遮半掩的真相来平息事端……甚至要求公众承担昆虫专家计算出的不使用杀虫剂可能带来的风险”。

由于家用杀虫剂随处可见，因此人们总是亲手将危险带回家，自己“仿佛是欧洲最善用毒的波吉亚家族的客人一样，身处险境”。一位化工行业的高管基本上同意这一点，他说：“化工行业并未教育农药使用者采用正确的方法来使用强效化学品，这确实应当受到严厉批评。我们一直面临的一个大问题是高估了用户的能力。”卡森写道：“如果《权利法案》未能保障公民不受私人或公务人员分发的致命毒药的侵害，那肯定是因为我们的祖先并未意识到这一问题，尽管他们睿智而富有远见。”她还把这种伦理关怀延伸到动物身上，并写道：“默许一种会给生物造成巨大痛苦的行为，作为人类，我们不觉得汗颜吗？”

《寂静的春天》以如下段落结尾：

> “控制自然”是一个在傲慢中构思出来的短语，它诞生于尼安德特人时期的生物学和哲学，当时的人类认为自然是为了人类方便而存在。应用昆虫学的概念和实践大多始于石器时代，但令人深感震惊与不幸的是，如此原始的一门科学却用最现代和最恐怖的武器武装自己，在对抗昆虫的同时，也对抗地球。

应用昆虫学家因此被斥为无知和不道德。他们联合起来以同样的方式进行回击。一位著名的昆虫学家写道：“《寂静的春天》提出了一系列关键问题，但无论是作者还是普通读者都没有资格做出决定。我认为这是科幻小说，阅读它，类似于看电视剧《迷离时空》。”一家工业贸易杂志评论道：“对于杀虫剂行业来说，这本书仿佛一记重拳，结结实实地打在身上，却没有击中要害部位。”

美国国家科学研究委员会、美国国家科学院下属的食品保护委员会的一位著名科学家预测，《寂静的春天》将吸引“进行有机种植的园丁、反氟化物联盟成员、‘天然食品’的推崇者、生命哲学的信奉者以及伪科学家和时尚主义者”。他建议，“与我们杰出的科学领袖和政治家相比，她的科学资历太浅，因此这本书根本不值一提……我也很怀疑，读者能否忍受书中这一连串耸人听闻的焦虑”。他警告说，书中所表达的态度“意味着人类所有的进步终结于此，将回到‘被动社会’形态：先进的技术以及现代医学、农业、卫生和教育全部消失；疾病、流行病、饥饿、生理痛苦和精神折磨——现代人无法忍受的这一切，将卷土重来”。

哈佛大学公共卫生学院营养学系负责人说：

卡森小姐充满激情，非常美丽，但缺乏科学家应有的超然气质。冷静的科学依据和热情的宣传鼓动是两桶水，根本不能扛在一个人的肩上。卡森小姐的书中，漏水的那个桶正是科学依据……很可惜，卡森小姐含蓄地指责科学界轻视人类价值观。她抛弃了科学性的证据和真理，取而代之的是夸张以及在臆想出来的公理上进行的非科学性的演绎推理。卡森小姐是文学界的名流，成就斐然，并非徒有虚名。她本可以写作一本书，以弥合科学与公众之间的鸿沟，而不是扩大这一鸿沟。

美国最大的滴滴涕生产商蒙特罗斯化学公司的总裁指责卡森是“自然平衡崇拜的狂热捍卫者”。许多人随之攻击卡森。例如，一位政府官员说：“这个国家曾经保护了 100 万印第安人以及一些野生动物，自然已经平衡得很了。”一个名为“国家农业化学品协会”的贸易组织资助了一项耗资 25 万美元的公共关系运动以攻击卡森。一位已卸任的农业部长提出问题：“为什么一个没有孩子的老处女会如此关注遗传学？”他自己给出的回答是：卡森“可能是个共产主义者”。

最引人注目的评论来自美国氰胺公司的罗伯特·怀特·史蒂文斯。他写道：“我们经常发现，在我们对有限的相关事实进行核查并做客观陈述之前，虚假陈述往往像洲际弹道导弹般发射，在电视、广播、报纸、杂志甚至书籍中爆炸。”怀特·史蒂文斯对卡森的作品极为欣赏，但并不赞同她的写作意图：

蕾切尔·卡森小姐……是一位写作生物题材的作家，笔触生动，文辞雅致。在她的笔下展现了一幅充满怀旧感的画面，那是人们想象中的多年前的美国乡村，宛如极乐世界，大自然中的一切和谐而平衡，其乐融融，幸福绵长，直到杀虫剂和其他农用化学品散布在这片如诗如画的土地上，将一切笼罩在疾病、死亡和衰败的阴霾之中。但是，她所描绘的画面本就是虚幻的存在，作为一名生物学家，她理应知道，在那个世界里，居民的寿命大约只有35岁，每100个婴儿中有20个在5岁之前夭折，20多岁的母亲死于产褥热和肺结核；若是前一个夏天的基本作物歉收，人们将在漫长的黑暗与冰冻的冬天中饱受饥荒的折磨；害虫和污秽侵蚀人们的家园、污染储藏的食物并且摧毁他们的身心健康——乌托邦的幻象被这一切粗暴地打破。

批评之声不只来自于昆虫学家和实业家。许多媒体也加入了这场争论。《经济学人》将卡森的"愤怒而尖锐的战斗檄文"贬低为"赤裸裸地宣泄愤怒，满纸充斥着磕磕巴巴的宣传语"。《时代》杂志的科学记者指责说，卡森的"文字非常情绪化，也并不精准"，"她在警觉与愤怒中拿起笔,不关注文学技巧,只以恐吓和惊扰读者为己任"，因此她的视角失之公允，观点片面，表达中也有歇斯底里、过分强调之嫌。卡森写道："这些杀虫剂的功能不具有选择性，无法挑选出我们希望消灭的那个物种，之所以被选中，只是因为它是一种致命的毒药，能够使所有接触过的生命产生中毒反应。"《时代》杂志的记者回应道："家庭主妇用驱虫弹喷洒苍蝇却并未中毒，这足以证明这种说法不完全正确。"这位记者以及其他人还援引了美国公共卫生服务局的案例：食物中加入了滴滴涕的罪犯与食物中未加滴滴涕的罪犯，其健康状况并无二致。

《自然历史》杂志登载了一篇包含不同观点的评论，不过作者仍为卡森的主张辩护："她被人指责'观点偏颇'，似乎这种观点是一个错误。"内政部长斯图尔特·尤德尔用同样的观点为卡森辩护："《寂静的春天》被称为一本观点偏激的书。这正是事实。她并没有陈述使用杀虫剂的必要性，因为她的对手正在这片土地上蛮干，他们也从未费心陈述过保护自然的必要性。杀虫剂产业正在加速发展，控制有害生物的好处众所周知。如果要停止滥用杀虫剂，首先需要对谨慎使用杀虫剂的理由做出令人印象深刻的陈述。”

《新闻周刊》的科学编辑埃德温·戴蒙德最初与霍顿·米夫林出版社签订合同，与卡森共同撰写这本书，但卡森认为这种合作只会损害这本书，因此很早就将他从项目中除名。最终戴蒙德写出了一篇极其犀利的评论。“多亏了一位名叫蕾切尔·卡森的女士，”他写道，“用一场小题大作的闹剧把美国公众吓得魂飞魄散。”戴蒙德发问：“《寂静的春天》到底玩的什么把戏？……在这个时代，人们固守思维定势，总是无端控诉厉声指责，实行双重行为标准。”戴蒙德写道，“我认为杀虫剂这个‘问题’，可以找到解决途径，而且无需回到瘟疫和流行病肆意蔓延的黑暗时代。”

在一定程度上，这是一场基于性别的争论。男性多为批评者，言辞间多有与性别相关的刻板陈见，而女性（以及部分男性）则给予了关键性的支持，尽管也常常带有性别偏见。卡森被比作手持利斧砸酒吧的禁酒主义者凯莉·内森。发表在《内科学文献》杂志上的一篇社论说：“逐字逐句地阅读《寂静的春天》，我的内心隐隐作痛，总想起与女人争论时想赢却赢不了的徒劳。”尽管这位作者认为，从科学的角度看，这本书“简直是胡扯”，但他也认为这本书可能会带来一些积极的变化：“书中既充斥着喋喋不休、巧舌如簧的劲头，也包含着对人类状态的密切关注。读过之后，我断定它不会促进科学的发展和研究的进步，也不会推动蕾切尔·卡森本人的事业。但另一方面，如果大多数人都读过这本书，并开始思考书中的内容，哪怕这些内容失之偏颇，那么，这个国家，甚至研究书中所涉问题的科学家，都必定受益匪浅。”

有关性别的刻板观念也影响了公众的观念。《纽约时报》写道：“温柔的轻言细语的蕾切尔·路易丝·卡森，不太可能成为复仇天使。

她害羞而柔弱，拒绝对攻击自己书的人进行口诛笔伐……卡森小姐身形娇小，深褐色的头发日渐花白，她有着一双棕灰色的眼睛，肤色苍白。”另一位态度友好的评论家写道：“卡森小姐55岁，至今未婚，平时沉默寡言。她住在华盛顿附近的马里兰州银泉郊区。1951年，她的海洋生物学著作《我们周围的海》获奖，从此声名鹊起。在她最近的几本书中，她带着复仇之心上岸来。”卡森在书中并未涉及性别角色，她关注的是“人所做的事，而非女人或男人所做的事”。

或许，唯一对此书提出严肃批评的女性是维吉尼亚·卡夫，她在《体育画报》杂志上撰文：“全国野生动物的数量比以往任何时候都要多，也更健康。杀虫剂没有拖后腿，多数情况下恰恰是因为使用了杀虫剂。如今的野生动物生机勃勃，正是因为人类——尤其是美国人——控制自己所处环境的能力不断增强。而实现这样的进步，唯一最有效的工具就是化学杀虫剂。”卡夫写道，对比《寂静的春天》，连内尔·舒特的核末日小说《海滨》“看起来都令人欣喜”。她又说：“明智而谨慎地使用化学杀虫剂不会造就一个寂静的春天，相反，一年四季，丰富悦耳的声音都将不绝于耳，动物和人类生意盎然。”

保罗·布鲁克斯总结了来自方方面面的批评，将其与一个世纪前查尔斯·达尔文在《物种起源》出版时的境遇作了比较：当时，有人认为《物种起源》威胁到自己的利益，对其发起猛烈的攻击。而从那以后，再没有一本书受到如此的待遇。然而，1962年，当年批评达尔文的声音竟然再度响起。瑞士著名的生物学家路易斯·阿加西曾经评价达尔文的进化论是“一个科学错误，事实不真实，方法不科学，倾向于恶作剧”。《纽约时报》的一位评论员认为，将《寂静的春天》与托马斯·潘恩的《人权论》相比，“化学工业陷入恐慌，政府发表安慰性官方声明，你会认为蕾切尔·卡森提倡的是重新使用木制犁”。

在各种争议的刺激下，这本书销量节节攀升，情况对批评者非常不利。在出版后的两个月内，这本书就卖出了10万册，位列畅销书榜首，荣登新闻头条。事实上，这本书尚未出版就引起了肯尼迪总统的注意。它被翻译成22种语言，在霍顿·米夫林出版社推出平装版之前，精装版已经售出了50万册。每一个新事件都导致销量激增，无论是哥伦比亚广播公司的《CBS独家报道》，还是政府听证会的新闻报道。霍顿·米夫林的一位高管认为这种情况史无前例，他说："作为一本充满恶意的书，若说配得上这样的销售奇迹，唯一的原因是它仍然留存了一些善意。每当希特勒入侵一个新的国家，他的自传《我的奋斗》就会掀起新一轮的销售狂潮。于是人们纷纷猜想下一个遭殃的是哪个国家。"

由于病重，卡森只接受了少量活动的安排和采访。她在给医生的信中说："我仍然坚信丘吉尔所强调的决心——打好每一场战斗，我认为只要抱着获胜的决心，就可能推迟决战的时刻。"她认为必须面对的一场战斗是哥伦比亚广播公司（CBS）的采访，因为这档节目在黄金时段播出，而且极受欢迎，她的观点将赢得大量的听众。由于卡森身患癌症，行动不便，节目主持人和他的工作人员便在她的家中进行了采访。哥伦比亚广播公司通过八个月的拍摄，完成了这个节目的制作。在《CBS独家报道》中，作为反对卡森的化学公司的代表，怀特·史蒂文斯出镜。几位政府领导人也参与了拍摄，包括卫生部长、食品和药品监督管理局局长以及农业部长。由于内容具有争议性，三家大公司撤回了他们的广告。

该节目于1963年4月3日播出。人们看见房间里的卡森沉着冷静，与想象中歇斯底里的老处女形象大相径庭。节目以卡森的声音开启："在地球表面投放大量的毒药而地球依然适合所有的生命生存，有人相信这种可能性吗？这些毒药不应该被称为'杀虫剂'，而是'杀生剂'。"怀特·史蒂文斯回应："蕾切尔·卡森小姐的书《寂静的春天》中的主要说法是对事实的严重歪曲，缺乏科学实验证据以及一般实践经验的支持。如果人类忠实地遵循卡森小姐的教诲，我们将回到远古时代，昆虫、疾病和害虫将再次统治地球。”他继续说：“卡森小姐坚持，自然的平衡是人类生存的主要力量，然而，现代化学家、生物学家以及科学家坚信自然正稳定地控制在人类的手中。”卡森反驳道：“现在，对这些人而言，人类一出现就要废除自然的平衡，这显而易见。那么，不妨假设可以废除万有引力定律……人是自然的一部分，人与自然的战争就是与人与自己的战争。”卡森在节目结束时说：“我认为我们正经历着前所未有的挑战，我们要证明自己日益成熟，能够掌控自己，而不是掌控自然。”

该节目吸引了1000万观众。节目播出后的第二天，康涅狄格州参议员亚伯拉罕·里比科夫宣布，他的政府工作小组委员会将举行有关杀虫剂危害的听证会。听证会于5月15日开始，卡森是被传唤出庭作证的证人，6月4日，她在万众期待中现身。里比科夫说：“卡森小姐，你是这一切的始作俑者。”这一评论使人想起林肯询问《汤姆叔叔的小屋》的作者比切·斯托夫人的场景。根据斯托夫人的后代流传下来的家族故事，林肯在见到她时问：“这就是发动了这场伟大战争的小女人吗？”卡森在证词中说：“正因为需要控制的昆虫数量庞大种类繁多，我们应该寻找多样化的工具，每一种都有其特定的对象，而不应该只寻找一种超级武器解决所有问题。”卡森主张限制空中喷洒，减少使用持久性杀虫剂，建立一个专门的政府机构负责杀虫剂的检测和控制，将这项工作纳入公共投入以确保人们在家中不会中毒。卡森补充说，即使远离杀虫剂定点使用区域，在地球上的一些偏远地区，科学家们也在近日发现了杀虫剂的痕迹。因此，现在的问题已不只是杀虫剂使用者在公众不知情或不同意的情况下不加区别地进行喷洒，甚至在某些地区，人们可能根本不知道杀虫剂产自何处，却也开始使用。壳牌化学公司的一位顾问反驳了她的证词："这些贩卖恐惧的人将会导致世界饥荒。"

就在里比科夫听证会的同一天，美国总统科学顾问委员会以报告形式阐述了杀虫剂的益处以及风险。报告中说："提高农业生产的效率，保障健康，消除病虫害，这些都是现代人的需求和期待。"从以下例子中可以看出诸多进步："甜玉米、土豆、卷心菜、苹果和西红柿等农产品的外观都是完好无损的，对此美国家庭主妇已经习以为常。"但是报告也注意到杀虫剂的抗性问题，还指出，"在蕾切尔·卡森出版《寂静的春天》前，人们对杀虫剂的毒性普遍没有意识"。卡森对报告的内容感到欣慰，报告的结论是："我们的终极目标是停止使用含有持久性毒性的杀虫剂"。两天后，参议院商务委员会就杀虫剂的管理规定进行辩论，卡森也提供了证词，她建议建立一个不受化学工业界影响的内阁级别的环境管理机构。

科学顾问委员会的报告发布之后，公众舆论转而支持卡森，称"蕾切尔·卡森证明自己是正确的"，一些媒体评论员也承认她可能是对的。哥伦比亚广播公司的《CBS 独家报道》播出了一个后续节目，题为《蕾切尔·卡森〈寂静的春天〉之判决》。南极探险家之子沙克尔顿勋爵为英国版《寂静的春天》写了导言，他还在上议院表示，波利尼西亚食人族将不再吃美国人，"因为他们的脂肪被氯化碳氢化合物污染了"。沙克尔顿勋爵继续解释，滴滴涕浓度数据显示，"我们（英国人）比美国人更适于食用"。在这本书的影响下，英国人决定加强对杀虫剂的管理力度。

还有一些轰动性的事件也证明了卡森的正确性。1963 年底，密西西比河中有 500 万条鱼抽搐出血并死亡。科学家经过调查，发现死亡原因是威尔斯科尔公司经营的一家杀虫剂工厂排放异狄氏剂。威尔斯科尔公司首先开发了异狄氏剂，在《寂静的春天》出版时，曾以起诉相威胁。卡森写道，书虽然出版，但野生动物由于接触杀虫剂而死亡的事件依然存在。“杀虫剂问题不是一个贪婪的作家为了积累版税而编造出来吓唬公众的噩梦，”她写道，“问题就在眼前，就在我们身边。”滴滴涕是第二次世界大战中人类的救世主，三十年后，却成了人类最大的毒害之一，这表明公众认知经历了剧烈变动，而社会对杀虫剂的监管仍然混乱不堪。

1963 年，卡森以一系列荣誉结束其职业生涯。年初，动物福利研究所授予她阿尔贝特·施韦泽勋章，随后，许多其他奖项也接踵而至。她当选为美国艺术暨文学学会会员，该学会仅限于 50 名会员，包括艺术家、音乐家和作家。卡森当选时，学会中只有另外三名女性，且没有非虚构文学作家。该学会总结了卡森的贡献：“作为科学家，她同伽利略和布封一样，拥有杰出的文学才华。她以科学知识和道德责任感帮助我们深入了解了大自然的生命力，并提醒我们，如果目光短浅，仅以技术征服自然，我们赖以生存的资源就会被摧毁，这一灾难性的后果，极有可能发生。”在美国妇女图书协会的一次演讲中，卡森解释了写作这本书的缘由。“即使我没有写这本书，”她说，“我相信也会有其他人表达同样的想法。但我知道这些事实，如果不告知公众，我会深感不安。”

《寂静的春天》也是卡森向阿尔贝特·施韦泽的致敬之作。施韦泽曾经写信给一个养蜂人：“我意识到在法国和其他地方，人们采用化学药剂杀虫后产生的一些悲惨后果，我对此表示遗憾。现代人不懂得如何放远眼光，防患于未然，终将毁灭人类与其他生物赖以生存的地球。可怜的蜜蜂，可怜的小鸟，可怜的人。”于是卡森以这句话致敬施韦泽：“人类已无法做到放远眼光，防患于未然，终将毁灭地球。”《寂静的春天》出版后，施韦泽给卡森写信表示感谢，随信附上了他的照片，这成为卡森最珍贵的物品。

卡森自知将不久于世，希望葬礼上能朗诵自己的作品《海的边缘》中的一段：“绳藻极其微小，不过是一小把透明的原生质。因某种神秘莫测的原因，数以亿万的绳藻生长在海洋中的岩石和杂草间。它存在的意义是什么？这个问题始终萦绕在我们心头，却从来找不到答案。然而，就在这上下求索中，我们接近了生命本身的终极奥秘。”

卡森于 1964 年 4 月 14 日辞世，享年 56 岁。扶柩者包括内政部长尤德尔和参议员里比科夫。里比科夫在参议院向“这位温柔的女士致敬，她呼唤世界各地的人们关注 20 世纪中叶最重大的问题——人类对环境的污染”。保罗·布鲁克斯和他的妻子养育了她那孤苦伶仃的侄孙，布鲁克斯还出版了一本书，介绍她的创作过程。在这本书中，布鲁克斯写到了卡森在病痛之中完成《寂静的春天》所依靠的精神力量：“她努力使这本关于死亡的书成为对生命的礼赞。”

“蕾切尔·卡森已经故去，”E.B. 怀特写道，“但是大海依然环绕在我们周围，依然以异常丰富的资源为生命提供支持，农药制造商们也依然享受着激增的销售量。”在她去世一年后，威尔斯科尔化学公司说：“希望你能注意到，树木枝繁叶茂，鸟儿在歌唱，松鼠在侦察，鱼类在跳跃——1965 年的春天一切正常，全然不是已故的卡森小姐噩梦中的‘寂静’”。

《寂静的春天》出版后，蕾切尔·卡森也成为霍顿·米夫林出版社合作过的诸多著名美国作家中的一员。这些作家中有亨利·沃兹沃思·朗费罗、奥利弗·温德尔·霍姆斯、拉尔夫·瓦尔多·爱默生、哈里特·比彻·斯托、纳撒尼尔·霍桑、亨利·大卫·梭罗和马克·吐温等等。这家出版社还是数位英国伟大作家的美国出版商，如阿尔弗雷德·丁尼生勋爵、查尔斯·狄更斯和温斯顿·丘吉尔等。同样，《寂静的春天》也已成为一本经典之作，标志着全世界公众对环境、政府责任、民主、动物权利和人的权利等概念有了全新的认识。卡森曾经发问：“在一个无菌的世界中，没有昆虫存在，也没有鸟儿拍打翅膀划过天空——在没有广泛征求意见的情况下，谁决定，谁又有权决定这样的场景就是我们追求的最有价值的目标？它不过是暂时被赋予权力的独裁者在大众不注意的时刻做出的决定，然而对大众而言，自然世界的美丽和有序仍然具有深刻而迫切的意义。”

或许，卡森的观点在艾森豪威尔总统对全国人民发表的告别演讲中早有预兆。他说：“当我们窥探社会的未来时，我们——你、我以及我们的政府，必须避免今朝有酒今朝醉的冲动，不可为了贪图一时的安逸方便，掠夺明天宝贵的资源。我们不可能做到只透支子孙后代的物质资产却不伤及他们的政治传统和精神财富。我们希望民主能一代一代传承下去，而不是在将来成为破灭的幻象。”

.3.

惊叹与谦卑

（*1962*年后）

在过去的100年里，任凭自然环境的摆布，人类仍然由一个弱小的生命体不断壮大，成为独一无二的生物，能够穿越地球各个角落，随时与地球上任何地方通信；生产出人类需要的食物、衣服，建造房屋；无论身在何处，只要有需求，就能改变土地、海洋和天空，甚至启程穿越天穹直入太空。这些都是科学，而人类已经深谙科学之道。

——罗伯特·H. 怀特－史蒂文斯，化学工业界代表，1962年二战之后，化学家们继续开发各种产品，预防饥荒与疾病，努力创造美好的世界；同时，他们也继续设计威力强大的化学武器，为下一次战争做准备。战争频繁爆发，人人谈之色变，若指望战争永远退出历史舞台，未免天真；面对独裁者的攻击，如果依然毫无防备，更是愚蠢。

无论是为了人类的福祉还是战争，人们制造的化学物质都会导致环境灾难，而这也是蕾切尔·卡森的写作缘由。1964 年卡森离世，但杀虫剂开发和应用的热潮依旧方兴未艾。

卡森开始创作《寂静的春天》时，曾写信给朋友："如果我保持沉默，就永远不会心安。"创作完成时，她又在信中写道："如果我没有竭尽全力，就再也无法快乐地听画眉鸟唱歌了。"这种无法控制的冲动使人痛苦，也促人前进，书中提及的科学家也因此成就了伟业。罗纳德·罗斯在显微镜下经过经年累月的观察，终于有了重大突破——在一只按蚊的胃壁上发现了一个色素细胞，而他的显微镜则因为滴落的汗水而锈迹斑斑。弗里茨·哈伯和瓦尔特·能斯特为了在激烈的竞争中获胜，顶着巨大的压力，冒着死亡的风险，进行固氮实验。格哈德·施拉德在制造有机磷杀虫剂时进行自然实验，将自己暴露在有史以来毒性最大的化合物中。

《寂静的春天》出版后，发生了多起因接触化学物质而造成的伤害事件。科学家发现母乳中滴滴涕的浓度是牛奶中滴滴涕最高允许浓度的五倍。卡森去世后，长岛环境保护主义者、科学家和一名律师组成的非正式团体设立了环境保护基金，并在《纽约时报》上登了一则广告，提出质疑："母乳适合人类食用吗？"同样，伯克利的生态中心制作了一张裸体孕妇的海报，乳房上有一个标签，上面写着："小心，请勿让孩子接触。"

世界其他地方也有类似事件发生。1967 年夏，在卡塔尔，因食用美国面粉制成的面包，7000 人住院治疗，24 人死亡。这些面粉装在布袋中置于甲板上，而甲板上方运载异狄氏剂的桶发生了滴漏。同年，在墨西哥，17 名儿童因食用糕点死亡，另有 600 名儿童患病，制作糕点的糖放置于对硫磷附近。同样，哥伦比亚也发生了一起对硫磷污染面包的事故，造成 80 人死亡，600 人患病。由于市场上新型农药的种类仍在不断激增，使用量也屡创新高，类似悲剧发生在世界各地，且日渐普遍，死亡率也在节节攀升。事实上，《寂静的春天》出版四年后，即 1966 年，美国公司销售的有机合成杀虫剂价值已超过 8.4 亿镑，而无机农药又为美国市场贡献了 4.5 亿镑。

市场对新型化学品的大量需求源于害虫抗性不断发生演变。按蚊对滴滴涕的抗性演变导致 1969 年世界卫生组织暂停实施全球疟疾根除方案。现有的杀虫剂必定会过时，这为化学工业提供了发展机遇；同样，由于军备竞赛导致武器过时，军备工业也从中获益匪浅。

杀虫剂破坏自然平衡导致人类死亡，但具体方式难以预测，最耸人听闻的例子是 1963 年暴发在玻利维亚的出血热，300 多人因此丧命。这种致命的病毒是由当地的一种啮齿类动物传播的。啮齿类动物的数量一直受制于猫，但由于抗疟运动中喷洒的滴滴涕，猫的数量急剧下降。

《寂静的春天》出版后，人类遭遇的规模最大、持续时间最长的杀虫剂灾难来自“牧场之手”行动。该行动从 1962 年一直持续到 1971 年，美国在越南、老挝和柬埔寨的雨林和红树林的树冠上喷洒了 7300 万升的除草剂和落叶剂例如橙剂。26000 平方公里的农田中，有 10% 喷洒了农药。其目的是断绝越共部队的食物供应，同时清除妨碍美军军事行动的森林树冠。美国森林防火标志“斯莫基熊”成了这次行动的非官方吉祥物，但口号修改为：“铲除森林，舍你其谁？”有飞机专门投掷烟幕弹或照明弹以标记将被砍伐的森林或敌人的阵地，它们的绰号就是“斯莫基熊”。其他的相关行动如“舍伍德森林行动”（1965 年）和“粉玫瑰行动”（1966 年），美军砍伐热带雨林，待树木干燥后投放柴油和燃烧装置，作为攻击越共的武器。由于负责喷洒农药的飞机飞行速度缓慢，在其执行任务前通常会进行一轮使用炸弹、弹药和凝固汽油弹的空中轰炸。

这些行动反映了军方对使用甚至滥用新技术所持的态度，这种态度受到众多批评者的抨击，卡森在《寂静的春天》一书中也对这种态度进行了探讨。卡森写道：“化学除草剂是一种崭新的工具。它们的工作方式令人惊叹，使用者常常感觉自己掌握了控制自然的力量，不禁忘乎所以；至于其带来的长期而隐性的影响，则被斥为悲观主义者毫无根据的想象。”

由于发现了调节生长的植物激素，战争中使用化学落叶剂才成为可能。1941 年，芝加哥大学的教师、植物学家埃兹拉 · 克劳斯提出，将这些植物激素进行合成，大剂量使用时可充当除草剂。克劳斯和美国农业研究中心为此筛选出部分化学物质，包括刚被证实可刺激植物生长的化合物 2,4–D。就在美国宣布参战的几天之后，克劳斯提议美国应合成除草剂，使之成为“破坏日军的主食——水稻生长的简单手段”。这些化学物质也可以喷洒在森林里摧毁树木，从而“暴露敌军隐藏的军火库”。而距离克劳斯在芝加哥的工作地不远，就是恩利克·费米建立第一座核反应堆的场地。

化学战勤务局扩大了对除草剂的筛选计划，这些除草剂在战斗中可作为农作物破坏剂或落叶剂使用。到战争结束时，化学战勤务局已经测试了大约一千种化学物质，发现 2,4–D 和 2,4,5–T 效果最佳。战后，这些未来得及用于战争的除草剂进入了商业市场。后来，2,4,5–T 确实作为战争武器出现在 20 世纪 50 年代初的马来亚战场上，当时英国军队使用这种除草剂来摧毁农作物和树木。此举也为美国在越战中使用橙剂奠定了基础。

在《寂静的春天》出版后，美国总统科技顾问委员会建议对杀虫剂进行测试，以确定它们是否有可能导致癌症、先天缺陷或基因缺陷。因此，1963 年，美国国家癌症研究所资助生物技术研究实验室，测试所选杀虫剂的毒性。与橙剂的活性成分 2,4-D 一起参与测试的是 2,4,5-T，当时是一种流行的除草剂。1966 年，生物技术研究实验室提醒美国国家癌症研究所，2,4,5-T 导致小鼠出现先天缺陷。尽管这种除草剂在美国和越南广泛使用，但政府没有向公众公布这一信息。1968 年，该实验室向国家癌症研究所提交了另一份报告，但这些信息仍然只限于少数科学家、政府监管机构和杀虫剂行业的企业知晓。

尽管如此，一些科学家仍对战争中使用落叶剂表示震惊。1967 年，美国科学促进会向美国国防部长罗伯特·麦克纳马拉请愿，要求授权研究在越南使用落叶剂的影响。政府回应称，“我国政府内外以及其他国家的资深科学家都作出了判断，使用落叶剂不会发生严重的不良后果。我们对这些判断有信心，因此才会继续使用”。最终，在 1969 年秋天，消费者权益倡导者拉尔夫·纳德资助的科研小组中，有一名成员偶然发现了一份来自生物技术研究实验室的报告，并将其转给哈佛大学生物学家马修·梅塞尔森。

此前，梅塞尔森曾对美国在化学和生物武器问题上的立场提出过质疑。他还从报纸的报道中了解到，在越南喷洒橙剂的地区，先天缺陷的发生率急剧上升。1969 年 10 月 29 日，米塞尔森拜访了尼克松总统的科技顾问、物理学家李·杜布里奇，表达了自己的担忧。就在办公室，当着梅塞尔森的面，杜布里奇打电话给国防部副部长兼惠普公司的联合创始人大卫·帕卡德，他们决定限制 2,4,5-T 的使用。杜布里奇当天发布新闻稿称，国防部“将规定，只允许在远离人群的地区使用 2,4,5-T”，但是，农业部宣布，“禁止粮食作物使用 2,4,5-T

的规定将从 1970 年 1 月 1 日起生效”，农业部和内政部表示“将自行制定计划，对 2,4,5-T 实行禁用”。

几天后，杜布里奇打电话给米塞尔森，说陶氏化学公司认为罪魁祸首是二恶英，而不是除草剂 2,4,5-T。2,4,5-T 中之所以含有二恶英，是因为生产过程中出了失误，因此，农业部和国防部表示，改进生产技术后，这种除草剂仍可继续使用。随后，陶氏化学公司在 1970 年初进行了一项研究，证明改进后的 2,4,5-T 不会导致先天缺陷。美国食品和药品监督管理局以及美国国立卫生研究院尝试复制陶氏公司的实验，结果却发现 2,4,5-T 和沙利度胺一样，极有可能诱发先天缺陷，若有二恶英存在，影响更大。仅用了 6 周时间，1966 年生物技术研究实验室的报告结果就得到了确认，而此前，因为相关部门的不作为以及对研究结果的模糊处理，研究迟迟没有定论。参议院随后举行听证会。然而，总统科技顾问委员会出示的报告却指出：“针对越南人口先天缺陷的发生率以及种类，由于缺乏在使用落叶剂前后的准确的流行病学数据，因此无法对出生缺陷是否增加作出任何估计。”

与此同时，陶氏化学公司和赫拉克勒斯公司就 2,4,5-T 的使用受到一定限制提出上诉，美国国家科学院提议组建了另一个科技顾问委员会，将受雇于 2,4,5-T 制造商的科学家纳入其中。该委员会向新成立的环境保护署建议继续使用合成的未被二恶英污染的 2,4,5-T。

在有关科学家的多年请愿下，1970 年美国科学促进会资助了一项调查。四名成员组成的研究小组，即除草剂评估委员会，由梅塞尔森召集，亚瑟 · 威斯汀（本书作者有幸在 1987 年与之共事）领导，成员还包括约翰 · 康斯特布尔和罗伯特 · 库克。

研究小组前往越南，发现事实与国防部的声明背道而驰。喷洒的杀虫剂不仅破坏了人口稠密地区的农作物，严重损毁了越南一半的红树林和五分之一的硬木林，而且在子宫中就已接触过杀虫剂的胎儿，出现死胎和先天缺陷。威斯汀写道，使用除草剂作为武器，“会给非战斗人员带来非同寻常的痛苦，与他们能够得到的直接的军事利益相比，二者不成比例”。

研究小组得到了数千名科学家给予的道义支持，其中包括 17 名诺贝尔奖获得者，他们请求美国停止使用除草剂作为武器。面对如山的证据以及研究小组的报告，美国农业部门于 1970 年暂停了 2,4,5–T 的注册，橙剂在越南的使用也告一段落。然而，使用除草剂摧毁农作物的行为一直持续到 1971 年 1 月 7 日，尽管 1968 年的一项跨部门审查得出结论：“作物毁坏后，受到影响的主要是平民。”

梅塞尔森参与了一项国家科学院的后续研究，1974 年发布报告说，落叶剂计划导致了儿童的疾病和死亡，被毁的红树林需要一个世纪才能恢复，疟蚊肆虐的风险在提高，粮食供应遭到破坏，人口流离失所。杰拉尔德·福特总统于 1975 年签署了第 11850 号行政命令：“作为国家政策，美国放弃在战争中首先使用除草剂，但在国内，根据其适用的法规，可用来控制美军基地及军事设施内的植被或处于美军直接防御范围内的植被。”

以上行动可追溯到 1969 年理查德·尼克松总统代表美国发表的申明：不首先使用化学武器，并全面禁止使用生物武器。这两项决定均受到了梅塞尔森的影响。他在哈佛的前同事亨利·基辛格在尼克松和福特两届政府中都担任要职，经由基辛格引荐，梅塞尔森得以与总统取得联系。尼克松呼吁参议院批准 1925 年的《日内瓦议定书》，指出“人类的手中握有大把自我毁灭的种子”。参议院同意通过，随后还批准了《生物武器公约》，这是二战后首次全面禁止生物武器。1975 年，福特总统签署了这两项公约，同年禁止首先使用除草剂作为武器。

还有其他的一些化学事件也影响了世界各地人民的日常生活，

并继续强化了卡森发起的对政府和工业界的质疑。例如，1968 年 3 月 13 日，犹他州的美军达格威试验场进行的 VX 神经毒气测试导致 6000 只绵羊死亡，而放牧绵羊的牧场距离试验场有 45 英里远。随后的 14 个月里，军队起先断然否认进行过神经毒气测试，但在无可辩驳的事实面前，终于同意向牧场主支付赔偿金。

1969 年，美国陆军准备用 800 节车厢将 27000 吨化学武器从落基山脉军火库运往大西洋进行海上倾倒。这批物资中包括 12000 吨沙林炸弹和 2600 吨密封于混凝土和钢铁中的发生泄漏的沙林火箭。纽约州众议员麦克斯·麦卡锡担心使用铁路运输大规模杀伤性武器不够安全可靠，这也引起了公众的警觉。梅塞尔森所在的美国国家科学院专家咨询组发现，军队制定的运输计划极不充分，对武器进行海上倾倒处置（即“开洞沉海”的 CHASE 行动）曾经引发意外爆炸和其他灾难。据国家科学院报告，军队最终同意在落基山脉的军火库处置这些武器，而被密封的沙林火箭弹则倾倒在距离佛罗里达州海岸较远的海洋中。

1978 年，有关先天缺陷和疑难疾病发生激增的话题甚嚣尘上，当地媒体争相报道，社区邻居也议论纷纷。露易丝·吉布斯组织纽约的拉夫运河社区关闭了她儿子所在的学校并重新安置了搬迁家庭。学校原址位于西方石油公司的子公司之一——胡克化学公司所在地。该公司曾在此地处理过 2 万多吨有毒废弃物，然后以 1 美元的低价将该地块出售给当地的学校董事会，将危险转加给无能为力的受害者。吉布斯没有上过大学，也没有经过相关训练，原本不是这场运动最合适的领头人，但她仍旧成立了拉夫运河业主委员会，并带领市民督促工业部门和政府承担起责任。一位工程师提出修复计划，吉布斯说：“对不起，我只是一个无知的家庭主妇。我不是专家，你是专家。我只想讲一讲常识。”针对这项防止污染社区的修复计划，吉布斯指出了其中的缺陷。向政府施压长达两年后，1980 年 10 月 1 日，卡特总统终于宣布拉夫运河社区的所有家庭都将得到重新安置，损失也将得到赔偿。经历了这场惨败后，政府于 1980 年通过了《综合环境响应、赔偿和责任法》，该法案被称为“清污超级基金”。

类似的灾难层出不穷，而且大都与拉夫运河事件如出一辙，企业的无动于衷往往激起民众的强烈愤慨。最有代表性的案例来自于一位名为艾琳·布罗克维奇的法律书记员。她发现，在加利福尼亚州，太平洋燃气电力公司运营的一个压缩机站附近的居民，因设施中的铬 –6 浸出而患病。本案于 1996 年达成法院和解，这是美国历史上最大的一宗与污染相关的集体诉讼，彪炳史册。

在发展中国家，化学品引发的悲剧往往规模更大，影响更广，原因在于安全标准不高，应对措施不得力，而这两者又都可归因于财政资源不足、管理不力。例如，位于印度博帕尔市的联碳（印度）有限公司杀虫剂厂生产西维因（即 1956 年开始销售的氨甲萘）。由于一系列令人惊骇的设备问题和人员失误，接连发生过多起小规模化学事故。最终，在 1984 年，这座工厂喷发出致命的毒气云，笼罩在博帕尔上空，造成几千人死亡，数十万人患病。由于印度经济较为紧张，在人口聚集区进行剧毒化学品的生产合成，虽有风险，却情有可原，而符合标准的安全预防措施却也受到了忽视。

杀虫剂生产企业附近的居民被迫承受风险，农场工人也面临相同的境况。在卡森提醒全世界注意持久性有机氯农药的危害时，世界各国政府逐步停止了该类农药的生产和使用。因此其他产品如有机磷农药，逐步替代了有机氯农药。有机磷酸酯的优点是残留时间短，但有讽刺意味的是，这些化学品往往具有更强的毒性。因此，对于使用者而言，它们会比持久性化学品威胁更大，可能导致农场工人及家属患病死亡。因此，风险便转移到几乎没有任何政治依靠的低收入人群中，而这种趋势在20世纪80年代尤为显见。当时，美国联合农场工人工会的创始人塞萨尔·查韦斯领导了全民抵制葡萄运动，目的正是帮助加州农工争取权益。

在卡森去世后的30年里，美国的杀虫剂年消耗量翻了一番，达到10亿磅以上。到20世纪90年代，这一用量的一半以上为有机磷酸酯。卡森的书成功改变了政府的态度，使其对有机氯农药持谨慎态度，但是，尽管她也对有机磷农药的危害发出过警告，有机磷的使用量仍在上升，危及野生动物。

其他种类的新型杀虫剂也大张旗鼓进入市场，包括拟除虫菊酯（人工合成的除虫菊酯类似物）和新烟碱类杀虫剂（人工合成的烟碱类杀虫剂类似物）。除虫菊和烟碱类杀虫剂是第一批广泛使用的农药，成本较高，难以推广，而合成剂却拥有广阔的开发前景。1949年拟除虫菊酯首次合成，20世纪60年代末技术得到改进，1972年发现了一种在市场上更受欢迎的二氯菊酯。

20世纪80年代，适逢各国政府开始限制有机磷杀虫剂的广泛使用，新烟碱类化合物刚一面市便成为市场宠儿。2013年，新烟碱类取代有机磷成为全世界最常用的杀虫剂。与此前一样，多数昆虫短期内便对新烟碱类杀虫剂产生了抗性，而新烟碱类杀虫剂也破坏了自然平衡，不仅使鸟类大量死亡，还成为蜂群衰竭失调症（世界范围内蜜蜂和大黄蜂的蜂群消失，没有足量蜜蜂为植物传播花粉）的诱因之一。因此，化学家们为了防止农作物遭受虫害而研制出的一系列杀虫剂，杀死了负责授粉的昆虫以及捕食害虫的昆虫，最终也将杀虫剂本要保护的作物推上了绝境。

在这本书出版后的几十年里，除了“寂静的春天”，又出现了若干个对地球上的生命产生深远影响的词汇和短语，例如“酸雨”“核冬天”“臭氧层空洞”和“全球变暖”等，公众为此焦虑不安。事实证明，卡森强调的有毒化学品问题，绝对不是夸张的咆哮，其严重性确实被低估了。她很清楚，尽管书中写的都是事实，但是让公众在一本书中消化如此丰富的信息，确实负担过重。卡森说："我在《寂静的春天》中所论及的并不是一个孤立的问题，而是令人痛心的整体问题的一部分——我们用有害而危险的物质肆无忌惮地污染着自己生活的世界。"

科学家发现，多数杀虫剂（包括滴滴涕）的毒性在于扰乱内分泌系统。然而，对内分泌产生干扰作用的物质中，包括一系列令人眼花缭乱的产品，如多氯联苯、清洁液、化妆品和个人护理产品、塑化剂和阻燃剂。实际上，日常生活中使用的有毒化合物不胜枚举。人类和其他生物暴露在数千种有毒化学物质中。它们以不可预测的方式相互作用，导致发育异常、慢性疾病，甚至是世代遗传的健康问题。卡森预见到了这一点，她说："我担心滥用杀虫剂可能会危及后代，这不仅仅只是女性的直觉。"

杀虫剂的使用和《寂静的春天》的出版促使公众加深了对这些问题的认知，并开始寻求解决办法。或许更重要的是，蕾切尔·卡森激励了普通人将自己培养成公民科学家，挑战无动于衷、腐败无能的政府和企业。"认清并界定了自己的价值观后，"她在临终前不久写道，"我们就要毫无畏惧、毫不妥协地捍卫这些价值观。"

杀虫剂的历史对杀虫剂的未来意味着什么？新的化学品只能在害虫产生抗性前维持短期效力。新方法和新技术将减少害虫的数量，从而降低致命疾病和饥荒的暴发频率。新技术源于现实需求，更加具有吸引力。其中一些技术，如四乙基铅和氟利昂，会导致严重的意外后果；也有一些能够大大改善生活条件，甚至可能缓解紧张的局势和资源竞争，从而降低战争的风险；还有一些被用于战争，这似乎是人类存在的必然结果。企业会获利，而企业、政府监管者和普通民众之间的紧张角逐将在一出政治大戏中上演，而这场戏被蕾切尔·卡森的话彻底改变：

我们似乎有理由相信，越是留意周遭世界的奇迹和现实，我们就越没有兴趣毁灭自己的种族。惊奇和谦卑是崇高的情感，它们无法与毁灭的欲望并存。

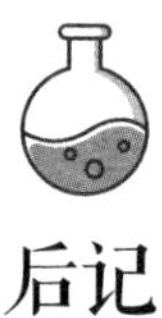

后记

自 1828 年弗里德里希·沃勒使用氰酸和氨意外合成尿素以来，科学家们已经探索了原子和分子的工作原理，以阻止饥荒、战胜疾病以及摧毁军队。回顾这段历史，我发现，使用第一人称比第三人称更加适合总结我的想法，而仔细梳理一段杂乱无章的家族史则可以解释我为何选择书写科学家、化学、进步和悲剧之间的缠绕纠葛。请原谅我行文风格的改变，我将讲述自己祖先的故事，并思考其中的深意。

在书的前半部分，我写到物理学家詹姆斯·弗兰克的故事：他和导师兼朋友弗里茨·哈伯在第一次世界大战期间测试防毒面具的功效，他辞去研究所所长以抗议纳粹反犹主义。未来的诺贝尔奖获得者乔治·德·赫维西在哥本哈根的尼尔斯·玻尔研究所，用王水溶解了弗兰克和马克斯·冯·劳厄的诺贝尔奖金牌。但对我来说，记录这些故事也有私人原因——弗兰克是我的外曾祖父。在我们家，我们叫他“老爹”。

在纳粹上台之前，老爹在巡回演讲途中访问了伯克利大学。他的女儿达格玛——也就是我的祖母——有一个朋友在伯克利工作，并获得了 1927—1928 年度的洛克菲勒奖金。这个朋友叫亚瑟·冯·希佩尔，后来成了我祖父。在旧金山，亚瑟用一辆老爷车接了老爹，这辆车是他花了 15 美元与实验室助理合买的雪佛兰二手车。

亚瑟在自传中描述了接下来发生的事情：

我接老爹下了火车，驶出车站后才发现午后竟然下起了大雾。我从未到过那个地区，转过一个街角后，我突然意识到自己正在铁路路堤上开车。我们的身后是一个呼啸而来的火车头，拖着货车车厢轰隆隆地冲我们急驰而来。老爹大叫，说我们应该弃车逃走。我大声回应说那辆车花了 15 美元，丢不起，然后开着车从陆堤上一跃而下，落到一堆木头里。我们终于着陆了，撞了一下，但无大碍，头顶上正好驶过了货运火车幽灵般的身影。我们掰直了挡泥板，顺利开到了伯克利。这件事加深了我俩的友谊。老爹喜欢去后山骑马，如果得知我还没吃东西，就会“恰巧”邀请我吃晚饭,还带我去汉密尔顿山和威尔逊山的天文台探险。因为是禁酒期，我们还和吉尔伯特·刘易斯（伯克利大学著名的化学家）一起去了他最喜欢的地下酒吧。威尔逊山之旅特别有趣，因为我们与哈勃教授进行了讨论，哈勃教授当时正在研究遥远星系的红移现象以及他的宇宙膨胀观点。

两年后即 1930 年，回到德国后的亚瑟请求老爹允诺他与达格玛的婚事。亚瑟写道：“老爹提醒我反犹太主义浪潮高涨，纳粹即将上台，但我告诉他，我已经站在反纳粹的立场上，并为我们的反对运动写了一份针锋相对的宣言。他认为我非常不明智，但同意让达格玛自己决定。”起初，果然不出老爹所料，亚瑟家人极为反对。“听说我要娶一个犹太女孩，我的父亲、兄弟和妹妹奥尔加感到十分震惊，”亚瑟写道，“但后来，他们一直坚定不移地支持我。我的远房亲戚们则非常愤慨，希望家族委员会介入此事，不反对的只有一战期间巴尔干半岛军队的指挥官、老将军康拉德·冯·希佩尔，他给我写了一张可爱的短笺，说自己站在我这边。

婚后几年，亚瑟与诺贝尔奖得主阿尔伯特·爱因斯坦、马克斯·普朗克、古斯塔夫·赫兹、弗里茨·哈伯以及瓦尔特·能斯特等人往来切磋，在科研领域硕果累累。他和老爹去拜访能斯特，能斯特展示了他的最新发明——电钢琴，普朗克则乘兴弹奏了一曲。他们也与哈伯私交甚好。有一次，亚瑟和达格玛造访哈伯在德国南部的农场，他们借用了哈伯的戴姆勒汽车，可是车顶却塌了下来，差点车毁人亡。达格玛当时怀着我父亲阿恩特，逃脱一劫，也是万幸。

随后，这个幸福之家便陷入了水深火热之中。在此，我将大量引用亚瑟自传中的文字来回顾这段历史：

哥廷根大学的校长是一位农学教授，也是一个狂热的纳粹分子。他召集全体教职员工开会，宣布废除大学章程。他让我们看看窗外，帝国国防军和纳粹突击队正整装待发，打算围剿所有的抵抗行动。鲍尔教授领导下的第一物理研究所归顺了纳粹。我们第二物理研究所在弗兰克的领导下拒绝加入纳粹，但在斗争过程中，我们发现了叛徒：一名博士生是纳粹的头目之一，他在自己的储物柜中藏了一份纳粹接管计划。

学生认为亚瑟碰巧发现了这个秘密计划，便威胁要逮捕亚瑟。“很快，由于达格玛是犹太人，我们的生活受到了巨大的影响。老朋友们仿佛突然变成了近视眼，再也认不出我们。当我走在大街上，他们就会径自走到街对面去。我父亲必须证明他的‘雅利安血统’，叔叔瓦尔特·冯·希佩尔是东普鲁士省长，也是家族史专家。尽管他因为我与达格玛的婚姻暴跳如雷，但仍受到了牵连，被该省的纳粹头目科赫投入监狱，此前他曾以无能为由将科赫开除。我父亲在德国最高法院为瓦尔特辩护，并将他释放，但纳粹仍然将他再次投入监狱。瓦尔特叔叔给我留下一封道歉信，自杀了。”

“1933 年春，希特勒颁布了一项法令，禁止犹太学生进入大学，包括马克斯·玻恩（未来的诺贝尔奖获得者）和理查·柯朗（著名数学家）在内的犹太教授，随后也被开除。由于一战期间的英勇表现，老爹曾获得一等铁十字勋章，因此得到了豁免，但他显然不愿得到这种优待。因此，我们与几个朋友坐下来准备了一份辞职声明。”在这封递交给政府的辞职信中，老爹写道：“部长先生，这是我的辞呈。请允许我辞去哥廷根大学正式教授和该大学第二物理研究所所长的职务。鉴于政府对待德国犹太人的态度，这一决定对我而言是必然的结果。您最诚恳的詹姆斯·弗兰克博士、教授。”

亚瑟还记录了他们如何将老爹辞职的消息发布出去：“清晨，我们致电《哥廷根新闻报》宣布了这一消息。”该报随即发表了以下报道：

哥廷根大学第二物理研究所所长詹姆斯·弗兰克教授要求普鲁士科学、艺术和文化事务部长立即解除其职务。这条消息不仅会在哥廷根，而且会在整个德国甚至全世界引起轰动。作为学者，弗兰克不仅对于一个地方或一个国家举足轻重，他还在世界范围内享有崇高的声誉，在当今的德国，没有任何其他学者能够与之比肩。几年前，当他获得诺贝尔奖时，整个德国都引以为豪，因为他将德国科研的美名再次传播到国外。而今，这位年仅 50 岁的学者自愿放弃教学和研究活动，这是科学界无法估量的损失。

后来与奥托·哈恩一起发现核裂变的莉泽·迈特纳写信给老爹：“起初，您的来信不禁让我内心一震；但是，在我读完您给校长的信后，我再三思索，不得不承认您是对的。”著名科学家迈克尔·波兰尼（他的儿子约翰获得 1986 年诺贝尔化学奖）在给老爹的信中说：“得知您的近况，我的内心又惊又喜。只要世上仍有犹太人，您为挽回他们的荣誉所做的一切努力就不会被遗忘。”柏林的犹太学者约阿希姆·普林茨写道：“我衷心感谢您，因为您在困境中为德国犹太人以及德国人树立了非凡的榜样。”帝国犹太退伍军人联盟写信给老爹：“尊敬的战友弗兰克教授，我们怀着激动的心情向您致以崇高的敬意。作为一名曾经的前线战士以及犹太人，您选择了正确的立场，我们对此深表感谢。您的所作所为给予了德国犹太人前所未有的道义支持。我们很自豪能邀请您进入我们的行列。”一时间，老爹辞职的消息在英国、美国、荷兰、意大利等各国媒体传播开来。

亚瑟写道：“1933 年 4 月，老爹发布了庄严的辞职声明，对于纳粹以及臣服于纳粹的大学教师而言，无异于一枚重磅炸弹。为此，4 月 24 日的《哥廷根日报》发表了一篇针锋相对的文章予以谴责。”这是一封 42 名教职员工的联名信，信中指出：“我们一致认为，上述形式的辞职不过是一种蓄意破坏规则的行为；因此，我们希望政府能迅速采取必要措施肃清这种行为。”这些签名者因此获得机会，纷纷得以取代犹太教职工，担任更高级别的职务。

亚瑟写道：“纳粹窃听了我们的电话线，他们的主要报纸《人民观察家报》也专门攻击我们。我怒不可遏，去往哥廷根的纳粹总部——恰恰就在‘犹太街’上，想找他们的领导人进行决斗。”纳粹随后关闭了《哥廷根新闻报》，因为它发表了老爹的声明。

老爹考虑了他在德国能够从事的职业——除了公务员。他给马克斯·玻恩写信说：“我告诉普朗克，只要不做公务员之类的工作，我愿意接受任何职位，能够给我提供在德国开展研究的机会和一些收入即可。只要迫害犹太人的法律继续存在，我就不愿为国家服务。”老爹以威廉皇帝研究所客座科学家的身份向法本公司咨询就业机会。卡尔·博施想提供帮助，但囿于政治现状未能实现。诺贝尔奖获得者、恶毒的反犹主义者菲利普·勒纳德也是纳粹政府的参议员，他向参议院申请："我以书面形式向参议院提出以下问题：参议院是否支持以下三人：1. 犹太人弗里茨·哈伯 2. 犹太人詹姆斯·弗兰克 3. 耶稣会士马克曼立即被除名，并彻底离开威廉皇帝学会的研究所？"

德国社会主义学生联盟成员突袭书店和图书馆，强行移走所有犹太作家的书籍。从 1933 年 5 月 10 日开始，他们在全国各地的城市，包括哥廷根，燃起大火焚烧这些书籍。哥廷根大学的新校长在焚书大会上对大批群众发表演讲，号召反对"非德国精神"。他说，熊熊大火象征着这场斗争才刚刚开始。显然，德国已经没有老爹的立足之地了。

5 月底，爱因斯坦写信给玻恩："很高兴你们（你和弗兰克）都辞职了。谢天谢地，你们两个都平安无事。但是，一想到年轻人我就心痛。林德曼（物理学家以及温斯顿·丘吉尔的顾问）已经去哥廷根和柏林一周了。也许你可以写信和他谈谈核物理学家爱德华·泰勒的事。我听说他目前正考虑在巴勒斯坦（耶路撒冷）建立一个条件良好的物理研究所。到目前为止，那里还是一团糟，怕只是个骗局。但是，如果我觉得这件事值得认真考虑，我会立即写信给你，告知细节。"玻恩应诺贝尔奖获得者欧内斯特·卢瑟福的邀请搬到了剑桥。

亚瑟写道："弗兰克教授的辞职声明在英国重新出版，牛津大学的林德曼教授前来提供帮助。他提出要带我回牛津，但我们认为我们当中唯一一个犹太人海尼·库恩，处境更加危险。因此，海尼和玛丽埃赶赴牛津大学，也找到了合适的职位。此后不久，苏黎世的施瓦茨教授成功地说服土耳其总统穆斯塔法·凯末尔·阿塔图尔克，在伊斯坦布尔建立一所全新的欧洲式大学，并聘请约 30 名欧洲教授为其工作人员。我是被选中的'幸运儿'之一。在哥廷根的最后一晚，天空中出现了一场盛大的流星雨。我们和朋友贝耶斯一家在后院里观看，

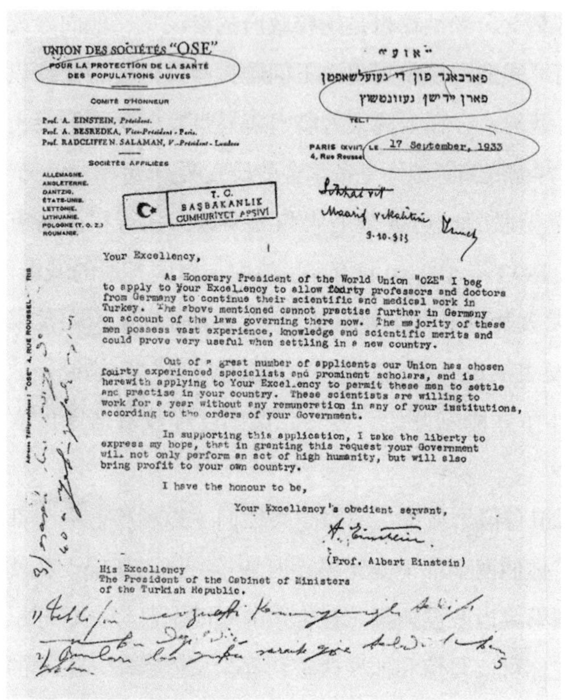

UNION DES SOCIÉTÉS "OSE"
POUR LA PROTECTION DE LA SANTÉ DES POPULATIONS JUIVES

COMITÉ D'HONNEUR

Prof. A. EINSTEIN, Président.
Prof. A. BESREDKA, Vice-Président - Paris.
Prof. RADCLIFFE N. SALAMAN, V.-Président - Londres

SOCIÉTÉS AFFILIÉES

ALLEMAGNE.
ANGLETERRE.
DANTZIG.
ÉTATS-UNIS.
LETTONIE.
LITHUANIE.
POLOGNE (T. O. Z.)
ROUMANIE.

״אוזע״
פארבאנד פון די געזעלשאפטן
פארן יידישן געזונטשוץ

TEL.

PARIS (XVIII), LE 17 September, 1933
4, Rue Roussel

T. C.
BAŞBAKANLIK
CUMHURİYET ARŞİVİ

Maarif vekaletine
9.10.933

Your Excellency,

As Honorary President of the World Union "OZE" I beg to apply to Your Excellency to allow fourty professors and doctors from Germany to continue their scientific and medical work in Turkey. The above mentioned cannot practise further in Germany on account of the laws governing there now. The majority of these men possess vast experience, knowledge and scientific merits and could prove very useful when settling in a new country.

Out of a great number of applicants our Union has chosen fourty experienced specialists and prominent scholars, and is herewith applying to Your Excellency to permit these men to settle and practise in your country. These scientists are willing to work for a year without any remuneration in any of your institutions, according to the orders of your Government.

In supporting this application, I take the liberty to express my hope, that in granting this request your Government will not only perform an act of high humanity, but will also bring profit to your own country.

I have the honour to be,

Your Excellency's obedient servant,

A. Einstein

(Prof. Albert Einstein)

His Excellency
The President of the Cabinet of Ministers
of the Turkish Republic.

阿尔伯特 · 爱因斯坦利用自己的影响力全力拯救犹太教授，为他们在土耳其（和美国）谋职，其中包括我的祖父亚瑟 · 冯 · 希佩尔

图片文字内容如下：

阁下

作为“保护犹太人世界联盟”（OZE）的名誉主席，我请求阁下允许来自德国的40名教授和医生在土耳其继续他们的科学和医学工作。由于德国目前的法律，上述工作无法在德国继续进行。这些人中的大多数人都有丰富的经验、渊博的知识以及杰出的科学贡献，在新的国家定居时一定可以大显身手。

在众多的申请者中，我们联盟挑选了四十位经验丰富的专家和著名学者，现向阁下申请允许这些人在贵国定居和工作。根据贵国政府的规定，他们可以在贵国任何机构工作一年而不受任何限制。

在支持这项申请时，我冒昧地希望，贵国政府批准这一请求，不仅是在履行高尚的人道主义精神，也可以为贵国带来利益。

很荣幸成为阁下的顺从仆人，

阿尔伯特 · 爱因斯坦教授

请土耳其共和国总统阁下预览

心中充满了敬畏，这仿佛是一种征兆，不知将来会发生什么。”

亚瑟、达格玛和他们的儿子彼得及阿恩特在伊斯坦布尔定居下来。亚瑟描述了随后发生的事情：“我未来的实验室位于古苏丹宫殿中，而植物学家海尔布隆和勃劳纳栖身在一所曾经的神学院。两个晚上后，总统在多尔玛巴赫切宫为外国教授举办了一场盛大的庆祝会，我们托词未去，原因很奇特——总统喜欢将他特别钟爱的女士占为己有，过一段时间再交还给她的合法丈夫。”亚瑟和技工在集市上购买了旧战舰上的零部件，还有其他一些物件，拼凑出一个新的物理实验室。

这是爱因斯坦 1933 年 9 月 17 日代表巴黎的犹太救济组织写给土耳其总理伊斯麦特·伊诺努的信。在这封信上，政府官员留下了很多批注，从中可看出这项计划几乎以失败告终。其中一条批注写道：“这项提议与（现行法律）条款不符”；另一条则是：“此时条件不允许，无法接受。”但是凯末尔总统显然决定一意孤行。应洛克菲勒基金会的要求，老爹和理查·柯朗评估了土耳其成功实现高等教育现代化的可能性。他们报告说，“（土耳其官员）意志很坚决，要在伊斯坦布尔建立一个颇具发展前景的科学中心，以此推动土耳其高等教育的发展”。信件现藏于土耳其共和国总理部国家档案总局。

不幸的是，为了给这些蜚声国际的科学家们腾出教席，土耳其教授纷纷遭到解雇，因此他们对德国人的到来充满了敌意，甚至施以黑手。一名土耳其前教授毒害了他的德国继任者，不过受害者幸存下来。其他被解雇的教师向凯末尔总统指控德国教授是冒牌货，于是政府启动了正式调查。

亚瑟用德语和法语讲课，他发现自己惹了麻烦，因为译员扭曲了他关于发电机的演讲：“教授说他不想谈论设计的细节，因为你们实在太蠢，根本弄不明白，还不如就在本国种植土豆和橘子，和外国人换购这些机器。”学生们义愤填膺地罢课，然后大学被关闭。亚瑟写道："无论是诚实的误解还是有意的阴谋，似乎都会带来灾难性的后果——总理和教育部长从首都安卡拉赶来；我的同事们战战兢兢，大多对我不闻不问；报纸上的文章说，我以前不是教书的而是卖旧衣服的；达格玛带孩子们散步，却听到附近做慈善的女士们谣传她丈夫悲惨而黑暗的过往。最后，经双方同意，我们将五年的合同缩短为一年。"

亚瑟在土耳其的处境变得岌岌可危时，老爹加入了位于哥本哈根的玻尔研究所（物理学家爱德华·泰勒也在此重新就职），在洛克菲勒基金会的资助下开展工作。在长期合作中，老爹与玻尔建立了密切而深厚的友谊。1922 年，玻尔因提出原子结构理论而获得诺贝尔奖；1925 年，老爹与古斯塔夫·赫兹第一次通过实验证明了该理论，二人共同获得了诺贝尔奖。1930 年，泰勒和老爹第一次见面时，老爹告诉泰勒，"玻尔的想法看似荒谬，但他非常友善，我觉得至少值得为他尝试一次"。

为了研究光合作用的物理学原理，老爹展开了一系列实验。他对自己在这一新领域的发现并不确信，于是写信给 1913 年破译了叶绿素结构的理查德·威尔斯泰特进行探讨。此外，老爹还与德·赫维西及玻尔等人一起研究了放射性衰变。

老爹也因亚瑟和达格玛的遭遇而忧心忡忡。他以前的学生海因里希·库恩跟随林德曼来到了牛津（当时亚瑟主动将这一名额让给了库恩），随后还将参与研制原子弹的曼哈顿计划。老爹给库恩写信说："我们能否在此地久留，可能还要取决于希佩尔的命运。我们失去的太多了，只希望孩子们还能承欢膝下。"老爹把他的诺贝尔奖金给了他的两个女儿，希望能在这个危难时刻为她们提供足够的安全保障。

1935 年 1 月至 1936 年 8 月，应玻尔之邀，亚瑟全家搬到哥本哈根，也在玻尔的研究所工作。为了庆祝团圆，玻尔把自己的度假小屋借给了他。泰勒与这家人共度了这个期待已久的假期，随后也参与了曼哈顿项目，并收获了“氢弹之父”的称号。亚瑟记录了与玻尔共事的美好时光：“在讲课时，玻尔从来分不清自己说的是哪种语言（丹麦语、德语或英语），有时候，即使只表达某一个想法，也会任意切换语言。他可能会突然停下来，脸上一片茫然。紧接着，绽放出一个幸福的微笑，一个新的想法由此诞生了。”

应玻尔的请求，亚瑟最后一次前往德国为高压实验室购置设备。该实验室进行的是核激发及解体实验，需要的设备必须能够产生 100 万至 200 万伏特的电压。能斯特打算在瑞士的杰内罗索山建造一个雷电发电机以提供所需的巨额电能，但这种原型不适合玻尔的要求。亚瑟将走访一家德国公司，该公司生产一种新的级联变压器，容量为 200 万伏。

这次走访着实令人备感伤痛，亚瑟得知他的许多老朋友如今都成了纳粹分子，他甚至还看到希特勒本人开车经过。德国驻哥本哈根大使馆的人警告达格玛，纳粹打算逮捕亚瑟，达格玛通过朋友向亚瑟转达了这一信息。于是，亚瑟从德国逃了出来，乘飞机返回丹麦；若按原计划乘坐火车，则有纳粹执法人员等待他自投罗网。

玻尔研究所只是暂时的栖身之处，他们一家人准备前往美国寻找新生活。就在即将移民前，老爹邀请普朗克一起去丹麦待几天，但普朗克回答：“我没法出国旅行。以前旅行时，我觉得自己代表德国科学界，感到无比骄傲；而今，我只能羞愧地掩面。”

老爹是家中第一个来到美国的人，他在约翰·霍普金斯大学寻到一个职位，为随后到来的家庭成员探路。1936 年夏天，他重返欧洲，帮助他的女儿、女婿、外孙和外孙女移民美国。

1936 年 8 月底，玻尔和家人把老爹、亚瑟、达格玛以及两个孩子送到了“斯堪萨斯号”上，启航前往美国。当时的麻省理工学院院长、物理学家卡尔·康普顿（此前他曾在老爹供职的哥廷根大学的研究所担任客座教授，更为巧合的是他是我妻子家族上一代的成员）为亚瑟提供了工作。一家人居住在美式公寓里，楼上的邻居立刻邀请我父亲和彼得叔叔参加他们小女儿的生日会。女孩对彼得说："我的祖先是乘五月花号来的！"彼得回答说："我的祖辈坐斯堪萨斯号来的！"

亚瑟和老爹都曾在一战的战场为德军出生入死；二战爆发时，他们都把自己的科学才能转化为美军打击纳粹德国的有力工具。亚瑟得到了卡尔·康普顿的支持并获得5000美元的资助，创建了麻省理工学院的绝缘研究实验室，这也是最大的军事材料研究实验室之一。亚瑟和他的团队开发了雷达的介质材料，由于他同时还在麻省理工学院的辐射实验室工作，于是他对材料进行了整合，运用到新的雷达技术中。他的实验室还为各种战争技术提供塑料、橡胶、陶瓷、晶体等各类材料，并改进材料提高半导体和光电池的性能。

亚瑟的绝缘研究实验室与陆军、海军和战时生产委员会进行合作，

弗兰克老爹、彼得叔叔（老爹的右侧）和我的父亲阿恩特（老爹的左侧）乘坐"斯堪萨斯号"离开哥本哈根。这张照片刊登在丹麦《号外报》上。美国官员在埃利斯岛处理了这个家庭的移民文件

组成了“战争介质委员会”。政府要求该委员会解决战区所用材料的技术问题。其中一个问题出现在新几内亚，那里的螨虫和真菌侵蚀盟军的制服和装备，成为盟军的一大困扰。亚瑟提出了用卤化物材料代替受损材料，这一方法颇为见效。由于与供应商的现有合同，军方推迟采用了这一解决方案，最终使用了亚瑟建议的聚氯乙烯，解决了虫害问题。亚瑟写道：“后来人们在家中以喷雾形式滥用这种化合物，并由此产生了卡森小姐所言的‘寂静的春天’的威胁，这在当时是无法预见的。”因为战时的杰出表现，1948 年，亚瑟收到了杜鲁门总统颁发的“美国总统功勋证书”。

与此同时，老爹从约翰·霍普金斯大学转到芝加哥大学，在那里他与泰勒合作研究光合作用。随着战争的爆发，他们将工作重心从自己热爱的基础科学研究转向了解决实际问题——在纳粹之前成功发展核武器。这项工作由罗伯特·奥本海默负责指挥。多年前，老爹曾参加奥本海默在哥廷根的博士生考试，奥本海默后来说：“我及时离开了那里，因为他开始提问了。”诺贝尔奖得主恩利克·费米在大学的一个旧壁球场建造了一个铀反应堆，诺贝尔奖得主亚瑟·霍利·康普顿（卡尔·康普顿的兄弟，也是我妻子家族上一代的成员）在芝加哥指导了这项研究。他任命老爹领导核弹研究项目的化学部——这也成为我家族史上的另一个巧合。老爹接受了任命，但前提条件是一旦核弹研制成功，他将被允许向高级决策者就其使用方式提供意见。老爹担心纳粹会首先制出核弹，如此他们必将胜利；他也担心美国政府控制科学界可能带来的严重后果，因为德国的前车之鉴他曾亲身经历。

来自欧洲的坏消息接踵而至。莉泽·迈特纳逃到瑞典，并写信给老爹，告诉他留在德国的朋友们的命运。德国人处决了普朗克的儿子埃尔文，因为他参与了暗杀希特勒的行动，并以失败告终。类似的可怕消息一个接一个传来，令人黯然。老爹回信给迈特纳，说自己渴望得到玻尔的鼓励："我希望能在夏天见到他，希望他的乐观和对生活的积极态度能让我受到一点点感染。"和迈特纳一样，玻尔也已经逃到了瑞典。

欧洲战场以纳粹德国的战败而告终，参与曼哈顿计划的科学家们又转而研究使用这种新式武器对付日本将会产生的负面影响。老爹向商务部长亨利·华莱士表达了他和其他科学家的担忧："大家不得不担心这样一个事实——人类已经学会了释放原子能，然而在道德层面和政治层面，依然没有做好充分的准备明智地使用它。"1945年6月5日，老爹就原子弹的政治影响向曼哈顿项目的领导人递交了一份备忘录。部分内容如下："我们相信核弹即将问世，它将带来举世皆惊的破坏力。美国花了3年半的时间达成这一目标，为此，国家在财富方面作出了巨大的牺牲，在科学和工业方面的组织工作也极尽完善。"

第二天，康普顿指派老爹领导该委员会撰写有关社会和政治影响的文章。该委员会成员包括格伦·西博格（后来担任原子能委员会主席）、利奥·西拉德（他于1933年提出了核连锁反应的构想，但对其后果深感忧虑），以及尤金·拉比诺维奇（后成为《原子科学家公报》的创办人之一）。报告于五日内完成，称被作"弗兰克报告"。老爹、康普顿和物理学家诺曼·希尔伯里打算将报告交给华盛顿特区的战争部长亨利·L.史汀生。史汀生不在华盛顿，他们便把报告交给了他的助手，随附了康普顿的一张短笺，坦陈他的个人看法——如果对日使用原子弹能加速战争结束，将挽救大量生命，而该报告没有充分考虑到这一点。康普顿的此番说明是基于恩利克·费米、欧内斯特·奥兰多·劳伦斯和罗伯特·奥本海默所做的分析。他们在6月16日得出结论："对于如何结束战争，我们无法进行技术演示，而我们认为除了直接使用军事手段，没有其他替代方案。"

“弗兰克报告”摘要如下：

发展核力量是美国技术和军事力量的重要补充，但同时也给美国的未来带来严重的政治和经济问题。在未来几年内，“秘密武器”核弹不可能一直只为这个国家所拥有。制造核弹所依据的科学事实，其他国家的科学家也很清楚。除非在世界范围内对核爆炸物质实行有效管制，否则我国拥有核武器的事实一旦向世界披露，核军备竞赛肯定会纷至沓来。不到十年，其他国家就可能拥有核弹，尽管每个核弹的重量不到一吨，却足以摧毁十几平方英里的城市……出于以上考虑，我们认为，对日本不宣而战，立刻使用核弹发动突袭，这是不可取的。如果美国率先启用这种新的滥杀手段摧毁人类，它将失去全世界的支持，加剧军备竞赛，甚至葬送未来就此类武器的控制达成国际协议的可能性。如果首先在精心选择的无人区向世界展示核弹的威力，则可为最终达成这样一项协议创造更有利的条件……总之，我们希望能将战争中使用核弹视为一个长期的国家政策问题，而不是军事上的权宜之计。这项政策的主要目的是达成一项协议，对核战争手段进行有效的国际控制。

当然，“弗兰克报告”并没有改变政策。6月21日，史汀生拒绝了报告中的建议，杜鲁门总统甚至从未见过报告。8月6日，美国在广岛上空投下了铀弹，三天后又在长崎上空投下了钚弹。物理与化学爆发出了震撼人心的力量，战争随之结束。

复仇的呼声一浪高过一浪，在这样的政治气候下，老爹将注意力转向了对德国的人道主义救济。他与其他德国流亡人士联名起草了一份冗长的呼吁书，呼吁美国公众对德国迫在眉睫的饥荒施以援手。呼吁书中这样写道：“我们这些签名者，或曾遭受纳粹思想的迫害，或曾起而反抗捍卫生存的权利，在此，我们呼吁美国人民坚持正义的原则，坚持慈善之心。我们中有许多人侥幸逃生，但每个人都有亲人或朋友丧命于射击队的枪口下或希特勒的集中营中。在过去的十二年里，无辜受害者的无助，无力回击的暴行，始终在我们的脑海中挥之不去。而今天，这一幕在我们面前重新上演。”

老爹试图说服爱因斯坦也在呼吁书上签字，但爱因斯坦拒绝了。他们来回通信进行辩论，爱因斯坦在最后一封拒绝信中写道：

亲爱的弗兰克：

我仍然记得德国人在上一次战争之后“痛哭流涕”，我记得真真切切，因此绝对不再轻信。德国人蓄意谋划，屠杀了不计其数的平民，盗取他们的地盘。如果有机会，他们会故伎重演。那几位有良知的高尚人士没有带来任何改变。从我收到的那些来自德国的书信中，我看不到德国人有一丝忏悔。不仅如此，我还清楚地看到，在“联合国”里，又有人开始对德国百般奉迎。1918 年后，德国重新崛起，在英国人看来，这种发展趋势及其背后的动力，全都充满了勃勃生机。相对于自己亲爱的祖国，人们更加关注自己的宝贝钱包。亲爱的弗兰克！别碰这件肮脏事儿！在利用了你的善良后，他们会取笑你的盲目轻信。即使你不肯回头，我也绝对不会插手这件事。如果找到一个合适的机会，我会在公众面前大声反对。

向你致以诚挚的问候！

你的，

A. 爱因斯坦

这样的回应非但没有破坏他们的友谊，而且老爹也不再公开呼吁支援德国。他写信给马克斯·玻恩说，他宁愿完全不理政治，“如果我的良知能允许我在政治事件中不表态就好了。我讨厌参与任何政治活动，我讨厌公众关注，但我无法退隐到象牙塔中，摆脱外界纷扰，只沉迷于研究。当然，到了我这个年纪，我们可能不及年轻人乐观，但是我也并非始终悲观，因为对于每一个新出生的孙儿，我的心中就油然而生一种本真的快乐。我想，只要有机会，我宁愿只有祖父这一种身份”。

老爹与达格玛和亚瑟一起，继续以私人身份，竭尽所能地为朋友和亲戚送去食物和金钱，并帮助解救那些被困在俄罗斯或被囚禁在其他地方的人。

1947 年，德国政府邀请老爹担任海德堡大学实验物理学系的系主任。老爹拒绝了。如今，他的家在美国。对这一邀请，他做了如下回应："我知道大多数德国人拒绝承认纳粹曾屠杀被标记为劣等民族的犹太人和其他种族的人，对此我毫不怀疑。这些人竟然没有将自己丢进凶残的火神之口，我不会责怪他们，因为这对他们毫无用处。但还有为数不少的民众，对这些罪行漠不关心、袖手旁观。我根本不想与他们理论。因此，我无法想象自己能在您提供的教学岗位上取得丰硕的成果，因为我必须扪心自问，与我因公务或私人事务而进行接触的这位或那位，是否属于以上所述的人群。"

尽管他曾经拒绝接受海德堡大学的系主任一职，老爹还是与战后的德国和解了。威廉皇帝学会易名为马克斯·普朗克学会，1948 年授予了他相应的会员资格。由于他的朋友奥托·哈恩是该学会的现任主席，他便接受了这一资格。1951 年，老爹和赫兹一起获得了德国物理学会颁发的马克斯·普朗克奖章。两年后，他获得了海德堡大学的荣誉博士学位。此外，他还与玻恩、柯朗一起接受了哥廷根的荣誉市民身份，他们将此看作对纳粹受害者的纪念。1964 年 5 月 21 日，老爹在探望哈恩和玻恩时，在哥廷根去世。

通过以上轶事，我解释了为何 20 世纪的化学故事在我的脑海中占据一席之地。从第一次世界大战的毒气战到第二次世界大战的核战争，我的家人都深深地卷入其中。孩童时代，我便听过哈伯、爱因斯坦以及本书中所描述的 20 世纪其他科学家的故事，听过使用毒气作武器的壕沟战，听过法本公司的清白出身以及邪恶后续，还听过纳粹主义的兴起和移民美国的故事。老爹和亚瑟——我的外曾祖父和祖父，他们的故事使我了解了世界上曾经发生过的事件。它们将我的家人和成千上万的人颠来抛去，动荡飘零，宛如风暴中的小船。而那场风暴不仅包括饥荒、大屠杀以及世界大战，还包括肆虐的病媒传播疾病以及悲惨的难民生活。

这些事件不仅仅发生在我父亲的家族。我的母亲出生在维也纳，其父母均为弗洛伊德学派中著名的精神分析学家。作为犹太人，在 1938 年德奥合并之后，他们也开始不顾一切地逃亡。最终，在美国同事的帮助下，他们逃脱了大多数欧洲犹太人的命运。

蕾切尔·卡森去世三年后，我出生在阿拉斯加。我们住在简陋的房子里，旁边就是一片森林，那是当时城镇的边缘。没有电视，我和我的三个兄弟姐妹和其他邻居的孩子就在树林里随意闲逛。空气清新，河水纯净，我们在自己家的小农场里饲养动物。就在这样的孩童时代，我第一次目睹了因滥用杀虫剂而引发的激愤。

那是一个夏日，我们在院子里玩耍，一团气体随着微风从邻居家飘过来。为了消灭蚜虫，邻居雇了一个灭虫员。我父亲把他的点 44 口径左轮手枪别在腰带上，威胁说如果继续喷洒杀虫剂，他就开枪。灭虫员慌忙逃走了。这种对峙持续发生，镇上再没有人愿意喷洒邻居家的院子。这是一个“优雅”的解决方案，但只可能发生在前数字化时代的阿拉斯加——一个仍然容忍枪支暴力威胁的边陲小镇。

父亲此举激发了我对杀虫剂最初的兴趣。如果一团小小的气体会引发这样的喧哗，那么气体无疑代表着某种重要的东西。我怀疑邻居用毒气消灭蚜虫的行为触动了父亲的神经，因为他的母亲是犹太人，他五岁时就历经颠沛流离，先后在四个国家生活过。在我们家，父母双方都有亲戚在纳粹毒气室中被杀。这样看来，他的目的是保护自己的孩子免受毒气伤害，特别是在《寂静的春天》出版之后，这样的反应似乎完全合理。事实上，全世界的人们都能在《寂静的春天》中找到情感共鸣，他们应该也不例外。毕竟，相较于健康的孩子以及身处自然平衡之中的人类，还有什么更能触动人心呢?

致谢

2011 年 9 月，我与芝加哥大学出版社签订合同，计划在 18 个月内写完这本书，当时我非常乐观。然而，18 个月变成了 8 年。我要感谢我的编辑克里斯蒂・亨利在此期间的耐心等待。她对这一项目颇感兴趣，并且帮助我确定了第一章的基调。对此，我再次深表感谢。我的兄弟比尔・冯・希佩尔、我的妻子凯西・冯・希佩尔和我的叔叔弗兰克・N. 冯・希佩尔都对这本书的初稿提出了有益的建议。我还要感谢两位匿名评论者给予的缜密评论。北亚利桑纳大学的科学馆馆员玛丽・德容帮助我搜寻到一些很难获取的原始资料，比如最近刚刚解密的文件。同时，我要感谢我的新编辑，斯科特・加斯特，从改进本书的风格到最终付梓印刷，他都不辞辛劳。最后，我还要感谢普斯特・霍克学术出版公司的赖斯博士对原稿的精心编辑与排版。